"十三五"国家重点研发计划"工业化建筑设计关键技术"项目研究成果

北京市装配式建筑政策及案例汇编

北京市住房和城乡建设科技促进中心　编

中国建材工业出版社

图书在版编目（CIP）数据

北京市装配式建筑政策及案例汇编/北京市住房和
城乡建设科技促进中心编 . --北京：中国建材工业出版
社，2022.2
　ISBN 978-7-5160-3215-2

Ⅰ.①北…　Ⅱ.①北…　Ⅲ.①装配式构件－建筑工程
－案例－北京　Ⅳ.①TU3

中国版本图书馆 CIP 数据核字（2021）第 086146 号

内容简介

　　本书收录了近年来北京市装配式建筑相关的政策、标准，以及北京市装配式建筑典型案例，旨在普及装配式建筑的知识，为建筑行业提供可以借鉴的优秀案例，将成熟的装配式体系运用到更多的工程项目中。

　　本书可供从事装配式建筑的规划设计、建设、施工、监理、开发、研究、咨询和行政管理部门作为参考书使用。

北京市装配式建筑政策及案例汇编
Beijingshi Zhuangpeishi Jianzhu Zhengce ji Anli Huibian
北京市住房和城乡建设科技促进中心　编

出版发行：中国建材工业出版社
地　　址：北京市海淀区三里河路 1 号
邮　　编：100044
经　　销：全国各地新华书店
印　　刷：北京鑫正大印刷有限公司
开　　本：787mm×1092mm　1/16
印　　张：18.5
字　　数：400 千字
版　　次：2022 年 2 月第 1 版
印　　次：2022 年 2 月第 1 次
定　　价：98.00 元

编写委员会

主 编 单 位：北京市住房和城乡建设科技促进中心
副主编单位：北京市住宅产业化集团股份有限公司
　　　　　　住房和城乡建设部科技与产业化发展中心（住
　　　　　　　房和城乡建设部住宅产业化促进中心）
参 编 单 位：北京万科企业有限公司
　　　　　　北京市保障性住房建设投资中心
　　　　　　北京市住宅建筑设计研究院有限公司
　　　　　　中国建筑标准设计研究院有限公司
　　　　　　北京城市副中心投资建设集团有限公司
　　　　　　北京珠穆朗玛绿色建筑科技有限公司
　　　　　　北京建谊高能建筑设计研究院有限公司
　　　　　　清华大学建筑设计研究院有限公司
　　　　　　北京和信金泰房地产开发有限公司
　　　　　　北京市燕通建筑构件有限公司
　　　　　　中国中元国际工程有限公司
　　　　　　北京榆构有限公司
　　　　　　深圳大学建筑与城市规划学院
　　　　　　北京太伟宜居装饰工程有限公司

前　　言

　　北京市自 2007 年开始推广住宅产业化，是国内最早开展装配式建筑工作的城市之一。十多年来，从保障房试行到全面铺开，从局部构件应用到结构体系逐步完善，装配式建筑在提升工程建设质量、促进建筑产业转型升级等方面发挥了显著作用。为深入贯彻落实《国务院办公厅关于大力发展装配式建筑的指导意见》（国办发〔2016〕71 号），加快推动装配式建筑发展，北京市 2017 年 2 月发布《北京市人民政府办公厅关于加快发展装配式建筑的实施意见》（京政办发〔2017〕8 号），在土地出让、项目立项等环节加快落实，在政策配套、标准制定、市场培育等方面积极推动，成为首批"国家装配式建筑示范城市"，共有 28 家"国家装配式建筑产业基地"。

　　2017—2020 年，北京市新建装配式建筑面积超过 5400 万平方米，其中 2020 年全市新建装配式建筑占新建建筑的比例达到 40%，装配式建筑规模创历史新高，超额完成既定目标。自《北京市人民政府办公厅关于加快发展装配式建筑的实施意见》（京政办发〔2017〕8 号）发布以来，北京市建立了市级发展装配式建筑工作联席会议制度，定期召开联席会议，细化责任分工；制定了北京市装配式建筑专家管理办法，征集发布了两届装配式建筑专家委员，充分发挥专家智库的技术服务和咨询指导作用；发布了《关于印发〈北京市装配式建筑项目设计管理办法〉的通知》（市规划国土发〔2017〕407 号）和《关于加强装配式混凝土建筑工程设计施工质量全过程管控的通知》（京建法〔2018〕6 号），加强装配式建筑规划设计和建设质量管理；加强部品使用引导，定期发布部品生产企业产能信息，促进装配式部品市场供需信息通畅；形成了 20 个北京市地方标准和一批技术管理要求和导则，部分标准成为京津冀标准，进一步促进了京津冀地区协同发展；建立北京市装配式建筑项目管理服务平台，提高了项目管理的信息化水平；充分利用各种媒体，通过现场会、论坛、展会、专题报道等形式，广泛宣传了装配式建筑相关知识和发展装配式建筑的经济效益和社会效益。经过十多年的积累与发展，北京市已形成适应装配式建筑发展的政策和技术保障体系。

　　为进一步普及装配式建筑的基础知识和相关政策，扩大宣传北京市住宅产业化及装配式建筑的典型案例，北京市住房和城乡建设科技促进中心组织多家参建单位和相关专家共同编写本书，通过对近年来北京市住宅产业化和装配式建筑的政策汇总及项目案例筛选，形成《北京市装配式建筑政策及案例汇编》，主要供装配式建筑规划设计、建设、施工、监理、开发、研究、咨询和行政管理部门参考使用。本书的出版得到了北京住房和城乡建设委员会各级领导的大力支持，得到了各位专家的指导帮助，凝聚了全体编写人员的智慧和劳动，是"十三五"国家重点研发计划

"工业化建筑设计关键技术"项目研究成果。在此，谨向参加本书编写、审查的全体人员表示衷心的感谢！

由于编者水平有限，本书难免有疏漏和不足之处，敬请广大读者批评指正！对《北京市装配式建筑政策及案例汇编》的意见和建议，请读者反馈至北京市住房和城乡建设科技促进中心（联系方式：010-55597928；邮箱：kjcjzx123@163.com）。

编　者
2021 年 12 月

目　　录

第一篇　北京市装配式建筑发展历程

第二篇　北京市装配式建筑相关政策与标准

第三篇　北京市装配式建筑典型案例

第一篇

北京市装配式建筑
发展历程

发展装配式建筑与推进住宅产业化、建筑产业现代化一脉相承，是实现住宅产业化、建筑产业现代化、新型建筑工业化的核心和着力点。近年来，按照党中央、国务院的重大决策部署，在北京市委、市政府的坚强领导下，北京市住房城乡建设领域认真落实"创新、协调、绿色、开放、共享"的新发展理念，积极稳妥地推进装配式建筑发展。

北京市装配式建筑发展可以总结为"两步走，三阶段"。2010 年，北京市发布实施《关于推进本市住宅产业化的指导意见》，相继在《北京市民用建筑节能管理办法》《北京市"十二五"时期民用建筑节能规划》《北京市绿色建筑行动实施方案》等政策文件中，将住宅产业化推进工作作为建筑业结构调整的重要手段和实现建筑领域节能减排、提升工程质量的重要内容，奠定了实施装配式建筑的政策基础、技术基础和项目实践基础。2017 年，北京市发布《关于加快发展装配式建筑的实施意见》（京政办发〔2017〕8 号），相继在《关于全面深化改革提升城市规划建设管理水平的意见》（京发〔2016〕14 号）、《北京市"十三五"时期民用建筑节能规划》、《北京城市总体规划（2016—2035 年）》等政策文件中，进一步明确了新时期北京市发展装配式建筑的实施目标、实施范围、重点工作，将装配式建筑作为首都建设高质量发展的重要手段和重要载体，为"十四五"时期新型建筑工业化以及 2035 年前全面采用装配式建筑提供了有力支撑。北京市装配式建筑发展主要分为研发试点阶段、稳步推进阶段、全面发展阶段。

阶段一：研发试点（2007—2009 年）

该阶段的主要特征是通过技术论证选择适宜的技术体系，解决了住宅产业化技术从无到有的问题。2006 年年底，在学习借鉴日本先进的经验技术后，北京市开始装配式住宅的探索研究。2007 年，北京万科、北京市建筑设计研究院、榆树庄构件厂、上海七建在榆树庄构件厂建设一栋两层装配式剪力墙实验楼基础上，开始中粮万科假日风景 B3、B4 号楼的设计建造，该项目于 2009 年竣工，被授予"北京市住宅产业化试点工程"称号。由北京市的骨干企业联合攻关完善相关技术，保证了试点工程质量，有力促进了住宅产业化在停滞多年后的再次崛起。

由于本阶段标准、规范都不完善，经过两次专家论证后，最终确定了"等同现浇"的技术路线。通过钢筋之间的可靠连接（钢筋搭接、灌浆套筒连接等），将预制构件与现浇部分有效连接起来，满足建筑结构安全的要求。这也使得重新起步的装配式建筑找到了与现行标准、规范的接口，对后续阶段的体系优化、标准完善、技术创新和装配式建筑的规模化推广具有重要意义。

阶段二：稳步推进（2010—2016 年）

本阶段自 2010 年起，以北京万科为代表，在总结中粮万科假日风景 B3、B4 号楼项目实践的基础上，推动了北京市住宅产业化政策文件和标准体系的建立。北京市相继出台了《关于推进本市住宅产业化的指导意见》（京建发〔2010〕125 号）、《关于产业化住宅项目实施面积奖励等优惠措施的暂行办法》（京建发〔2010〕141 号）。到 2013 年，北京市发布了《装配式剪力墙住宅建筑设计规程》《装配式剪力墙结构设计规程》《预制混凝土构件质量检验标准》《装配式混凝土结构工程施工与质量验收规程》四本北京市地方标准，形成了较为完善的建筑设计、结构设计、构件生产、施工和质量验收全过程的"装配整体式剪力墙结构体系"。

自 2014 年起，除北京万科开发的商品房装配式住宅项目外，北京市保障性住房建设投资中心相继规划建设了马驹桥、温泉 C03 地块、郭公庄一期、台湖、百子湾等装配式公租房项目，不仅规模大、标准化程度高，而且同时研发推广装配式装修技术，将北京市的装配式剪力墙住宅推向规模化应用新阶段。

该阶段的主要特征是采取积极稳妥的发展方式，从保障性住房为代表开始试点推广，《关于在本市保障性住房中实施绿色建筑行动的若干指导意见》（京建发〔2014〕315 号）指出"对于集中兴建且规模在 5 万平方米以上的公租房项目，严格执行《导则》、《关于在保障性住房建设中推进住宅产业化工作任务的通知》（京建发〔2012〕359 号），实施装配式装修"；经济适用房、限价商品房等其他类保障性住房应大力推广应用预制叠合楼板、预制楼梯、阳台板、空调板等预制构配件；试点实施装配式装修。基于北京市保障性住房建设投资中心管控到位，规划建设了大量高预制率装配式住宅，结构装饰保温一体化外墙板技术得到广泛应用，总体建设规模和建设水平均处于国内领先地位。结构部品认证目录管理、套筒灌浆专业化管理、设计生产信息化管理等政策和手段，对于保证装配式建筑工程质量和部品供应起到了关键作用。

阶段三：规模化发展（2017 年至今）

2017 年，北京市发布《关于加快发展装配式建筑的实施意见》（京政办发〔2017〕8 号）和《北京市发展装配式建筑 2017 年工作计划》（京装配联办发〔2017〕2 号），明确了到 2020 年北京市装配式建筑发展的目标、实施范围、实施标准和重点工作，为装配式建筑大规模建设和发展指明了方向和实现路径，标志着北京市装配式建筑进入了全面发展的新阶段。

自 2017 年起，北京市陆续出台《北京市建设工程计价依据——预算消耗量定额（装配式房屋建筑工程）》（京建发〔2017〕90 号）、《北京市装配式建筑专家委员会管理办法》（京建发〔2017〕382 号）、《关于在本市装配式建筑工程中实行工程总承包招投标的若干规定（试行）》（京建法〔2017〕29 号）、《北京市装配式建筑项目设计管理办法》（市规划国土发〔2017〕407 号）、《关于加强装配式混凝土建筑工程设计施工质量全过程管控的通知》（京建法〔2018〕6 号）等文件，促进了国家政策在北京市的实施落地。

本阶段装配式混凝土建筑技术体系成熟，产业链已经形成，制度建设完整，装配式建筑实现了从保障性住房向商品房和公共建筑以及工业建筑领域的全面推广。结合国家发展钢结构建筑的要求，2020 年发布的《北京市发展装配式建筑 2020 年工作要点》中提出"推进装配式钢结构住宅体系的研究与应用示范，在新型农房建设中试点推广装配式钢结构建筑"。装配式建筑向多种结构体系、多种连接方式和多元化的建筑类型发展并不断完善。

第二篇

北京市装配式建筑
相关政策与标准

本章将现行装配式建筑专项政策详细列出，供行业主管部门和参建各方读者翻阅使用；将装配式建筑北京市地方标准按照设计、施工和保障房建设区分列表，供建设单位、设计单位、施工单位、构件生产单位与装修单位参考使用；列出了部分国家装配式建筑标准规范名称，方便对比使用。

北京市装配式建筑政策文件

北京市现行装配式建筑专项政策近 30 项，涵盖了纲领性文件、年度计划、质量保证文件、专家委员会管理办法、保障性住房文件等类型，用于支持全市装配式建筑行业管理、科研、项目建设、构件生产等方面。其中，国家装配式建筑专项政策 8 项，清单详见表 2-1；北京市装配式建筑政策文件见表 2-2，北京市装配式建筑政策文件内容见下文。

表 2-1　国家装配式建筑政策一览表（部分）

序号	名称	文号	发布时间	发布部门
1	关于印发《"十三五"装配式建筑行动方案》《装配式建筑示范城市管理办法》《装配式建筑产业基地管理办法》的通知	建科〔2017〕77 号	2017 年 3 月 23 日	中华人民共和国住房和城乡建设部
2	关于印发《装配式建筑工程消耗量定额》的通知	建标〔2016〕291 号	2016 年 12 月 23 日	中华人民共和国住房和城乡建设部
3	关于印发《装配式混凝土结构建筑工程施工图设计文件技术审查要点》的通知	建质函〔2016〕287 号	2016 年 12 月 15 日	中华人民共和国住房和城乡建设部
4	关于印发《建筑工程设计文件编制深度规定（2016）年版》的通知	建质函〔2016〕247 号	2016 年 11 月 17 日	中华人民共和国住房和城乡建设部
5	关于大力发展装配式建筑的指导意见	国办发〔2016〕71 号	2016 年 9 月 27 日	国务院办公厅
6	关于进一步加强城市规划建设管理工作的若干意见	中发〔2016〕6 号	2016 年 2 月 6 日	中共中央国务院
7	关于推动智能建造与建筑工业化协同发展的指导意见	建市〔2020〕60 号	2020 年 7 月 28 日	住房城乡建设部、发展改革委等 13 部门
8	关于加快新型建筑工业化发展的若干意见	建标规〔2020〕8 号	2020 年 8 月 28 日	住房城乡建设部、发展改革委等 9 部门

表 2-2　北京市装配式建筑政策文件一览表

序号	名称	文号	发布时间	发布部门	政策类型
1	关于加快发展装配式建筑的实施意见	京政办发〔2017〕8号	2017年2月22日	北京市人民政府办公厅	纲领文件
2	关于印发《北京市发展装配式建筑2020年工作要点》的通知	京装配联办发〔2020〕2号	2020年8月12日	北京市发展装配式建筑工作联席会议办公室	年度计划
3	关于印发《北京市发展装配式建筑2018—2019年工作要点》的通知	京装配联办发〔2019〕1号	2019年5月20日	北京市发展装配式建筑工作联席会议办公室	
4	关于印发《北京市发展装配式建筑2017年工作计划》的通知	京装配联办发〔2017〕2号	2017年5月22日	北京市发展装配式建筑工作联席会议办公室	
5	关于印发《北京市装配式建筑、绿色建筑、绿色生态示范区项目市级奖励资金管理暂行办法》的通知	京建法〔2020〕4号	2020年4月13日	北京市住房和城乡建设委员会、北京市规划和自然资源委员会、北京市财政局	政策支持
6	印发《关于在本市装配式建筑工程中实行工程总承包招投标的若干规定（试行)》的通知	京建法〔2017〕29号	2017年12月26日	北京市住房和城乡建设委员会、北京市规划和国土资源管理委员	
7	关于印发《北京市绿色建筑和装配式建筑适用技术推广目录(2019)》的通知	京建发〔2019〕421号	2019年11月18日	北京市住房和城乡建设委员会	
8	关于开展建设工程材料采购信息填报有关事项的通知	京建法〔2018〕19号	2018年10月9日	北京市住房和城乡建设委员会	
9	关于明确装配式混凝土结构建筑工程施工现场质量监督工作要点的通知	京建发〔2018〕371号	2018年8月1日	北京市住房和城乡建设委员会	质量保障
10	关于取消产业化住宅部品目录审定有关事项的通知	京建发〔2018〕361号	2018年7月30日	北京市住房和城乡建设委员会	
11	关于加强装配式混凝土建筑工程设计施工质量全过程管控的通知	京建法〔2018〕6号	2018年3月26日	北京市住房和城乡建设委员会、北京市规划和国土资源管理委员会、北京市质量技术监督局	

续表

序号	名称	文号	发布时间	发布部门	政策类型
12	关于印发《北京市装配式建筑项目设计管理办法》的通知	市规划国土发〔2017〕407号	2017年11月21日	北京市规划和国土资源管理委员会	质量保障
13	关于落实《关于加快发展装配式建筑的实施意见》任务分解表中涉及我委有关工作的通知	市规划国土发〔2017〕178号	2017年5月24日	北京市规划和国土资源管理委员会	
14	北京市装配式建筑专家委员会管理办法	京建发〔2017〕382号	2017年9月22日	北京市住房和城乡建设委员会、北京市规划和国土资源管理委员会	
15	关于公布第二届北京市装配式建筑专家委员会委员名单的通知	京建发〔2020〕135号	2020年5月22日	北京市住房和城乡建设委员会、北京市规划和自然资源委员会	专家委员会
16	关于公布北京市装配式建筑专家委员会委员名单的通知	京建发〔2018〕114号	2018年3月5日	北京市住房和城乡建设委员会、北京市规划和国土资源管理委员会	
17	关于印发《北京市保障性住房预制装配式构件标准化技术要求》的通知	京建发〔2017〕4号	2017年1月12日	北京市住房和城乡建设委员会、北京市规划和国土资源管理委员会	
18	关于实施保障性住房全装修成品交房若干规定的通知	京建法〔2015〕18号	2015年10月28日	北京市住房和城乡建设委员会	
19	关于在本市保障性住房中实施全装修成品交房有关意见的通知	京建法〔2015〕17号	2015年10月28日	北京市住房和城乡建设委员会	保障性住房
20	关于在本市保障性住房中实施绿色建筑行动的若干指导意见	京建发〔2014〕315号	2014年8月15日	北京市委市政府及住保工作小组	
21	关于确认保障性住房实施住宅产业化增量成本的通知	京建发〔2013〕138号	2013年3月15日	北京市住房和城乡建设委员会、北京市发展和改革委员会	

续表

序号	名称	文号	发布时间	发布部门	政策类型
22	关于在保障性住房建设中推进住宅产业化工作任务的通知	京建发〔2012〕359号	2012年8月13日	北京市住房和城乡建设委员会、北京市规划委员会、北京市国土资源局、北京市发展和改革委员会、北京市财政局	保障性住房
23	关于印发《北京市产业化住宅部品评审细则（试行）》的通知	京建发〔2011〕286号	2011年6月7日	北京市住房和城乡建设委员会	
24	关于印发《北京市混凝土结构产业化住宅项目技术管理要点》的通知	京建发〔2010〕740号	2010年12月10日	北京市住房和城乡建设委员会、北京市规划委员会	住宅产业化
25	关于印发《关于推进本市住宅产业化的指导意见》的通知	京建发〔2010〕125号	2010年3月8日	北京市住房和城乡建设委员会、北京市规划委员会、北京市国土资源局、北京市发展和改革委员会、北京市科学技术委员会、北京市经济和信息化委员会、北京市质量技术监督局、北京市财政局	

政策 1

关于加快发展装配式建筑的实施意见

京政办发〔2017〕8号

各区人民政府，市政府各委、办、局，各市属机构：

为深入贯彻落实《国务院办公厅关于大力发展装配式建筑的指导意见》（国办发〔2016〕71号），加快推动本市装配式建筑发展，经市政府同意，现提出以下实施意见。

一、总体要求

（一）指导思想

以习近平总书记视察北京重要讲话精神为根本遵循，深入落实中央城镇化工作会议和中央城市工作会议精神，牢固树立和贯彻落实新发展理念，按照适用、经济、安全、绿色、美观的要求，推动建造方式创新，大力发展装配式混凝土建筑和钢结构建筑，在具备条件的项目中倡导采用现代木结构建筑，不断提高装配式建筑在新建建筑中的比例。坚持标准化设计、工厂化生产、装配化施工、一体化装修、信息化管理、智能化应用，充分发挥先进技术的引领作用，全面提升建设水平和工程质量，促进本市建筑产业转型升级。

（二）工作目标

到2018年，实现装配式建筑占新建建筑面积的比例达到20％以上，基本形成适应装配式建筑发展的政策和技术保障体系。到2020年，实现装配式建筑占新建建筑面积的比例达到30％以上，推动形成一批设计、施工、部品部件生产规模化企业，具有现代装配建造水平的工程总承包企业以及与之相适应的专业化技能队伍。

（三）实施范围和标准

1. 自2017年3月15日起，新纳入本市保障性住房建设计划的项目和新立项政府投资的新建建筑应采用装配式建筑。

2. 自2017年3月15日起，通过招拍挂文件设定相关要求，对以招拍挂方式取得城六区和通州区地上建筑规模5万平方米（含）以上国有土地使用权的商品房开发项目应采用装配式建筑；在其他区取得地上建筑规模10万平方米（含）以上国有土地使用权的商品房开发项目应采用装配式建筑。

3. 采用装配式混凝土建筑、钢结构建筑的项目应符合国家及本市的相关标准。采用装配式混凝土建筑的项目，其装配率应不低于50％；建筑高度在60米（含）以下时，其单体建筑预制率应不低于40％，建筑高度在60米以上时，其单体建筑预制率应不低于20％。鼓励学校、医院、体育馆、商场、写字楼等新建公共建筑优先采用钢结构建筑，其中政府投资的单体地上建筑面积1万平方米（含）以上的新建公共建筑应采用钢结构建筑。

二、重点任务

（四）完善技术标准体系

进一步完善适应装配式建筑的设计、生产、施工、检测、验收、维护等标准体系，编制相关图集、工法、手册、指南。严格执行国家和行业装配式建筑相关标准，加快制定本市地方标准，支持制定企业标准，促进关键技术和成套技术研究成果转化为标准规范。完善适应装配式建筑的安全防护体系和防火抗震防灾标准。制定结构与装修一体化和装配式装修技术标准。研究确定装配式建筑工程计价依据。建立装配式建筑评价体系。

（五）创新装配式建筑设计

统筹建筑结构、机电设备、部品部件、装配施工、装饰装修，推行装配式建筑一体化集成设计。推广通用化、模数化、标准化设计方式，积极应用建筑信息模型技术，提高建筑领域各专业协同设计能力，加强对装配式建筑建设全过程的指导和服务。政府投资的装配式建筑项目应全过程采用建筑信息模型技术进行管理。鼓励设计单位与科研院所、高等院校等联合开发装配式建筑设计技术和通用设计软件。

（六）优化部品部件生产

认真落实京津冀协同发展战略，引导部品部件生产企业及相关产业园区在京津冀地区合理布局，培育一批技术先进、专业配套、管理规范的骨干企业，建设一批绿色、智能、可持续发展的部品部件生产基地，形成适应装配式建筑发展需要的产品齐全、配套完整的产业格局。特别是依托行业龙头企业打造钢结构建筑生产示范基地，整合钢构件、内外墙板、楼板、一体化装修材料等上下游部品部件生产。支持部品部件生产企业完善产品品种和规格，促进标准化、专业化、规模化、信息化生产，优化物流管理，合理组织配送。积极引导设备制造企业研发部品部件生产装备机具，提高自动化和柔性加工技术水平。建立部品部件质量验收机制，确保产品质量。

（七）提升装配施工水平

引导企业研发应用与装配式施工相适应的技术、设备和机具，特别是加快研发应用装配式建筑关键连接技术和检测技术，提高部品部件的装配施工质量和建筑安全性能。鼓励企业创新施工组织方式，推行绿色施工，应用结构工程与分部分项工程协同施工新模式。支持施工企业总结编制施工工法，提高装配施工技术水平，实现技术工艺、组织管理、技能队伍的转变，打造一批具有较高装配施工技术水平的骨干企业。

（八）推进建筑全装修

实行装配式建筑装饰装修与主体结构、机电设备协同施工。积极推广标准化、集成化、模块化的装修模式，推广整体厨卫、同层排水、轻质隔墙板等材料、产品和设备管线集成化技术，加快智能产品和智慧家居的应用，提高装配化装修水平。倡导菜单式全装修，满足消费者个性化需求。本市保障性住房项目全部实施全装修成品交房，鼓励装配式装修；支持其他采用装配式建筑的住宅项目实施全装修成品交房。

（九）推广绿色建材

提高绿色建材在装配式建筑中的应用比例。开发应用品质优良、节能环保、功能良好的新型建筑材料，加快推进绿色建材评价。鼓励装饰与保温隔热材料一体化应用。推广应用高性能节能门窗、夹心保温复合墙体、叠合楼板、预制楼梯以及成品钢筋，积极推进临时建筑、道路硬化、工地临时性设施等配套设施使用可装配、可重复使用的建材和部品部件。强制淘汰不符合节能环保要求、质量性能差的建筑材料。

（十）推行工程总承包

装配式建筑原则上应采用工程总承包模式，可按照技术复杂类工程项目招投标。工程总承包企业要对工程质量、安全、进度、造价负总责。健全与装配式建筑工程总承包相适应的发包承包、施工许可、分包管理、工程造价、质量安全监管、竣工验收等制度，优化项目管理方式，实现工程设计、部品部件生产、施工及采购的统一管理和深度融合。鼓励装配式建筑产业技术创新联盟发展，加大研发投入，增强创新能力。支持大型设计、施工和部品部件生产企业通过调整组织架构、健全管理体系，向具有工程管理、设计、施工、生产、采购能力的工程总承包企业转型。

（十一）确保工程质量安全

完善装配式建筑工程质量安全管理制度，健全质量安全责任体系，落实各方主体责任。加强全过程监管，制定针对装配式建筑的分段验收方案，对全装修成品交房项目实施主体与装修分界验收。加强部品部件生产企业质量管控，实施装配式建筑部品认定和目录管理，对主要承重构件和具有重要使用功能的部品部件进行驻厂监造。施工企业要加强施工过程质量安全控制和检验检测，完善质量保证体系，在建筑物明显部位设置永久性标牌，公示质量安全责任主体和主要责任人。加强行业监管，明确符合装配式建筑特点的施工图审查要求，加大抽查抽测力度，严肃查处质量安全违法违规行为。依托互联网技术，建立涵盖本市装配式建筑项目建设管理全过程的大数据平台，实现发展改革、规划国土、住房城乡建设等部门以及相关企业的数据共享，实现工程质量可查询、可追溯。

三、保障措施

（十二）健全工作机制

建立市发展装配式建筑工作联席会议制度，组织、协调和指导全市装配式建筑发展工作。联席会议成员单位包括市住房城乡建设委、市发展改革委、市教委、市科委、市经济信息化委、市财政局、市人力社保局、市规划国土委、市环保局、市国资委、市地税局、市质监局、市金融局、市国税局、人民银行营业管理部等，联席会议办公室设在市住房城乡建设委。各成员单位要按照职责分工，制定具体配套措施，密切协作配合，加大支持力度，扎实做好发展装配式建筑各项工作。各区政府要加强对本区发展装配式建筑工作的组织领导，建立相应的工作机制，明确目标任务，加强督促检查，确保落到实处。

（十三）细化责任分工

市住房城乡建设委要加强统筹协调，会同有关部门制定装配式建筑年度发展计划及具体实施范围，将发展装配式建筑相关要求落实到项目规划审批、土地供应、项目立项、施工图审查等环节，并定期通报各有关单位推进装配式建筑工作进展情况；加强装配式建筑项目施工许可、施工登记和施工质量安全管理，对不符合验收标准的项目依法不予进行竣工备案。市发展改革委负责在立项阶段对项目申请报告或可行性研究报告落实装配式建筑要求的有关内容进行审查。市规划国土委负责加强装配式建筑项目规划行政许可、施工图审查的管理，制定和完善装配式建筑设计文件深度规定和施工图审查要点，在规划条件和选址意见书中明确装配式建筑的实施要求并在土地供应中予以落实。

（十四）加大政策支持

一是对于实施范围内的装配式建筑项目，在计算建筑面积时，建筑外墙厚度参照同类型建筑的外墙厚度。建筑外墙采用夹心保温复合墙体的，其夹心保温墙体外叶板水平投影面积不计入建筑面积。对于未在实施范围内的非政府投资项目，凡自愿采用装配式建筑并符合实施标准的，给予实施项目不超过3％的面积奖励。

二是由财政部门研究制定装配式建筑项目专项奖励政策，对于实施范围内的预制率达到50％以上、装配率达到70％以上的非政府投资项目予以财政奖励；对于未在实施范围的非政府投资项目，凡自愿采用装配式建筑并符合实施标准的，按增量成本给予一定比例的财政奖励。鼓励金融机构加大对装配式建筑项目的信贷支持力度。

三是对于符合新型墙体材料目录的部品部件生产企业，可按规定享受增值税即征即退优惠政策。符合高新技术企业条件的装配式建筑部品部件生产企业，经认定后可依法享受相关税收优惠政策。

四是在本市建筑行业相关评优评奖中，增加装配式建筑方面的指标要求。采用装配式建筑的商品房开发项目在办理房屋预售时，可不受项目建设形象进度要求的限制。

（十五）加强科技创新

加大科研攻关力度，研发一批拥有自主知识产权、具有国际先进水平的关键技术，形成适应装配式建筑发展的技术支撑体系。推动技术集成创新，鼓励应用绿色建筑技术、超低能耗节能技术、智能建筑技术。建立市装配式建筑专家委员会，参与研究制定本市装配式建筑的技术发展战略、发展规划和技术政策。

（十六）强化队伍建设

大力培养装配式建筑设计、生产、施工、管理等专业人才。鼓励高等学校、职业学校设置装配式建筑相关课程，推动装配式建筑企业开展校企合作，创新人才培养模式。在建筑行业专业技术人员继续教育中增加装配式建筑相关内容。制定装配式建筑岗位标准和要求，加大职业技能培训投入，建立培训基地，加强岗位技能提升培训，采取多种方式促进建筑业农民工向技术工人转型。加强国际交流合作，积极引进海外专业人才参与装配式建筑的研发、生产和管理。

（十七）做好宣传引导

充分利用各种媒体平台，通过现场会、论坛、展会、专题报道等形式，广泛宣传装配式建筑相关知识和发展装配式建筑的经济、社会效益，提高社会认知度，营造有利于装配式建筑发展的良好氛围，促进装配式建筑相关产业和市场发展。

北京市人民政府办公厅

2017 年 2 月 22 日

附件

《关于加快发展装配式建筑的实施意见》任务分解表

主要任务	序号	任务内容	主责单位	协助单位
完善技术标准体系	1	进一步完善适应装配式建筑的设计、生产、施工、检测、验收、维护等标准体系，编制相关图集、工法、手册、指南。严格执行国家和行业装配式建筑相关标准，加快制定本市地方标准。支持制定企业标准，促进关键技术和成套技术研究成果转化为标准规范。完善适应装配式建筑的安全防护体系和防火抗震防灾标准。制定结构与装修一体化和装配式装修技术标准	市规划国土委市住房城乡建设委市质监局	
	2	研究确定装配式建筑工程计价依据	市住房城乡建设委	
	3	建立装配式建筑评价体系	市住房城乡建设委市规划国土委	市质监局
创装配式建筑设计	4	统筹建筑结构、机电设备、部品部件、装配施工、装饰装修。推行装配式建筑一体化集成设计。推广通用化、模数化、标准化设计方式，积极应用建筑信息模型技术。提高建筑领域各专业协同设计能力。加强对装配式建筑建设全过程的指导和服务	市规划国土委	市经济信息化委
	5	政府投资的装配式建筑项目应全过程采用建筑信息模型技术进行管理	市规划国土委市住房城乡建设委	市经济信息化委
	6	鼓励设计单位与科研院所、高等院校等联合开发装配式建筑设计技术和通用设计软件	市规划国土委	

主要任务	序号	任务内容	主责单位	协助单位
优化部品部件生产	7	认真落实京津冀协同发展战略，引导部品部件生产企业及相关产业园区在京津冀地区合理布局。培育一批技术先进、专业配套、管理规范的骨干企业。建设一批绿色、智能、可持续发展的部品部件生产基地。形成适应装配式建筑发展需要的产品齐全、配套完整的产业格局	市住房城乡建设委市经济信息化委市环保局	市发展改革委
	8	依托行业龙头企业打造钢结构建筑生产示范基地，整合钢构件、内外墙板、楼板、一体化装修材料等上下游部品部件生产	市住房城乡建设委市经济信息化委市国资委	
	9	支持部品部件生产企业完善产品品种和规格，促进标准化、专业化、规模化、信息化生产，优化物流管理，合理组织配送	市住房城乡建设委市质监局	市科委
	10	积极引导设备制造企业研发部品部件生产装备机具，提高自动化和柔性加工技术水平	市住房城乡建设委市经济信息化委市科委	
	11	建立部品部件质量验收机制，确保产品质量	市住房城乡建设委市质监局	
提升装配施工水平	12	引导企业研发应用与装配式施工相适应的技术、设备和机具，特别是加快研发应用装配式建筑关键连接技术和检测技术，提高部品部件的装配施工质量和建筑安全性能	市住房城乡建设委市科委	市经济信息化委
	13	鼓励企业创新施工组织方式，推行绿色施工。应用结构工程与分部分项工程协同施工新模式。支持施工企业总结编制施工工法。提高装配施工技术水平，实现技术工艺、组织管理、技能队伍的转变，打造一批具有较高装配施工技术水平的骨干企业	市住房城乡建设委	
推进建筑全装修	14	实行装配式建筑装饰装修与主体结构、机电设备协同施工。积极推广标准化、集成化、模块化的装修模式。推广整体厨卫、同层排水、轻质隔墙板等材料、产品和设备管线集成化技术，加快智能产品和智慧家居的应用。提高装配化装修水平。倡导菜单式全装修。满足消费者个性化需求。本市保障性住房项目全部实施全装修成品交房，鼓励装配式装修；支持其他采用装配式建筑的住宅项目实施全装修成品交房	市住房城乡建设委市规划国土委	

续表

主要任务	序号	任务内容	主责单位	协助单位
推产 绿色建材	15	提高绿色建材在装配式建筑中的应用比例。开发应用品质优良、节能环保、功能良好的新型建筑材料，加快推进绿色建材评价。鼓励装饰与保温隔热材料一体化应用。推广应用高性能节能门窗、夹心保温复合墙体、叠合楼板预制楼梯以及成品钢筋，积极推进临时建筑、道路硬化、工地临时性设施等配套设施使用可装配、可重复使用的建材和部品部件	市住房城乡建设委 市经济信息化委	
	16	强制淘汰不符合节能环保要求、质量性能差的建筑材料	市住房城乡建设委 市规划国土委	
推行工程 总承包	17	装配式建筑原则上应采用工程总承包模式，可按照技术复杂类工程项目招投标	市住房城乡建设委 市规划国土委	市发展改革委
	18	工程总承包企业要对工程质量、安全、进度、造价负总责。健全与装配式建筑工程总承包相适应的发包承包、施工许可、分包管理、工程造价、质量安全监管、竣工验收等制度。优化项目管理方式，实现工程设计、部品部件生产、施工及采购的统一管理和深度融合	市住房城乡建设委 市规划国土委	
	19	鼓励装配式建筑产业技术创新联盟发展，加大研发投入，增强创新能力。支持大型设计、施工和部品部件生产企业通过调整组织架构、健全管理体系向具有工程管理、设计、施工、生产、采购能力的工程总承包企业转型	市住房城乡建设委 市规划国土委	市科委
确保工程 质量安全	20	完善装配式建筑工程质量安全管理制度。健全质量安全责任体系，落实各方主体责任。加强全过程监管，制定针对装配式建筑的分段验收方案，对全装修成品交房项目实施主体与装修分界验收。加强部品部件生产企业质量管控。实施装配式建筑部品认定和目录管理，对主要承重构件和具有重要使用功能的部品部件进行驻厂监造。施工企业要加强施工过程质量安全控制和检验检测，完善质量保证体系。在建筑物明显部位设置永久性标牌。公示质量安全责任主体和主要责任人	市住房城乡建设委	
	21	加强行业监管，明确符合装配式建筑特点的施工图审查要求，加大抽查抽测力度，严肃查处质量安全违法违规行为	市住房城乡建设委 市规划国土委	
	22	依托互联网技术，建立涵盖本市装配式建筑项目建设管理全过程的大数据平台，实现发展改革、规划国土、住房城乡建设等部门以及相关企业的数据共享，实现工程质量可查询、可追溯	市住房城乡建设委 市规划国土委	市经济信息化委 市发展改革委

主要任务	序号	任务内容	主责单位	协助单位
健全工作机制	23	建立市发展装配式建筑工作联席会议制度，组织、协调和指导全市装配式建筑发展工作	市住房城乡建设委	联席会议各成员单位
	24	各成员单位要按照职责分工，制定具体配套措施，密切协作配合，加大支持力度，扎实做好发展装配式建筑各项工作	联席会议各成员单位	
	25	各区政府要加强对本区发展装配式建筑工作的组织领导，建立相应的工作机制，明确目标任务、加强督促检查，确保落到实处	各区政府	
细化工作流程	26	制定装配式建筑年度发展计划及具体实施范围，将发展装配式建筑相关要求落实到项目规划审批、土地供应、项目立项、施工图审查等环节	市住房城乡建设委	市发展改革委市规划国土委各区政府
	27	定期通报有关单位推进装配式建筑工作进展情况	市住房城乡建设委	各区政府联席会议各成员单位
	28	加强装配式建筑项目施工许可、施工登记和施工质量安全管理，对不符合验收标准的项目依法不予竣工备案	市住房城乡建设委	
	29	在立项阶段对项目申请报告或可行性研究报告落实装配式建筑要求的有关内容进行审查	市发展改革委	
	30	加强装配式建筑项目规划行政许可、施工图审查的管理，制定和完善装配式建筑设计文件深度规定和施工图审查要点，在规划条件和选址意见书中明确装配式建筑的实施要求并在土地供应中予以落实	市规划国土委	
加大政策支持	31	对于实施范围内的装配式建筑项目在计算建筑面积时，建筑外墙厚度参照同类型建筑的外墙厚度。建筑外墙采用夹心保温复合墙体的，其夹心保温墙体外叶板水平投影面积不计入建筑面积	市规划国土委	市住房城乡建设委
	32	对于未在实施范围内的非政府投资项目，凡自愿采用装配式建筑并符合实施标准的，给予实施项目不超过3%的面积奖励	市规划国土委	市住房城乡建设委市发展改革委
	33	由财政部门研究制定装配式建筑项目专项奖励政策，对于实施范围内的预制率达到50%以上、装配率达到70%以上的非政府投资项目予以财政奖励；对于未在实施范围的非政府投资项目，凡自愿采用装配式建筑并符合实施标准的，按增量成本给予一定比例的财政奖励	市财政局	市住房城乡建设委市发展改革委市规划国土委

续表

主要任务	序号	任务内容	主责单位	协助单位
加大政策支持	34	鼓励金融机构加大对装配式建筑项目的信贷支持力度	市金融局 人民银行营业管理部	市住房城乡建设委 市发展改革委 市规划国土委
	35	对于符合新型墙体材料目录的部品部件生产企业，可按规定享受增值税即征即退优惠政策；符合高新技术企业条件的装配式建筑部品部件生产企业，经认定后可依法享受相关税收优惠政策	市国税局 市地税局 市科委	市住房城乡建设委 市财政局
	36	在本市建筑行业相关评优评奖中，增加装配式建筑方面的指标要求	市住房城乡建设委 市规划国土委	
	37	采用装配式建筑的商品房开发项目在办理房屋预售时，可不受项目建设形象进度要求的限制	市住房城乡建设委	
加强科技创新	38	加大科研攻关力度，研发一批拥有自主知识产权、具有国际先进水平的关键技术，形成适应装配式建筑发展的技术支撑体系	市科委	市住房城乡建设委 市发展改革委 市规划国土委
	39	推动技术集成创新，鼓励应用绿色建筑技术、超低能耗节能技术、智能建筑技术	市住房城乡建设委 市规划国土委	市科委
	40	建立市装配式建筑专家委员会，参与研究制定本市装配式建筑的技术发展战略、发展规划和技术政策	市住房城乡建设委 市规划国土委	
强化队伍建设	41	大力培养装配式建筑设计、生产、施工、管理等专业人才，鼓励高等学校、职业学校设置装配式建筑相关课程，推动装配式建筑企业开展校企合作，创新人才培养模式	市教委 市住房城乡建设委	市规划国土委 市人力社保局
	42	在建筑行业专业技术人员继续教育中增加装配式建筑相关内容；制定装配式建筑岗位标准和要求；加大职业技能培训投入，建立培训基地，加强岗位技能提升培训；采取多种方式促进建筑业农民工向技术工人转型	市住房城乡建设委	市规划国土委 市人力社保局
做好宣传引导	43	充分利用各种媒体平台，通过现场会、论坛、展会、专题报道等形式，广泛宣传装配式建筑相关知识和发展装配式建筑的经济、社会效益，提高社会认知度，营造有利于装配式建筑发展的良好氛围，促进装配式建筑相关产业和市场发展	市住房城乡建设委	市委宣传部

政策 2

关于印发《北京市发展装配式建筑 2020 年工作要点》的通知

京装配联办发〔2020〕2 号

各区人民政府，市政府各委办局，各市属机构，各有关单位：

为进一步落实《北京市人民政府办公厅关于加快发展装配式建筑的实施意见》（京政办发〔2017〕8 号）要求，经市政府批准，现将《北京市发展装配式建筑 2020 年工作要点》印发给你们。请各单位按照任务分解要求，做好发展装配式建筑的各项工作，确保任务完成。

北京市发展装配式建筑工作联席会议办公室
2020 年 8 月 12 日

北京市发展装配式建筑 2020 年工作要点

为全面稳步推进装配式建筑发展，实现首都建筑产业高质量发展，做好"十三五"的收官工作，按照《北京市人民政府办公厅关于加快发展装配式建筑的实施意见》（京政办发〔2017〕8 号）（以下简称《实施意见》）要求，结合我市装配式建筑发展实际，制定本工作要点。

一、明确工作目标

（一）工作目标

2020 年，实现装配式建筑占新建建筑面积的比例达到 30％以上，推动形成一批设计、施工、部品部件生产规模化企业，具有现代装配建造水平的工程总承包企业以及与之相适应的专业化技能队伍。

（二）实施范围

1. 各类保障性住房无论是否纳入保障房建设计划，均应采用装配式建筑（地上建筑面积小于 2 万平方米的除外）。集体土地租赁住房按照《关于加强北京市集体土地租赁住房试点项目建设管理的暂行意见》（京住保〔2018〕14 号）要求，鼓励采用装配式建筑。企业自持租赁住房按照土地招拍挂文件的相关要求实施装配式建筑。

2. 新立项政府投资的新建建筑应采用装配式建筑。鼓励学校、医院、体育馆、商场、写字楼等新建公共建筑优先采用钢结构建筑，其中，政府投资的单体地上建筑面积1万平方米（含）以上的新建公共建筑应采用钢结构建筑。

3. 通过招拍挂文件设定相关要求，对以招拍挂方式取得城六区和通州区地上建筑规模5万平方米（含）以上国有土地使用权的商品房开发项目应采用装配式建筑；在其他区取得地上建筑规模10万平方米（含）以上国有土地使用权的商品房开发项目应采用装配式建筑。商品房开发项目地上建筑规模以土地招拍挂文件明确的项目建筑控制规模为准。

4. 新建工业建筑应采用装配式建筑，主要包括厂房（机房、车间）和仓库。

5. 在上述实施范围内的以下新建建筑项目可不采用装配式建筑：

——单体建筑面积5000平方米以下的新建公共建筑项目；

——建设项目的构筑物、配套附属设施（垃圾房、配电房等）；

——技术条件特殊，不适宜实施装配式建筑的建设项目（需经市装配式建筑专家委员会论证后报市装配式建筑联席会议办公室审核同意）。

二、严格实施标准

采用装配式建筑的项目应符合国家及本市的相关标准。装配式建筑应满足以下要求：

1. 装配式建筑的装配率应不低于50％。

2. 装配式混凝土建筑的预制率应符合以下标准：建筑高度在60米（含）以下时，其单体建筑预制率应不低于40％；建筑高度在60米以上时，其单体建筑预制率应不低于20％。

装配式建筑预制率及装配率计算说明详见附件1。

三、细化项目落实

各区、各部门要严格履行装配式建筑项目建设程序，加强建设各环节的监督与指导，因地制宜地精准施策，确保项目严格按要求实施。

（一）做好土地供应管理

各区政府要明确目标任务，在年度供地计划中，落实装配式建筑规模的任务。规划自然资源管理部门对属于《实施意见》规定应当实施装配式建筑的建设项目，特别是政府投资项目，在规划综合实施方案、土地招拍挂文件中通过规范性提示语明确实施装配式建筑要求。土地一级开发项目的对接安置房实施装配式建筑的，装配式建筑建设费用由属地区政府组织相关单位进行竣工决算，竣工决算值与销售回笼资金间损益计入对应的土地一级开发成本。（责任单位：各区政府、市规划自然资源委）

（二）做好立项管理

发展改革管理部门在立项阶段对项目单位的项目申请报告（或可行性研究报告）落

实装配式建筑的有关内容进行审核。（责任单位：各区政府、市发展改革委）

（三）加强规划设计管理

规划自然资源管理部门加强规划设计审查审批，对规划实施方案审查意见、"多规合一"协同平台成果或选址意见书中明确了该项目属于《实施意见》规定应实施装配式建筑的，应对设计方案和建设工程规划许可证的总图和设计说明中是否进行了同样注明进行审查。在施工图审查阶段复核设计文件，落实装配式建筑的有关要求，复核预制率是否满足相关要求，在审查合格书或告知书中注明装配式建筑设计审查结论，并将相关信息数据定期推送至市住房城乡建设委。（责任单位：各区政府、市规划自然资源委）

（四）做好施工和验收管理

住房城乡建设管理部门牵头建立严格的装配式建筑质量监管体系，对装配式建筑项目实施差别化监管，对建设单位组织进行预制率和装配率验收的情况进行监督。（责任单位：各区政府、市住房城乡建设委、市市场监督管理局）

四、严控工程质量

落实参建主体和人员的质量责任，突出强化建设单位首要责任和工程总承包、设计、施工等单位的主体责任。严格执行《北京市装配式建筑项目设计管理办法》（市规划国土发〔2017〕407号）、《关于加强装配式混凝土建筑工程设计施工质量全过程管控的通知》（京建法〔2018〕6号）及国家和本市相关标准，全面提升我市装配式建筑工程质量水平。进一步提升设计水平，充分发挥设计的龙头作用，加强设计与施工有效衔接，施工图设计应以交付全装修建筑产品为目标，满足建筑主体和全装修施工需要。强化施工过程质量管控，细化关键环节质量管理措施，开展装配式建筑项目质量专项检查。对本市建筑材料、建筑构配件生产企业开展产品质量监督抽查，加强装配式混凝土预制构件质量专项执法检查，完善装配式混凝土预制构件质量状况评估工作。研究制定装配式建筑部品生产企业市场行为信用管理机制，加强事中事后监管，建立预制混凝土构件生产企业负面清单制度。（责任单位：市住房城乡建设委、市规划自然资源委、市市场监督管理局、各区政府）

五、提升产品配套能力

推进京津冀部品部件生产和使用管理领域战略合作，研究建立跨地区生产的部品部件质量管理沟通洽商机制。加强装配式建筑部品部件的使用管理、监督和市场供需信息服务，保障装配式建筑部品部件供应。（责任单位：市住房城乡建设委、市经济信息化局、市国资委、市市场监督管理局）

六、强化技术支撑

稳步推进装配式建筑的设计、生产、施工、验收等地方标准的制修订工作，组织编制《装配式建筑结构部品部件能源消耗限额》，发布《钢结构住宅技术规程》和《装配式建筑评价标准》，推广宣传装配式建筑技术体系和适用技术目录。集聚各行业、各企业的研究力量，明确装配式建筑更新、迭代和攻关技术，采用"揭榜制"推动落实。推进装配式钢结构住宅体系的研究与应用示范，在新型农房建设中试点推广装配式钢结构建筑。开展装配式建筑"十四五"发展目标、装配式建筑和绿色建筑事中事后监管体系、装配式建筑部品京津冀协同布局和绿色供应链等课题研究工作。加大保障性住房装配式装修的应用，在商品住房中逐步推广装配式装修。成立第二届市装配式建筑专家委员会，发挥智库作用。（责任单位：市住房城乡建设委、市科委、市规划自然资源委、市市场监督管理局、各区政府）

七、推行工程总承包

推进装配式建筑项目采用工程总承包模式，落实 2 个以上的装配式建筑项目实施工程总承包示范。支持工程总承包企业申报国家装配式建筑产业基地。（责任单位：市住房城乡建设委、市规划自然资源委、各区政府）

八、加强队伍建设

加强各级管理部门管理人员的业务培训，提升业务能力。参建主体应开展各层级管理人员的装配式建筑政策和专业知识培训，提升装配式建筑认识。将装配式建筑相关内容纳入专业技术人员继续教育范围。（责任单位：联席会议成员单位、各区政府）

积极鼓励支持相关企业建立培训考核机构，自主开展构件装配工、构件制作工、预埋工、灌浆工等作业人员的培训。（责任单位：市住房城乡建设委、市人力社保局）

依托我市装配式建筑设计、生产、施工企业，发挥社会组织、院校、协会作用，探索多元化的人才培养模式，大力培养装配式建筑专业人才。（责任单位：市住房城乡建设委、市人力社保局、市教委）

九、推进政策支持

根据《北京市装配式建筑、绿色建筑、绿色生态示范区项目市级奖励资金管理暂行办法》（京建法〔2020〕4 号），开展装配式建筑项目财政奖励工作。研究探索绿色金融在装配式建筑中的应用与试点。（责任单位：市住房城乡建设委、市规划自然资源委、市财政局、市地方金融监管局、人行营管部、北京银保监局、各区政府）

十、加大示范宣传

开展优秀装配式建筑设计评优工作。充分发挥装配式建筑示范城市的引领带动作用，支持优秀项目申报国家级装配式建筑科技示范工程。通过现场观摩、经验座谈等多种途径开展示范工程的宣传推介和交流工作。（责任单位：市住房城乡建设委、市规划自然资源委、各区政府）

加大装配式建筑宣传力度，采用传统媒介、新媒体传播和住宅产业博览会等多种形式开展宣传工作。加强装配式建筑政策解读与指导，联席会议成员单位与各区将宣传培训列入年度宣传培训计划。（责任单位：联席会议成员单位、各区政府）

十一、落实工作机制

充分发挥装配式建筑工作联席会议制度作用，加强信息通报，联席会议成员单位、各区每半年向联席会议办公室报送项目立项、土地、规划、设计、施工等管理信息。联席会议办公室每半年召开工作调度会，通报装配式建筑工作落实、项目进展及问题困难等。（责任单位：联席会议成员单位、各区政府）

落实属地管理，强化部门联动。各区政府要明确装配式建筑工作机制，保证装配式建筑项目落到实处。发展改革、规划自然资源、市场监管与住房城乡建设等部门应加强有效联动，建立装配式建筑信息交流与共享、联合执法、线索移送移交机制，形成监管合力。完善建筑市场信用体系，加强对装配式建筑各参建单位的信用管理，对未按规定要求实施的单位和人员，将其失信行为向社会公示，依法惩戒，并作为实施信用差别化监管和执法的重要参考。（责任单位：各区政府、联席会议成员单位）

十二、抓好监督考核

装配式建筑联席会议办公室对各区不定期开展装配式建筑工作落实情况检查，重点检查立项、土地、规划、设计、施工等环节执行实施范围和标准的情况，将检查结果纳入市政府节能减碳目标责任考评。（责任单位：联席会议成员单位、各区政府）

附件1：装配式建筑预制率及装配率计算说明
附件2：装配式建筑装配率评分表

附件 1

装配式建筑预制率及装配率计算说明

根据《北京市人民政府办公厅关于加快发展装配式建筑的实施意见》（京政办发〔2017〕8 号），现对装配式建筑预制率及装配率计算进行如下说明：

1. 预制率

单体建筑±0.000 标高以上，结构构件采用预制混凝土构件的混凝土用量占全部混凝土用量的体积比，按公式一计算：

$$预制率 = \frac{V_1}{V_1 + V_2} \times 100\% \qquad （公式一）$$

式中　V_1——建筑±0.000 标高以上，结构构件采用预制混凝土构件的混凝土体积；计入 V_1 计算的预制混凝土构件类型包括：剪力墙、延性墙板、柱、支撑、梁、桁架、屋架、楼板、楼梯、阳台板、空调板、女儿墙、雨篷等；

　　　　V_2——建筑±0.000 标高以上，结构构件采用现浇混凝土构件的混凝土体积。

2. 装配率

单体建筑±0.000 标高以上，围护和分隔墙体、装修与设备管线等采用预制部品部件的综合比例，按公式二计算：

$$装配率 = \frac{\sum Q_i}{100 - q} \times 100\% \qquad （公式二）$$

式中　Q_i——各指标实际得分值，具体要求见"装配式建筑装配率评分表"；

　　　　q——单体建筑中缺少的评价内容的分值总和（如：若公共建筑中无厨房和采暖管线，则 $q = 10 + 4 = 14$）。

3. 装配式混凝土结构单体建筑应同时满足预制率和装配率的要求；钢结构单体建筑应满足装配率的要求。

4. 水平构件采用预制（叠合）构件或免支模的应用比例应≥70%。

5. 对于主楼带有裙房的建筑项目，当裙房规模较大时，主楼和裙房可分别按不同的单体建筑进行计算和评价，主楼与裙房可按主楼标准层正投影范围确认分界。

附件 2

装配式建筑装配率评分表

评价内容		评价要求	评价分值
外围护墙（22）	非砌筑★	应用比例≥80%	11
	墙体与保温、装饰一体化	50%≤应用比例<80%	5～10＊
		应用比例≥80%	11
内隔墙（22）	非砌筑★	应用比例≥50%	11
	墙体与管线、饰面一体化	50%≤应用比例<80%	5～10＊
		应用比例≥80%	11
全装修（10）★		—	10
公共区域装配化装修（10）	干式工法地面	60%≤应用比例<80%	1～5＊
		应用比例≥80%	6
	集成管线和吊顶	60%≤应用比例<80%	1～3＊
		应用比例≥80%	4
卫生间（10）	干式工法地面	70%≤应用比例<90%	1～5＊
		应用比例≥90%	6
	集成管线和吊顶	70%≤应用比例<90%	1～3＊
		应用比例≥90%	4
厨房（10）	干式工法地面	70%≤应用比例<90%	1～5＊
		应用比例≥90%	6
	集成管线和吊顶	70%≤应用比例<90%	1～3＊
		应用比例≥90%	4
管线与支撑体分离（12）	电气管、线、盒与支撑体分离	50%≤应用比例<80%	1～3＊
		应用比例≥80%	4
	给（排）水管与支撑体分离	50%≤应用比例<80%	1～3＊
		应用比例≥80%	4
	采暖管线与支撑体分离	70%≤应用比例≤100%	1～4＊
BIM应用（4）	设计阶段	设计阶段	4

注：1. 表中带"★"的评价内容，评价时应满足该项最低分值的要求。

2. 表中带"＊"项的分值采用"内插法"计算，计算结果取小数点后一位。

政策 3

关于印发《北京市发展装配式建筑
2018—2019 年工作要点》的通知

京装配联办发〔2019〕1 号

各区人民政府，市政府各委办局，各市属机构，各有关单位：

为落实《北京市人民政府办公厅关于加快发展装配式建筑的实施意见》（京政办发〔2017〕8 号）要求，经市发展装配式建筑工作联席会议审议通过，现将《北京市发展装配式建筑 2018—2019 年工作要点》印发给你们。请各单位按照任务分解要求，做好发展装配式建筑的各项工作，确保任务完成。

北京市发展装配式建筑工作联席会议办公室

2019 年 5 月 20 日

北京市发展装配式建筑 2018—2019 年工作要点

为全面贯彻习近平新时代中国特色社会主义思想，统筹推进"五位一体"总体布局，建设国际一流的和谐宜居之都，按照《北京市人民政府办公厅关于加快发展装配式建筑的实施意见》（京政办发〔2017〕8 号）（以下简称《实施意见》）要求，进一步强化装配式建筑质量管控，全面落实各项任务和措施，推进装配式建筑健康稳步有序发展，结合我市装配式建筑发展实际，制定本工作要点。

一、明确工作目标

（一）工作目标

2018 年实现装配式建筑占新建建筑面积的比例达到 20％以上，到 2019 年实现 25％以上，基本形成适应装配式建筑发展的政策和技术保障体系。

（二）实施范围

1. 新纳入本市保障性住房建设计划的项目和新立项政府投资的新建建筑应采用装配式建筑。其中，政府投资的单体地上建筑面积 1 万平方米（含）以上的新建公共建筑应采用钢结构建筑。

2. 通过招拍挂文件设定相关要求，对以招拍挂方式取得城六区和通州区地上建筑规模 5 万平方米（含）以上国有土地使用权的商品房开发项目应采用装配式建筑；在其他区取得地上建筑规模 10 万平方米（含）以上国有土地使用权的商品房开发项目应采用装配式建筑。

3. 新建工业建筑应采用装配式建筑。

4. 在上述实施范围内的以下新建建筑项目可不采用装配式建筑：

——单体建筑面积 5000 平方米以下的新建公共建筑项目；

——建设项目的构筑物、配套附属设施（垃圾房、配电房等）；

——技术条件特殊，不适宜实施装配式建筑的建设项目（需经市装配式建筑专家委员会论证后报市装配式建筑联席会议办公室审核同意）。

二、严格实施标准

采用装配式建筑的项目应符合国家及本市的相关标准。装配式建筑应满足以下要求：

1. 装配式建筑的装配率应不低于 50%。

2. 装配式混凝土建筑的预制率应符合以下标准：高度在 60 米（含）以下时，其单体建筑预制率应不低于 40%；建筑高度在 60 米以上时，其单体建筑预制率应不低于 20%。

装配式建筑预制率及装配率计算说明详见附件 1。

三、严把项目落实

各区、各部门要严格履行装配式建筑项目建设程序，加强建设各环节的监督与指导，确保项目按要求实施。

（一）做好土地供应管理。各区政府要明确目标任务，在每年区建设用地供地面积总量中，落实装配式建筑项目。规划自然资源管理部门应按照《关于落实〈关于加快发展装配式建筑的实施意见〉任务分解表中涉及我委有关工作的通知》（市规划国土发〔2017〕178 号）要求，对属于《实施意见》规定应当实施装配式建筑的建设项目，在规划条件或选址意见书中设置提示性用语，提出装配式建筑的实施面积和实施标准，在土地出让合同或土地划拨决定书中明确装配式建筑建设要求。（各区政府、市规划自然资源委）

（二）做好立项管理。发展改革管理部门在立项阶段对项目单位的项目申请报告（或可行性研究报告）落实装配式建筑的有关内容进行审核。（各区政府、市发展改革委）

（三）加强规划设计管理。规划自然资源管理部门加强规划设计审查，对规划条件或选址意见书中明确了该项目属于《实施意见》规定应当实施装配式建筑的，应当对设计方案和建设工程规划许可证的总图和设计说明中是否进行了同样注明进行审查，在施工图审查阶段复核设计文件落实装配式建筑的有关要求，复核预制率是否满足相关要求，在审查合格书中注明装配式建筑设计审查结论。（各区政府、市规划自然资源委）

（四）做好施工和验收管理。住房城乡建设管理部门应建立严格的装配式建筑质量监管体系，加强施工质量安全监管，对非社会投资项目依据施工图审查结论办理施工许可，对建设单位组织工程总承包、监理等单位进行预制率和装配率验收的情况进行监督。质量监督部门依据相关法律法规和国家标准、行业标准对本市建筑材料、建筑构配件生产企业开展产品质量监督抽查。（各区政府、市住房城乡建设委、市市场监督管理局）

四、严抓工程质量

落实参建主体质量责任，突出强化建设单位首要责任和工程总承包、设计、施工等单位的主体责任。进一步提升设计水平，加强设计与施工有效衔接，强化施工过程质量管控，加强预制混凝土构件生产环节质量管控，严格执行《北京市装配式建筑项目设计管理办法》（市规划国土发〔2017〕407号）、《关于加强装配式混凝土建筑工程设计施工质量全过程管控的通知》（京建法〔2018〕6号）及国家和本市相关标准，全面提升我市装配式建筑工程质量水平。（市住房城乡建设委、市规划自然资源委、各区政府）

五、推行工程总承包

按照《关于在本市装配式建筑工程中实行工程总承包招投标的若干规定（试行）》（京建法〔2017〕29号），推进装配式建筑项目采用工程总承包模式，落实2个以上的装配式建筑项目实施工程总承包示范。支持工程总承包企业申报国家装配式建筑产业基地。（市住房城乡建设委、市规划自然资源委、各区政府）

六、强化技术支撑

贯彻执行装配式建筑技术标准及规范，开展已制定装配式建筑的设计、生产、施工、验收等标准的核查与修订，制定施工安全防护等标准，研究编制装配式建筑技术体系和关键技术目录。推广装修样板房制度，加大保障性住房装配式装修的应用，在商品住房中逐步推广装配式装修。开展装配式建筑与百年建筑、绿色建筑、超低能耗建筑等的融合研究。（市规划自然资源委、市住房城乡建设委、市市场监督管理局、市科委）

七、优化部品部件布局

贯彻京津冀协同发展战略，推进京津冀部品部件生产和使用管理领域战略合作，实现规划布局、政策法规、管理模式和技术标准的协同。（市住房城乡建设委、市经济信息化局、市生态环境局、市国资委、市市场监督管理局）

八、加快信息化建设

开展装配式建筑项目管理服务平台建设工作，发展改革、规划自然资源、住房城乡建设等部门在审批服务管理系统中，明确装配式建筑要求，实现信息传递与共享。建立市、区级项目建设清单和装配式建筑项目数据信息库。（市住房城乡建设委、市发展改革委、市规划自然资源委、市经济信息化局、各区政府）

九、打造示范工程

充分发挥装配式建筑示范城市的引领带动作用，支持优秀项目申报国家级装配式建筑科技示范工程，加强示范工程的宣传推介和交流工作。积极探索技术集成创新，推动

既有建筑装配式装修改造，开展装配式超低能耗绿色建筑高品质建筑示范。（市住房城乡建设委、市科委、各区政府）

十、强化队伍建设

加强各级管理部门管理人员的业务培训，提升业务能力。参建主体应开展面向领导干部、企业领军人物、项目管理人员的装配式建筑政策和专业知识培训，提升装配式建筑认知水平。将装配式建筑相关内容纳入专业技术人员继续教育范围。（联席会议成员单位、各区政府）

健全装配式建筑工人岗前培训、岗位技能培训制度。工程总承包单位或施工单位应组织构件装配工、灌浆工、预埋工等作业人员进行专项培训。（市住房城乡建设委、市人力社保局）

依托我市装配式建筑设计、生产、施工企业，发挥协会、联盟优势，建立多元化的装配式建筑培训基地，大力培养装配式建筑专业人才。（市住房城乡建设委、市人力社保局、市教委）

十一、完善工作机制、加强监督考核

充分发挥装配式建筑工作联席会议制度作用，加强信息通报，联席会议成员单位、各区每季度向联席会议办公室报送项目立项、土地、规划、设计、施工等管理信息，形成全市装配式建筑全过程记录。联席会议办公室每半年召开工作调度会，通报装配式建筑工作落实、项目进展及问题困难等。（联席会议成员单位、各区政府）

落实属地管理，强化部门联动。各区政府要明确装配式建筑工作机制，保证装配式建筑项目落到实处。发展改革、规划自然资源、市场监管与住房城乡建设等部门应加强有效联动，建立装配式建筑信息交流与共享、联合执法、线索移送移交机制，形成监管合力。将装配式建筑相关违法违规行为纳入市场诚信体系和企业资质及人员动态监督管理信息系统。（各区政府、联席会议成员单位）

装配式建筑联席会议办公室对各区不定期开展装配式建筑工作落实情况检查，重点检查立项、土地、规划、设计、施工等环节执行实施范围和标准的情况，将检查结果纳入市政府节能减碳目标责任考评。（联席会议成员单位、各区政府）

十二、做好宣传引导

加大装配式建筑宣传力度，采用传统媒介、新媒体传播和住宅产业博览会等多种形式开展宣传工作。加强装配式建筑政策解读与指导，联席会议成员单位与各区将宣传培训列入年度宣传培训计划。鼓励社会团体开展多角度、多层次的装配式建筑宣传培训和交流活动。（联席会议成员单位、各区政府）

附件1：装配式建筑预制率及装配率计算说明（略）
附件2：装配式建筑装配率评分表（略）
附件1和附件2的内容同《北京市发展装配式建筑2020年工作要点》附件1和附件2的内容。

政策 4

关于印发《北京市发展装配式建筑
2017 年工作计划》的通知

京装配联办发〔2017〕2 号

各区人民政府，市政府各委办局，各市属机构，各有关单位：

根据《北京市人民政府办公厅关于加快发展装配式建筑的实施意见》（京政办发〔2017〕8 号），现将《北京市发展装配式建筑 2017 年工作计划》印发给你们。请各单位按照任务分解要求，做好发展装配式建筑的各项工作，确保任务完成。

北京市发展装配式建筑工作联席会议办公室
2017 年 5 月 22 日

北京市发展装配式建筑 2017 年工作计划

2017 年是我市推进装配式建筑发展的关键之年，按照《北京市人民政府办公厅关于加快发展装配式建筑的实施意见》（京政办发〔2017〕8 号）要求，为进一步明确工作目标，细化责任分工，落实各项工作任务，特制定本工作计划。

一、明确工作目标

（一）工作目标

到 2017 年年末，实现装配式建筑占新建建筑面积的比例达到 10％以上。初步形成适应装配式建筑发展的政策保障体系、技术支撑体系和适应装配式建筑发展的产业能力。

（二）实施范围

1. 自 2017 年 3 月 15 日起，新纳入本市保障性住房建设计划的项目和新立项政府投资的新建建筑应采用装配式建筑。其中，政府投资的单体地上建筑面积 1 万平方米（含）以上的新建公共建筑应采用钢结构建筑。

2. 自 2017 年 3 月 15 日起，通过招拍挂文件设定相关要求，对以招拍挂方式取得城六区和通州区地上建筑规模 5 万平方米（含）以上国有土地使用权的商品房开发项目应采用装配式建筑；在其他区取得地上建筑规模 10 万平方米（含）以上国有土地使用权的商品房开发项目应采用装配式建筑。

3. 新建工业建筑应采用装配式建筑。

4. 2017 年，在上述实施范围内的以下新建建筑项目可不采用装配式建筑：

——单体建筑面积 5000 平方米以下的新建公共建筑项目；

——建设项目的构筑物、配套附属设施（垃圾房、配电房等）；

——技术条件特殊，不适宜实施装配式建筑的建设项目（需经市装配式建筑专家委员会论证后报市装配式建筑联席会议办公室审核同意）。

二、严格实施标准

装配式建筑应严格执行国家及本市的相关标准，同时还应满足以下要求：

1. 装配式建筑的装配率应不低于 50％。

2. 装配式混凝土建筑的预制率应符合以下标准：高度在 60 米（含）以下时，其单体建筑预制率应不低于 40％；建筑高度在 60 米以上时，其单体建筑预制率应不低于 20％。

装配式建筑预制率及装配率计算说明附后。

三、做好项目落实

各区、各部门要强化建设各环节的监督与指导，确保项目实施规模和实施标准符合上述要求。

（一）确保土地供应。各区政府要编制实施方案，明确目标任务，在每年区建设用地供地面积总量中，落实装配式建筑项目。规划管理部门在规划条件或选址意见书中设置提示性用语，提出装配式建筑的实施面积和实施标准。国土管理部门在土地出让合同或土地划拨决定书中将明确装配式建筑建设要求的规划文件或选址意见书作为附件。（各区政府、市规划国土委）

（二）做好项目立项审批管理。发展改革部门在立项阶段对项目单位的项目申请报告（或可行性研究报告）落实装配式建筑的有关内容进行审核。（市发展改革委）

（三）强化规划设计文件审查。规划部门在设计方案阶段、建设工程规划许可证阶段进行形式审查，审查设计方案是否落实规划条件或选址意见书对装配式建筑的要求，在建设工程规划许可证中明确实施装配式建筑的单体项目。在施工图审查阶段，审查机构对装配式建筑项目施工图设计文件落实和深化规划审批文件要求的情况进行审查，不满足要求的不予审查通过。（市规划国土委）

（四）做好施工和验收管理。住房城乡建设部门依据施工图审查结论办理施工许可、施工登记，加强质量安全监督管理，对未通过验收的项目不予竣工备案。（市住房城乡建设委）

四、推进工程总承包

落实 2 个以上的装配式建筑项目实施工程总承包试点，可按照技术复杂类工程项目招投标。编制完成装配式建筑工程总承包管理指导规则，制定与装配式建筑工程总承包相适应的发包承包、施工许可、分包管理、工程造价、质量安全监管、竣工验收等相关管理制度。培育 3 家以上工程总承包龙头企业，支持大型设计、施工和部品部件生产企

业通过调整组织架构、健全管理体系，向工程总承包企业转型。（市住房城乡建设委、市规划国土委、市发展改革委）

五、强化技术支撑

（一）完善标准体系。完善装配式建筑地方标准体系，开展装配式装修工程技术规程、装配式建筑评价两项地方标准的编制，形成标准草案。上半年编制完成装配式建筑工程计价依据。进一步提高企业技术标准水平，形成一批适合本市装配式发展需求的企业标准和施工工法。（市住房城乡建设委、市规划国土委、市质监局）

（二）提升设计水平。推行装配式建筑一体化集成设计，强化装配式建筑专项设计要求，编制装配式建筑设计专篇，设计专篇深度应达到规定要求。鼓励装配式建筑采用工程咨询，政府投资工程应带头推行全过程工程咨询。培育装配式建筑建设全过程工程技术咨询单位。（市规划国土委、市住房城乡建设委）

（三）加大技术研发力度。开展关键技术研发，推动技术集成创新，重点支持装配化建造技术与绿色建筑、超低能耗建筑、既有建筑改造等技术的集成应用。支持装配式混凝土建筑质量检测技术的研究及成果转化。（市科委、市住房城乡建设委、市规划国土委）

（四）推广应用信息模型（BIM）技术。积极推广 BIM 技术应用，开展试点示范，制定相关管理措施。政府投资的装配式建筑项目应率先采用 BIM 技术进行勘察、设计、生产、施工和运行管理。（市经济信息化委、市规划国土委、市住房城乡建设委）

（五）发挥智库作用。建立市装配式建筑专家委员会，参与本市装配式建筑的技术政策制定，开展课题研究和示范项目评审。（市住房城乡建设委、市规划国土委）

六、加快产业布局

（一）合理布局混凝土预制构件生产能力。研究制定预制构件企业发展政策，在京津冀地区合理布局生产产能，形成 120 万立方米的产能。（市经济信息化委、市环保局、市住房城乡建设委）

（二）打造钢结构建筑研发、生产示范基地。依托行业龙头企业，整合钢构件、内外墙板、楼板、一体化装修材料等上下游部品部件生产，培育钢结构生产企业，形成 25 万吨的产能。（市经济信息化委、市国资委、市住房城乡建设委）

（三）提升产品配套能力。积极鼓励设备制造企业研发部品部件生产装备机具和装配式施工专用机具。推进钢筋套筒、灌浆料、密封材料等材料的国产化、规模化生产。推进装配式装修产品开发和生产。（市经济信息化委、市科委、市住房城乡建设委）

七、推动绿色发展

（一）大力发展钢结构建筑。学校、医院、车站、机场、体育场馆等公共建筑和工业建筑应优先采用钢结构建筑。开展钢结构住宅试点示范项目建设，推广轻钢结构在低层建筑和农民住宅中的应用。推广钢结构立体车库应用。（市住房城乡建设委、市规划国土委、市发展改革委、市国资委）

（二）推广建筑全装修。推行装配式建筑全装修与主体结构、机电设备一体化设计和协同施工。本市保障性住房项目全部实施全装修成品交房，鼓励装配式装修，提倡干法施工，减少现场湿作业。积极推广整体厨卫、同层排水、轻质隔墙板等材料、产品和设备管线集成化技术，加快智能产品和智慧家居的应用。支持其他采用装配式建筑的住宅项目实施全装修成品交房。（市住房城乡建设委、市规划国土委、市经济信息化委）

（三）推广绿色建材。推进装配式建筑应用绿色建材，推广应用高性能节能门窗、夹心保温复合墙体、叠合楼板、预制楼梯以及成品钢筋，鼓励装饰与保温隔热材料一体化应用。鼓励在道路硬化、工地临时性设施等配套设施中使用可装配、可重复使用的建材和部品部件。（市经济信息化委、市住房城乡建设委）

八、开展试点示范

（一）建立技术目录。发布一批技术先进、应用成熟的装配式建筑技术目录。（市住房城乡建设委）

（二）打造示范工程。开展装配式建筑示范工程评价，示范工程应技术先进、品质优良、环境友好、健康宜居，对非政府投资的示范工程项目予以财政奖励。（市财政局、市住房城乡建设委、市发展改革委、市规划国土委）

（三）推动示范区建设。建设1～2个装配式建筑示范区，示范区在发展目标、支持政策、项目实施和机制建设等方面能够发挥示范引领作用，并推荐申报国家装配式建筑示范城市。（市住房城乡建设委、市发展改革委、市规划国土委）

九、加快队伍建设

加大职业技能培训，建立培训基地，编制培训教材，制定装配式建筑岗位标准和要求，加强岗位技能提升培训，促进建筑业农民工向技术工人转型。大力培养装配式建筑设计、生产、施工、管理等专业人才。在建筑行业专业技术人员的考核和继续教育中增加装配式建筑相关内容。开展10次以上专业技术讲座和交流。（市住房城乡建设委、市教委、市人力社保局）

十、保障质量安全

（一）加强工程质量安全监管。制定装配式建筑质量安全管理办法，落实各方主体质量安全责任和管理措施。加强全过程监管，制定针对装配式建筑的分段验收方案，对全装修成品交房项目实施主体与装修分界验收。加强部品部件生产企业质量管控，建立部品部件质量验收机制，确保产品质量，实施装配式建筑部品认定和目录管理，对主要承重构件和具有重要使用功能的部品部件进行驻厂监造。研究建立装配式建筑部品生产企业市场信用评价体系。（市住房城乡建设委、市质监局）

（二）建立全过程质量安全追溯制度。启动涵盖本市装配式建筑项目建设管理全过程的大数据平台建设工作，实现发展改革、规划国土、住房城乡建设等部门的数据共享。（市住房城乡建设委、市规划国土委、市经济信息化委、市发展改革委）

（三）开展质量安全专项检查。定期开展装配式建筑质量安全专项检查，重点检查部品部件质量、施工连接质量、各方主体责任主体履行责任情况和工程质量安全情况。加强对各级建设行政质量安全监管人员的业务培训，提升质量监督能力。（市住房城乡建设委）

十一、明确主体责任

建设单位应严格按照实施装配式建筑的要求，组织开展设计、施工、监理和采购等工程建设活动，在工程竣工阶段，组织对装配式建筑的预制率和装配率进行符合性核验，达不到标准要求的不得组织竣工验收。设计单位应严格按照装配式建筑的要求开展设计，对涉及预制率或装配率变更的设计变更或者工程洽商，应提请建设单位重新组织专家论证或施工图审查。预制构件和部品部件生产企业应严格按照产品质量标准和设计要求组织生产。施工单位应针对装配式建筑的特点编制施工组织设计和专项施工方案，严格按照施工图设计文件和经批准的施工方案进行施工。监理单位应针对装配式建筑的特点编制监理规划和专项监理细则，加强对预制构件生产和安装质量监理，提升现场管理水平。（市住房城乡建设委、市规划国土委）

十二、落实政策支持

（一）面积计算和面积奖励。上半年完成装配式建筑项目计算建筑面积方法和面积奖励办法的制定。（市规划国土委、市住房城乡建设委、市发展改革委）

（二）财政奖励。制定财政奖励政策。（市财政局、市住房城乡建设委、市发展改革委、市规划国土委）

（三）信贷支持。研究金融机构加大对装配式建筑项目的信贷支持的措施。（市金融局、人民银行营业管理部、市住房城乡建设委、市发展改革委、市规划国土委）

（四）产业支持政策。完成对装配式建筑部品部件生产企业的相关优惠政策的制定。（市国税局、市地税局、市科委、市住房城乡建设委、市财政局）

（五）评优评奖。在绿色建筑、科技示范工程等评优评奖中增加装配式建筑内容。（市住房城乡建设委、市规划国土委）

（六）房屋预售。上半年制定针对装配式商品房开发项目预售管理的措施。（市住房城乡建设委）

十三、加强监督考核

（一）强化部门联动，落实属地管理。装配式建筑联席会议各成员单位要按照职责分工，明确责任领导、责任处室，制定具体配套措施，密切协作配合，加大支持力度。各区政府要加强对本区发展装配式建筑工作的组织领导，建立相应的工作机制，明确目标任务，加强督促检查，确保落到实处。（市住房城乡建设委、市规划国土委、各区政府、联席会议各成员单位、市发展改革委）

（二）加强信息通报。建立信息报送制度，加强信息统计管理。各区、各部门应每月向联席会议办公室报送本地区、本部门政策制定、项目落实和装配式建筑项目库等工作推进情况，联席会议办公室定期发布本市装配式建筑工作动态和推进情况信息。（市住房城乡建设委、各区政府、联席会议各成员单位）

（三）开展年度考核。将装配式建筑发展情况列入重点考核督查项目，作为住房城乡建设领域一项重要考核指标。（市住房城乡建设委、市规划国土委、各区政府）

附件 1：装配式建筑预制率及装配率计算说明（略）
附件 2：装配式建筑装配率评分表（略）
附件 1 和附件 2 的内容同《北京市发展装配式建筑 2020 年工作要点》附件 1 和附件 2 的内容。

政策 5

关于印发《北京市装配式建筑、绿色建筑、绿色生态示范区项目市级奖励资金管理暂行办法》的通知

京建法〔2020〕4 号

各区住房城乡（市）建设委，经济技术开发区开发建设局，各区财政局，各区规划自然资源分局和各有关单位：

为促进我市装配式建筑高质量发展，推动绿色建筑和绿色生态示范区建设，规范装配式建筑、绿色建筑、绿色生态示范区项目市级奖励资金管理，根据《中华人民共和国预算法》、《北京市民用建筑节能管理办法》（北京市人民政府令第 256 号）、《北京市人民政府办公厅关于印发发展绿色建筑推动生态城市建设实施方案的通知》（京政办发〔2013〕25 号）、《北京市人民政府办公厅关于加快发展装配式建筑的实施意见》（京政办发〔2017〕8 号）的要求，北京市住房和城乡建设委员会、北京市规划和自然资源委员会、北京市财政局制定了《北京市装配式建筑、绿色建筑、绿色生态示范区项目市级奖励资金管理暂行办法》，现印发你们，请遵照执行。

北京市住房和城乡建设委员会
北京市规划和自然资源委员会
北京市财政局
2020 年 4 月 13 日

北京市装配式建筑、绿色建筑、绿色生态示范区项目市级奖励资金管理暂行办法

第一章　总　　则

第一条　为促进我市装配式建筑高质量发展，推动绿色建筑和绿色生态示范区建设，规范装配式建筑、绿色建筑、绿色生态示范区项目市级奖励资金管理，根据《中华人民共和国预算法》、《北京市民用建筑节能管理办法》（北京市人民政府令第 256 号）、《北京市人民政府办公厅关于印发发展绿色建筑推动生态城市建设实施方案的通知》（京

政办发〔2013〕25 号)、《北京市人民政府办公厅关于加快发展装配式建筑的实施意见》（京政办发〔2017〕8 号）等有关规定，结合我市实际情况，制定本办法。

第二条 本办法所称装配式建筑、绿色建筑和绿色生态示范区市级奖励资金（以下简称奖励资金），是指每年从市财政预算中安排用于支持我市装配式建筑、绿色建筑和绿色生态示范区的奖励资金。

第三条 奖励资金的使用和管理遵循"依法依规、公开透明、注重实效、强化监督"的原则，实行"专家评审、社会公示、绩效评价"的管理模式，确保奖励资金安全、规范、合理、有效使用。

第四条 市住房城乡建设委负责统筹协调全市装配式建筑和绿色建筑工作，制定相关政策标准，建立装配式建筑和绿色建筑管理服务平台，组织装配式建筑和绿色建筑项目审核，依据各区的申报资料向市财政局提出奖励资金拨付申请；负责设立奖励资金的总体绩效目标，开展部门绩效评价工作并组织开展各区绩效评价和监督检查等工作。

市规划自然资源委负责组织绿色生态示范区的评选；编制年度绿色生态示范区奖励资金的预算，拨付奖励资金；设立绿色生态示范区奖励资金的绩效目标，并对项目进行监督管理。

市财政局负责做好奖励资金的预算安排和拨付，配合市住房城乡建设委、市规划自然资源委做好奖励资金的绩效管理、监督管理等工作。

区住房城乡（市）建设委负责组织本辖区内装配式建筑、绿色建筑运行标识奖励项目的申报和初审；组织对项目实施装配式建筑情况的过程检查；参与装配式建筑、绿色建筑运行标识奖励项目专家评审和现场核查；提出装配式建筑、绿色建筑运行标识奖励项目资金拨付申请；负责设立奖励资金的具体绩效目标，并组织开展本区绩效评价和监督检查等工作。

市规划自然资源委各区分局负责本辖区内绿色生态示范区的推荐和初步审核；负责推进绿色建筑和装配式建筑的规划设计工作。

区财政局负责本辖区内市级奖励资金的拨付、管理和监督检查，保障区级工作经费，配合开展奖励资金绩效评价。

第二章　奖励资金支持范围和标准

第五条 奖励资金用于支持本市行政区域内装配式建筑、绿色建筑的非政府投资民用建筑项目和绿色生态示范区。本办法中的非政府投资项目是依据项目立项批复文件中资金来源规定的使用财政性资金未达到 50％以上的项目。单个项目依据立项批复文件规划用地、建设规模等信息确定。

第六条 凡在取得土地使用权时规定应实施高标准商品住宅建设、已享受面积奖励的住宅产业化项目和已按《北京市发展绿色建筑推动绿色生态示范区建设奖励资金管理暂行办法》（京财经二〔2014〕665 号）申请并取得绿色建筑奖励资金的项目不再纳入奖励支持范围。

第七条 对装配式建筑项目给予财政奖励。对按照《北京市人民政府办公厅关于加快发展装配式建筑的实施意见》（京政办发〔2017〕8 号）实施的项目，装配率不低于70％且预制率不低于50％时，给予 180 元/平方米的奖励资金；对于自愿实施的项目，装配率不低于 50％，且建筑高度在 60 米（含）以下时预制率不低于 40％、建筑高度在 60 米以上时预制率不低于 20％给予 180 元/平方米的奖励资金。对按照《关于印发〈北京市混凝土结构产业化住宅项目技术管理要点〉的通知》（京建发〔2010〕740 号）实施的住宅项目，预制率不低于 40％给予 180 元/平方米的奖励资金。

申请奖励资金的项目按照地上建筑面积实施奖励，且地上建筑面积不应小于 5000 平方米。单个项目奖励资金最高不超过 2500 万元。奖励资金主要用于装配式建筑项目建设的咨询、设计、生产、施工、运维等方面。

第八条　对绿色建筑运行标识项目给予财政奖励。对满足北京市《绿色建筑评价标准》（DB11/T 825—2015）或国家《既有建筑绿色改造评价标准》（GB/T 51141）、《绿色医院建筑评价标准》（GB/T 51153）等专项标准并取得二星级、三星级绿色建筑运行标识的项目分别给予 50 元/平方米、80 元/平方米的奖励资金，单个项目最高奖励不超过 800 万元。建设用地规划条件中明确绿色建筑建设目标的项目，获得高于规定星级的绿色建筑运行标识方可纳入奖励支持范围。2016 年 4 月 1 日前取得建设工程规划许可证并依据北京市《绿色建筑评价标准》（DB11/T 825—2011）获得绿色建筑二、三星级运行标识的项目分别给予 11.25 元/平方米、20 元/平方米的奖励资金。奖励资金主要用于补贴绿色建筑咨询、建设或改造增量成本及能效测评等方面。

第九条　已享受奖励资金的装配式建筑项目，又取得二星级、三星级绿色建筑运行标识的，分别再给予 30 元/平方米、60 元/平方米的奖励资金，单个项目再奖励资金最高不超过 500 万元。

第十条　对绿色生态示范区给予财政奖励。绿色生态示范区奖励资金总额为 300 万元。满足条件的绿色生态示范区经评审通过后，给予奖励资金 200 万元；项目开工或改造更新规模达到 50％后，并通过规划建设绩效评价，再给予奖励资金 100 万元。奖励资金主要用于示范区绿色生态规划建设、改造更新和环境提升，包括规划编制、设计咨询、运营管理、绩效评价、数据采集等。

第三章　装配式建筑奖励项目申报和管理

第十一条　装配式建筑奖励项目申报单位为建设单位。申报项目应依法依规办理开工手续；2016 年 1 月 1 日至 2020 年 4 月 30 日取得开工手续的项目应在 2020 年 8 月 31 日前进行申报，2020 年 5 月 1 日后取得开工手续的项目应在首层楼地面施工前进行申报。

第十二条　申报单位登录北京市住房和城乡建设委员会网上办事大厅的"北京市装配式建筑项目管理服务平台"（以下简称平台）在线填写《北京市装配式建筑项目财政奖励资金申报书》，上传项目开工或竣工手续证明文件、装配式建筑技术方案专家评审意见、申请奖励各单体的预制率和装配率承诺书、装配式建筑技术配置表等材料。

第十三条　区住房城乡（市）建设委对装配式建筑奖励项目基本情况进行核实，核实无异议的，通过平台将申报材料及审核意见提交至市住房城乡建设委；项目实施过程中会同市、区行政主管部门不定期检查项目实施装配式建筑的情况。

第十四条　申报单位应在项目主体结构验收前组织预制率验收，形成装配式建筑预制率验收表；在竣工验收阶段组织装配率验收，形成装配式建筑装配率验收表，并将装配式建筑实施情况纳入工程竣工验收报告；在项目竣工备案或联合验收后，将实施装配式建筑情况报告、申请奖励各单体项目的预制率和装配率验收表、竣工备案表或联合验收表等材料上传至平台。

第十五条 区住房城乡（市）建设委对项目基本情况进行核实，将符合条件的项目通过平台提交至市住房城乡建设委。市住房城乡建设委会同市、区行政主管部门组织专家对申报项目进行现场核查和专家评审。经专家评审通过的项目和金额在市住房城乡建设委网站公示。经公示无异议后，区住房城乡（市）建设委会同区财政局向市住房城乡建设委提出资金拨付申请，市住房城乡建设委于每年9月底前将各区奖励项目资金拨付申请汇总后提交至市财政局。

第四章 绿色建筑奖励项目申报和管理

第十六条 绿色建筑奖励项目申报单位为建设单位、业主单位（含业主单位授权的物业管理单位）。申报单位可于每年5月底前登录北京市住房和城乡建设委员会网上办事大厅的"北京市绿色建筑奖励资金申报系统"，在线填写《北京市绿色建筑标识项目财政奖励资金申报书》《北京市绿色建筑财政资金奖励项目年度绿色运营管理报表》，上传绿色建筑标识证书和其他相关材料。

第十七条 申报期结束后，区住房城乡（市）建设委应对绿色建筑标识奖励项目基本情况进行核实，核实无异议的，由区住房城乡（市）建设委通过平台将《北京市绿色建筑标识项目财政奖励资金申报书》及审核意见上传至市住房城乡建设委。市住房城乡建设委对《北京市绿色建筑标识项目财政奖励资金申报书》、绿色建筑标识证书及相关材料进行审核，会同市、区相关行政主管部门组织专家现场勘察，确定奖励项目和金额。

项目审核的主要内容包括：

（一）财政奖励资金申报是否符合要求，手续是否齐全；

（二）核实项目的基本情况及数据，包括项目单位、标识证书、技术应用、能耗数据、运营效果、项目投资等；

（三）项目资金来源情况；

（四）是否享受其他政府补助等需说明的问题。

第十八条 确定的奖励项目和金额在市住房城乡建设委网站公示。经公示无异议后，区住房城乡（市）建设委会同区财政局向市住房城乡建设委提出资金拨付申请，每年9月底前市住房城乡建设委将各区奖励项目资金拨付申请汇总后提交至市财政局。

第十九条 获得绿色建筑奖励资金的项目单位应按照绿色建筑标准的有关要求保证绿色建筑标识项目的实际运行效果，加强奖励资金的使用管理。项目单位应在获得绿色建筑财政奖励资金后三年内每年按期登录市住房城乡建设委办事大厅的"北京市绿色建筑标识项目财政奖励资金申报系统"在线填报标识项目绿色建筑运营管理有关情况及奖励资金使用情况。

第五章 绿色生态示范区奖励项目申报和管理

第二十条 北京市绿色生态示范区评选原则上每年评审一次。申报北京市绿色生态示范区（功能区类），规划范围原则上应在 1 平方千米以上，非城市新建区可适当放宽，申报时应开工 30％以上。北京市绿色生态示范区（居住区类）建设规模原则上应在 5 万平方米以上，申报部分应已全部竣工并入住。北京市绿色生态示范区（街乡更新类），申报范围原则上以社区或村镇为单位。

第二十一条　申报北京市绿色生态示范区（功能区类），应将绿色生态规划内容纳入控制性详细规划编制，并建立指标体系，园区的开工规模达到 30％后，由园区管委会或建设单位提出申请；申报北京市绿色生态示范区（居住区类），应在竣工入住后提出申请；申报北京市绿色生态示范区（街乡更新类），应编制更新导则，并建立治理机制，由街镇乡管理部门提出申请，由市规划自然资源委各区分局进行初步审核。初审通过后，申报单位向市规划自然资源委报送绿色生态示范区申报书。市规划自然资源委按照资料初审、现场核查、专家评审等环节，综合考虑示范区代表性与示范意义、规划编制合理性及可行性、规划实施情况、建设进度及成效、机制创新程度等因素，择优确定纳入示范区。

第二十二条　对经评审满足条件的绿色生态示范区，在市规划自然资源委网站进行公示，公示无异议的，授予"北京市绿色生态示范区"称号，颁发证书及奖牌（有效期为 3 年），并给予奖励资金 200 万元。获评称号 3 年内，经市规划自然资源委复审，示范区开工建设或改造更新规模达到 50％，且通过规划建设绩效评价后颁发证书及奖牌（永久有效），再给予奖励资金 100 万元。市规划自然资源委将奖励项目资金拨付申请汇总后提交至市财政局。

第六章　预算管理

第二十三条　市住房城乡建设委、市规划自然资源委于每年 9 月底之前将装配式建筑、绿色建筑和绿色生态示范区奖励资金需求报送至市财政局。

第二十四条　市财政局按照预算管理相关要求，做好资金保障工作。装配式建筑、绿色建筑运行标识项目奖励资金安排至区财政局；绿色生态示范区奖励资金安排至市规划自然资源委。

第二十五条　市住房城乡建设委、市规划自然资源委、市财政局按照部门预算管理相关要求，组织、指导各区开展绩效评价工作，强化绩效评价结果运用，奖励资金评价结果适时进行公开。

第七章　监督管理

第二十六条　各行政管理部门依职能加强对奖励资金的使用和管理，申报单位出现以下情况之一的，应当追缴扣回奖励资金，并取消相应资格。

（一）提供虚假材料，故意套取财政奖励资金；

（二）同一项目多头或重复申请市级财政奖励资金，未及时告知或退返；

（三）拒绝接受监督检查，拒绝报送基本能耗数据和建筑运行信息，被举报问题经查实等其他情况；

（四）侵占或挪用奖励资金，造成严重影响；

（五）不符合国家、我市有关规定的行为。

第二十七条　各相关单位应当按照政府信息公开有关要求，依法公开奖励资金相关情况，广泛接受社会监督，自觉接受审计、监察等部门的监督检查。

第二十八条　任何单位不得以任何理由、任何形式虚报、冒领、截留、挪用、滞留奖励资金。对于发现的违法违规行为，依照《财政违法行为处罚处分条例》（国务院令第 427 号）等有关规定追究相应责任。构成犯罪的，依法移交司法机关追究其刑事责任。

第八章　附　则

第二十九条　本办法由市住房城乡建设委、市规划自然资源委和市财政局负责解释。

第三十条　各区可结合本区实际，研究制定本区装配式建筑、绿色建筑和绿色生态示范区项目的奖励政策。

第三十一条　本办法自印发之日起施行，有效期三年。原《北京市发展绿色建筑推动绿色生态示范区建设奖励资金管理暂行办法》（京财经二〔2014〕665 号）中的规定与本办法不一致的，以本办法为准。

政策 6

印发《关于在本市装配式建筑工程中实行工程总承包招投标的若干规定（试行）》的通知

京建法〔2017〕29 号

各区住房城乡建设委、规划分局，东城、西城区住房城市建设委，经济技术开发区建设局，各有关单位：

为进一步贯彻落实《国务院办公厅关于大力发展装配式建筑的实施意见》（国办发〔2016〕71 号）、《北京市人民政府办公厅关于加快发展装配式建筑的实施意见》（京政办发〔2017〕8 号），加快推进装配式建筑和工程总承包模式发展，提升工程建设管理水平，结合我市实际，市住房城乡建设委、市规划国土委共同制定了《关于在本市装配式建筑工程中实行工程总承包招投标的若干规定（试行）》，现予以印发，请认真遵照执行。

北京市住房和城乡建设委员会

北京市规划和国土资源管理委员会

2017 年 12 月 26 日

关于在本市装配式建筑工程中实行工程总承包招投标的若干规定（试行）

一、本市行政区域内装配式建筑工程的工程总承包发包承包活动，适用本规定。

二、装配式建筑原则上应采用工程总承包模式，建设单位应将项目的设计、施工、采购一并进行发包。

三、装配式建筑进行工程总承包发包时，应当在本市公共资源交易平台开展招标投标活动，并接受市规划国土主管部门和市、区住房城乡建设主管部门的监督管理。

市规划国土主管部门和市、区住房城乡建设主管部门按照其职责分工，分别负责各自职责范围内工程总承包招标投标活动的监督管理。

四、装配式建筑工程总承包发包，可以采用以下方式实施：

（一）项目审批、核准或者备案手续完成，其中政府投资项目的工程可行性研究报告已获得批准，进行工程总承包发包；

（二）方案设计或者初步设计完成，进行工程总承包发包。

采用第（一）项情形发包的，工程项目的建设规模、建设标准、功能需求、技术标准、工艺路线、投资限额及主要设备规格等均应确定。

五、工程总承包项目的承包人应当是具有与发包工程规模相适应的工程设计资质和施工总承包资质的企业或联合体。试行期内，发包人不宜将工程总承包业绩设定为承包人的资格条件。

六、工程总承包项目的承包人不得是工程总承包项目的代建单位、项目管理单位、工程监理单位、招标代理单位以及其他为招标项目的前期准备提供设计、咨询服务的单位。

七、工程总承包项目负责人应当具备工程建设类注册执业资格或者高级专业技术职称，并担任过工程总承包项目负责人、设计项目负责人或者施工项目负责人。同时，工程总承包单位的施工项目负责人和设计项目负责人应当是具备相应注册执业资格的人员。

八、工程总承包评标办法宜采用综合评估法，其中施工部分的相对权重一般应为55%～60%，设计部分的相对权重一般应为40%～45%。

九、评标委员会应依据国家和本市有关规定，由招标人代表和有关技术、经济等方面的专家组成，其中技术、经济专家不得少于评标委员会成员总数的三分之二，评标专家应通过随机抽取的方式产生。

十、建设单位应当严格按照国家和本市有关招标投标的相关法律法规，遵循"公开、公平、公正"的原则开展招标活动，不得借装配式建筑或工程总承包的名义随意改变招标范围、招标方式及法定程序，擅自设置排斥潜在投标人的资格条件。

十一、本规定自发布之日起开始试行，试行期两年。

政策 7

关于印发《北京市绿色建筑和装配式建筑 适用技术推广目录（2019）》的通知

京建发〔2019〕421 号

各有关单位：

为响应国家发展改革委、科技部《关于构建市场导向的绿色技术创新体系的指导意见》（发改环资〔2019〕689 号），进一步贯彻落实中共北京市委、北京市人民政府《关于全面深化改革提升城市规划建设管理水平的意见》、北京市人民政府办公厅《关于转发市住房城乡建设委等部门绿色建筑行动实施方案的通知》（京政办发〔2013〕32 号）、《关于加快发展装配式建筑的实施意见》（京政办发〔2017〕8 号）和北京市住房和城乡建设委员会、北京市发展和改革委员会《关于印发北京市"十三五"时期民用建筑节能发展规划的通知》的相关要求，深入推进绿色建筑、装配式建筑全产业链发展，加快绿色建筑、装配式建筑适用技术、材料、部品在我市建设工程中的推广应用与普及，提升我市绿色建筑、装配式建筑技术创新能力，带动和促进绿色建筑、装配式建筑相关产业发展，为打好污染防治攻坚战、推进生态文明建设、促进高质量发展提供重要支撑，市住房城乡建设委制定了《北京市绿色建筑和装配式建筑适用技术推广目录（2019）》，现予以印发。

本目录共推广适用技术 91 项，其中绿色建筑适用技术 26 项，装配式建筑适用技术 65 项，可应用于我市新建建筑工程和既有建筑绿色化改造工程。请各部门和单位结合实际情况，做好绿色建筑和装配式建筑适用技术推广应用工作。

特此通知。

北京市住房和城乡建设委员会
2019 年 11 月 18 日

北京市绿色建筑和装配式建筑适用技术推广目录（2019）

说明：

1. 本目录所称绿色建筑和装配式建筑适用技术是指适应北京地区地域使用条件，可靠、经济、安全、成熟，且在绿色建筑节地、节能、节水、节材、环境保护和装配式建筑等方面具有前瞻性、先进性，在产品性能指标或施工技术方面有一定创新，经国内和北京地区试点工程使用，易于大面积推广应用的适宜技术。

本目录共推广绿色建筑适用技术 26 项，装配式建筑适用技术 65 项，供绿色建筑和装配式建筑规划设计、建设、施工、监理、开发、研究、咨询和有关管理部门参考使用。

2. 本目录所列推广技术经公开征集、企业自愿申报、有关部门推荐、绿色建筑标识项目应用和京津冀地区装配式建筑项目应用，通过行业专家评审和广泛征求意见，符合本市大力推动绿色建筑和装配式建筑发展的要求，应在本市行政区域内新建、改造的绿色建筑和装配式建筑工程中积极选用。凡项目选用本目录推广使用的技术应用量达到一定水平，可在进行绿色建筑标识评价时按规则加分。

3. 各推广技术申报单位应积极配合应用单位做好技术支撑保障工作。要通过不断提高技术质量标准和服务水平，为推广技术项目的应用创造良好的生产与供需条件。

4. 本目录自发布之日起生效，有效期 2 年。《北京市绿色建筑适用技术推广目录（2016）》（京建发〔2016〕345 号）同时废止。

5. 本目录所列推广技术项目可在北京市住房和城乡建设委员会网站查询。具体内容由北京市住房和城乡建设科技促进中心负责解释，联系电话：55597925、55597929。

北京市绿色建筑和装配式建筑适用技术推广目录（2019）

领域	序号	项目名称	技术简介	标准、图集、工法	适用范围	应用工程
绿色建筑节地与室外环境	1	室外陶瓷透水路面砖	该产品利用废瓷砖、矿渣等工业垃圾作为基础骨料，外加入特殊耐高温硅酸盐辅料、高温熔剂，通过大吨位压机成型后，由特殊窑炉经过高温再次烧结成瓷。废瓷骨料在窑炉高温区与硅酸盐辅料、高温熔剂进行深层次反应，形成高强度的多孔透水路面砖	《城市道路—透水人行道铺设》16MR204、《透水砖路面技术规程》CJJ/T 188、《透水路面砖和透水路面板》GB/T 25993	城镇公园、道路、广场及建筑小区室外工程	北京世园会项目、清华大学光华路校区项目、北京市房山区万年广阳郡项目
	2	屋顶绿化用超轻量无机基质技术	屋顶绿化用轻型无机基质是根据土壤的理化性状生产的人工土壤，基质为矿物质，按用途分为营养基质和蓄排水基质；具有轻量、促进植物虚根系发育、提高成活率、不板结、定量肥力控制树木快速生长、有效清洁避免管道淤积及雨水淤积荷重增加等特性	《种植屋面工程技术规程》JGJ 155、北京市《屋顶绿化规范》DB11/T 281、《建筑基础绿化用轻型无机基质》Q/FSLHJ 0001	建筑屋面及室内园艺装饰等非土壤界面绿化工程	北京市朝阳区奥体商务园地下空间、海淀区珉御府屋顶花园、朝阳区奥林匹克森林公园廊桥项目

续表

领域	序号	项目名称	技术简介	标准、图集、工法	适用范围	应用工程
绿色建筑水资源综合利用技术	3	速排止逆环保便器	该产品节水性能好，可免除水箱避免漏水，去除传统坐便器虹吸通道，仅留下节水装置的便器出口，污水得以瞬间排放，拓宽排污通道，提高污物通过性能，采用脚踏开关，避免交叉感染	《卫生陶瓷》GB 6952	设置存水弯的排水系统	国家最高法院、北京市西城区国信苑宾馆、海淀区友谊宾馆、上海世博会场馆、三峡水利工程指挥部等
绿色建筑节材和材料资源利用技术	4	高分子自粘胶膜防水卷材（HDPE）及预铺反粘防水系统	该系统以高密度聚乙烯（HDPE）为底膜，通过胶膜层，热熔压敏胶膜层表面覆有机/无机复合增强涂层。卷材采用预铺反粘施工方法，通过后浇筑混凝土与胶膜层紧密结合，防止黏结面窜水	《预铺防水卷材》GB/T 23457、《地下工程防水技术规范》GB 50108、《地下建筑防水构造》10J301、《高分子自粘胶膜卷材辅助材料》Q/SYYHF 0119	外防内贴法施工的隧道、铁路隧道、地铁隧道等隧道工程；洞库工程；建筑地下室工程；地下防水工程	大郊亭住宅楼项目（广华新城）、北京地铁15号线9～11标段、北京世园会园区外围地下综合管廊工程、杭临（杭州至临安）城际轨道交通、福清核电站、成都火车西站枢纽工程、南水北调配套工程东干渠一标、二标段、浦东机场第四航站楼
	5	轻钢龙骨石膏板多层板式复合墙体系统	该系统以纸面石膏板作为装饰装修板材、轻钢龙骨作为结构骨架材料、岩棉作为墙体填充材料组合而成，用于内隔墙。采用不同规格、数量的石膏板、龙骨和环保型岩棉等材料组合，满足建筑防火、隔声、装饰装修等功能需求	《建筑用轻钢龙骨》GB/T 11981、《建筑用轻钢龙骨配件》JC/T 558、《纸面石膏板》GB/T 9775、《内装修——墙面装修》13J502-1、《轻钢龙骨石膏板隔墙、吊顶》07CJ03-1、《龙牌高层建筑轻钢龙骨石膏板系统》2015CPXY-J366	各种建筑的内隔墙	北京城市副中心行政办公区、亚投行办公楼、国贸三期、百度公司办公楼、小米公司办公楼、富力万丽酒店、香格里拉酒店、万豪酒店及国家体育场等
	6	SW建筑体系	SW建筑体系（Sandwich Wall 夹芯墙之英文缩写）是在专用设备上预制好钢网夹芯保温板，通过喷涂、预制、现浇的不同施工方法植入混凝土墙体，构成了新型的钢网夹芯混凝土剪力墙结构	《夹模喷涂混凝土夹芯剪力墙建筑技术规程》CECS 365、《夹模喷涂混凝土夹芯剪力墙构造》CPXY-J384图集	多层、高层民用建筑及农宅	北京市延庆程家营村、阎家庄村民居项目、三门峡金渠润河花园项目、郑州航空港河东棚户区3号地建设项目、郑州风和日丽新领地建设项目等

领域	序号	项目名称	技术简介	标准、图集、工法	适用范围	应用工程
绿色建筑节材和材料资源利用技术	7	金邦板	金邦板是由纤维增强水泥板及装饰层复合而成。具有防火、耐候等特性，装饰效果好。现场无湿作业，施工快捷，生产自动化程度较高	《纤维增强水泥外墙装饰挂板》JC/T 2085、《人造板材幕墙工程技术规范》JGJ 336、《金属与石材幕墙工程技术规范》JGJ 133、《建筑幕墙》GB/T 21086、《纤维增强水泥外墙装饰挂板建筑构造》18CJ60-3、《人造板材幕墙》13J103-7、《金邦板建筑构造专项图集》14BJ129	建筑外墙装饰	北京城市副中心行政办公区C1工程、中铝科学技术研究院办公楼、北新科学院办公楼、北京太阳星城住宅项目、安全部105综合办公楼项目、北京方庄公馆住宅项目、顺义住宅联盟产业化示范基地办公楼等
	8	建筑外墙用岩棉板	该岩棉板以玄武岩为主要原料，制品具有较好的绝热性能、吸声性能、化学稳定性能、耐腐蚀性能以及不燃性能，保温节能同时安全防火	《建筑外墙外保温用岩棉制品》GB/T 25975	建筑外墙外保温以及非透明幕墙保温	国贸三期、华为产业园、北京平安金融中心、北京环保园、首都机场T3航站楼、国家体育场（鸟巢）、国家电力部大厦、公安部招待所大楼、北京亦庄开发区亦庄公寓大楼、北京沃德兰国际展览中心、北京亦庄西得乐工程、北京利乐包装厂房、北京LG厂房
	9	改性酚醛保温板外墙外保温系统	该系统以改性酚醛树脂、表面活性剂、发泡剂、改性剂、固化剂等材料为主要原料，通过连续发泡、固化和熟化而成，具有防火、保温功能。板材表面经过界面处理，有效解决了掉粉问题	《酚醛泡沫板外墙外保温施工技术规程》DB11/T 943、《绝热用硬质酚醛泡沫制品（PF）》GB/T 20974、《酚醛泡沫板薄抹灰外墙外保温系统材料》JG/T 515、《建筑构造专项图集》12BJZ25	建筑外墙外保温	北京市通州旧房节能改造工程、密云旧房节能改造工程、丰台旧房、华北电力大学昌平校区节能工程、石龙医院

续表

领域	序号	项目名称	技术简介	标准、图集、工法	适用范围	应用工程
绿色建筑节材和材料资源利用技术	10	ZL增强竖丝复合岩棉板	该产品是由若干岩棉条拼接，在长度方向及上下两面涂覆玻纤网增强聚合物水泥砂浆层，在工厂预制而成的保温板材。可使岩棉保温系统垂直于板面的抗拉强度达到0.10MPa以上，提高了系统安全性	《岩棉薄抹灰外墙外保温系统材料》JG/T 483	建筑外墙外保温及防火隔离带	北京海淀区琨御府项目、北京远洋傲北项目、北京市小瓦窑18号楼、北京动感花园项目、北京亚林东项目
	11	水包水岩彩建筑涂料	该产品通过将液态的水性树脂转换成胶状的水性彩色颗粒，并均匀分布在特定的水性乳液中，最终形成色彩任意搭配，实现大理石、花岗岩的装饰效果，并具备高档建筑涂料的所有特性	《水性多彩建筑涂料》HG/T 4343	建筑内外墙装饰	北京市房山大学城、廊坊K2狮子城
	12	京武木塑铝复合型材	该复合型材是以铝合金型材和木塑型材为主要材料，铝合金型材和木塑型材均设置空腔，且分别设有梯形凸台和开口槽，通过机械辊压复合，咬合精确、牢固。产品成功地解决了两者的线膨胀系数匹配及热胀冷缩产生的缝隙等问题。室内木塑型材表面覆有抗紫外线专用膜，颜色多样，抗老化，装饰性能好。具有良好的保温隔热性和耐久性	《木塑铝复合型材》Q/JWHDJ0001、《铝合金建筑型材第4部分：粉末喷涂型材》GB/T 5237.4、北京市《居住建筑节能设计标准》DB11/891、《铝合金建筑型材用辅助材料 第1部分：聚酰胺隔热条》GB/T 23615.1、《建筑节能门窗》16J607	民用建筑门窗	北京市房山科研楼项目、天津景华春天项目、秦皇岛渝水湾项目、廊坊华元机电科技楼、北京西城区敬老院、天津师范大学综合楼项目
	13	聚乙烯缠绕结构壁-B型结构壁管道系统应用技术	该产品以高密度聚乙烯树脂为主要原材料，采用热态缠绕成型工艺，利用承插口电熔连接技术，可实现接口零渗漏，管材管件配套能力强	《埋地用聚乙烯（PE）结构壁管道系统 第2部分：聚乙烯缠绕结构壁管材》GB/T 19472.2、《市政排水用塑料检查井》CJ/T 326、《埋地塑料排水管道工程技术规程》CJJ 143	地下敷设的埋地雨污水管网、地下管廊、雨水收集系统	北京大兴新机场项目、北京CBD核心区内部市政管线北区排水工程

领域	序号	项目名称	技术简介	标准、图集、工法	适用范围	应用工程
绿色建筑施工与运营管理技术	14	热塑性聚烯烃（TPO）单层屋面系统	该系统使用的TPO防水卷材采用先进聚合技术所生产的合成树脂基料，卷材物理性能优异，机械固定工法施工，防水效果可靠。TPO卷材采用热风焊接，接缝可靠；下层铺设隔汽层，有效防止室内水汽进入，避免产生局部"冷桥"。屋面系统采用装配式施工，施工效率较高	《屋面工程质量验收规范》GB 50207、《屋面工程技术规范》GB 50345、《坡屋面工程技术规范》GB 50693、《单层防水卷材屋面工程技术规程》JGJ/T 316、《热塑性聚烯烃（TPO）防水卷材》GB 27789、《单层防水卷材屋面建筑构造》15J207-1	新建大跨度建筑屋面围护系统及既有建筑屋面改造	北京市大兴区奔驰汽车有限公司涂装车间屋面防水工程、瑞得盛科技开发有限责任公司产研基地项目；北京市顺义区航空产业园中航复合材料项目4号、5号厂房、庆东热能设备燃气热水器生产项目；北京市通州区百丽物流园屋面防水保温工程等
	15	孔内深层强夯法（DDC桩）地基处理技术	孔内深层强夯法（DDC桩）是一种地基处理新技术，可就地取材，采用渣土、土、砂、石料、固体垃圾、无毒工业废料、混凝土块等作为桩体材料，针对不同的土质，采用不同的工艺，地基处理后形成高承载力的桩体和强力挤扩高密实的桩间土	《孔内深层强夯法技术规程》CECS 197；《建筑地基基础设计规范》GB 50007；《建筑地基处理技术规范》JGJ 79；《建筑桩基技术规范》JGJ 94	粉土、黏性土、填土（杂填土、素填土）、软土、湿陷性土、膨胀土、液化土、盐渍土、红黏土、冻土、岩溶和土洞、采空区等各类地基的处理	北京燕山石化公司10万 m³油罐工程、北京东坝家园住宅小区、北京时代庄园住宅小区工程、北京市天宁寺居民住宅小区、北京密云区垃圾综合处理中心焚烧发电厂工程、山东省临沂市沂水县生活垃圾焚烧发电项目、河北省邯郸市魏县生活垃圾焚烧发电项目
	16	基于BIM技术的智能化运维管理平台	该平台基于BIM技术，通过建立关键监控数据的选取、采集、传输、存储和分析方法，实现了建筑能源管理、空间管理、隐蔽空间管理、资产管理、室内环境精细化管理等功能，为降低建筑能源系统在全生命周期内的运行能耗提供技术支持	《电力能效监测系统技术规范》GB/T 31960.6	公共建筑	房山区万科紫云家园05-1号商业办公楼能源管理平台、延庆朗诗华北被动房改建能源管理平台、丰台区长安新城-金隅大成改造方案、海淀区PLUG and PLAY办公楼改造、朝阳区翠城馨园D区南部建设项目

续表

领域	序号	项目名称	技术简介	标准、图集、工法	适用范围	应用工程
绿色建筑室内环境健康技术	17	HDPE旋流器特殊单立管同层排水系统	该系统是指不穿楼板、不占用下层空间的排水系统。排水立管与支管采用HDPE材质。系统组成为加强型HDPE旋流器、地面/墙面固定式水箱、壁挂式洁具、旋转降噪式单立管、多通道式超薄地漏及降板区域内台口积水排除管配件等	《建筑给水排水设计规范》GB 50015、《卫生洁具便器用重力式冲洗装置及洁具机架》GB 26730、《建筑排水用高密度聚乙烯（HDPE）管材及管件》CJ/T 250、《地漏》CJ/T 186标准图集、《住宅卫生间同层排水系统安装》12S306、《建筑同层排水工程技术规程》CJJ 232	新建及改建民用建筑中的生活排水系统	北京市顺义区金地未来未来住宅项目、海淀区清华大学建筑改造工程、通州区新华联总部基地办公楼、海淀区大唐电信研发基地、密云区通用博园住宅项目、门头沟区鸿坤七星长安公寓、朝阳区宜必思酒店改造工程
	18	贝壳粉环保涂料	该产品以优质深海贝壳为基质，经过高温煅烧、研磨、催化等特殊工艺研制而成，展现无污染、吸附甲醛的新一代生态环保涂料特性。产品分为干粉状和水性原浆状，干粉使用时直接兑水搅拌即可上墙，水性原浆状使用时搅拌均匀即可上墙，可使用平涂、弹涂等工艺，施工简单方便	《建筑用水基无机干粉室内装饰材料》JC/T 2083、《抗菌涂料》HG/T 3950、《硅藻泥装饰壁材》JC/T 2177、《放射性标准》GB 6566	各类建筑内墙装修，不适用于阳台、厨房和洗手间等部位	北京依山阁酒店、北京市门头沟区泷悦长安剑桥园、广州琶洲中洲中心、海南香水湾·天海度假村、碧桂园幼儿园、广雅中学、中国人保深圳公司办公大楼、新派深圳公寓、金螳螂华南设计院
	19	ZDA住宅厨房、卫生间排油烟气系统技术	该系统采用干塑性混凝土作为原料，充分利用建筑废弃物、工业尾矿等再生资源，具有绿色环保、工业化、产业化、标准化、专业化特点，其机制管道、防火回支部件、可调射流装置和防倒灌风帽质量可靠，有效提高排气效果且具有防串烟、防倒灌、防交叉污染、防火灾的功能	《住宅排气管道系统工程技术标准》JG/T 455、《建筑工业化、产业化住宅厨卫排气道系统》13BJZ8、《住宅装配式ZDA排气管道系统图示》《住宅排气管道系统》13CYH03、《工业化住宅排气管道系统》CPXY-J290、《住宅厨房、卫生间ZDA排气道系统构造》J14J137、《住宅排气道系统应用技术导则》	新建、改建、扩建的民用建筑	副中心职工周转房（北区）项目、广华新城居住区615和621地块职工安置住宅项目、石门定向安置房项目、五矿万科蒋辛屯建设项目一期C区工程、朝阳区堡头地区焦化厂棚户区改造安置房项目、北京理工大学7号地项目等

领域	序号	项目名称	技术简介	标准、图集、工法	适用范围	应用工程
绿色建筑室内环境健康技术	20	用于绿色建筑风环境优化设计的分析软件	该产品构建于Auto-CAD平台，集成了建模、网格划分、流场分析和自动编制报告等功能于一体，可为建筑规划布局和建筑空间划分提供风环境优化设计分析	《绿色建筑评价标准》GB/T 50378、北京市《绿色建筑评价标准》DB11/T 825、《建筑通风效果测试与评价标准》JGJ/T 309	建筑规划设计	北京市朝阳区奥林匹克公园中心区B27-2、怀柔区南华园二区35号楼
	21	导光管采光系统	该系统通过室外的采光装置聚集自然光线，并将其导入系统内部，经由导光管装置强化并高效传输，由室内的漫反射装置将自然光均匀导入室内	《建筑采光设计标准》GB 50033、《平屋面建筑构造图集》12J201、《导光管采光系统技术规程》JGJ/T 374	建筑室内自然采光	北京市海淀区中关村一号多功能厅和地下车库项目、昌平区绿地中央广场地下车库项目、顺义区天竺万科地下车库项目、朝阳区北京第二实验小学朝阳学校、朝阳区奥林匹克森林公园中心区中国国学中心南侧公园项目
	22	用于绿色建筑采光分析的软件	该产品构建于Auto-CAD平台，采用标准规定的公式法和模拟法，利用Radiance计算核心，支持适用于各类民用及工业建筑的采光设计计算，可对采光系数分布、采光均匀度、眩光等指标进行定量计算	《建筑采光设计标准》GB 50033	建筑采光设计	中国电子科技集团公司第三研究所传感器大楼、北京阳光保险大厦、北京市东城区旧城保护定向安置房项目
	23	空气复合净化技术	综合集成了静电驻极、HEPA、多元催化剂、改性催化吸附等技术，解决了单一技术存在的寿命短、易失效等技术难题，实现了各单项技术集成后的协同倍增作用。采用多重净化处理，以多层次、立体的空气深度净化系统，有效地消除室内空气中的PM2.5、VOCs、细菌等有害物质	《通风与空调工程施工规范》GB 50738、《通风与空调工程施工质量验收规范》GB 50243、《民用建筑供暖通风与空气调节设计规范》GB 50736、《空气净化器》GB/T 18801、《室内空气质量标准》GB/T 18883、《中小学教室空气质量规范》T/CAQI27	各类建筑室内空气净化	齐鲁工业大学艺体中心、枣庄玉器厂、陕西榆林会所、中海尚湖世家、百特幼儿英语培训机构

续表

领域	序号	项目名称	技术简介	标准、图集、工法	适用范围	应用工程
绿色建筑能效提升和能源优化配置技术	24	无动力循环集中太阳能热水系统	通过系统优化设计，将太阳能集热、贮热、换热的功能集为一体，取消了太阳能集热循环水泵、管道和贮热水箱，实现为建筑提供生活热水的制备和供应	《无动力集热循环太阳能热水系统应用技术规程》T/CECS 489、《太阳能集中热水系统选用与安装》15S128	有生活热水需求的建筑	北京市丰台区辛庄村（一期）农民回迁房项目、昌平区北京邮电大学沙河校区学生公寓项目
	25	高强度XPS预制沟槽地暖模块	通过改善XPS板生产工艺，提高抗压强度，预制沟槽，采用铝箔强化传热，将供热管道与XPS板整合为一体，构成供热模块	《辐射供暖供冷技术规程》JGJ 142、北京市《地面辐射供暖技术规范》DB11/806	采用地面辐射供暖的各类建筑	北京市海淀区北京添福家中医康复医院、大兴区魏善庄保利首开项目
	26	带分层水蓄热模块的空气源热泵供热系统	该系统通过利用分层水蓄热模块，在能效较高的工况条件下进行蓄热，提高空气源热泵供热系统的能效	《民用建筑供暖通风与空气调节设计规范》GB 50736、《公共建筑节能设计标准》GB 50189、《多联式空调（热泵）机组》GB/T 18837、《低环境温度空气源热泵（冷水）机组 第2部分：户用及类似用途的热泵（冷水）机组》GB/T 25127.2	新建、改建或既有建筑改造的供暖工程	北京市房山区农商银行家属楼、通州区名仕生态园、延庆区铠钺办公楼、通州区员工宿舍、房山区窦店天然气换气站
装配式建筑结构系统	27	装配整体式剪力墙结构	该结构混凝土部分或全部采用承重预制墙板，通过节点部位的可靠连接，与现场浇筑的混凝土形成整体，其整体性能与现浇混凝土剪力墙结构相近，预制外墙板采用结构-保温-装饰一体化墙板，楼板采用叠合楼板，楼梯采用预制板式楼梯，预制墙板竖向钢筋采用套筒灌浆连接，墙板水平钢筋通过附加钢筋连接锚固在现浇段区域	《装配式混凝土建筑技术标准》GB/T 51231、《混凝土结构工程施工质量验收规范》GB 50204、《装配式混凝土结构技术规程》JGJ 1、《钢筋套筒灌浆连接应用技术规程》JGJ 355、《装配式剪力墙结构设计规程》DB11/1003、《装配式混凝土结构工程施工与质量验收规程》DB11/T 1030、《钢筋套筒灌浆连接技术规程》DB11/T 1470	抗震设防烈度为8度及8度以下地区的多高层剪力墙结构建筑	北京市亦庄经济技术开发区河西区公租房项目、北京万科长阳天地项目、北京市大兴区旧宫镇项目

领域	序号	项目名称	技术简介	标准、图集、工法	适用范围	应用工程
装配式建筑结构系统	28	装配整体式框架结构	该结构采用预制柱、预制叠合梁，梁柱节点核心区现场浇筑，预制柱竖向钢筋采用套筒灌浆连接，叠合梁底部纵向钢筋在节点核心区连接；楼板采用叠合楼板，外墙采用预制混凝土挂板、幕墙、ALC板	《装配式混凝土建筑技术标准》GB/T 51231、《混凝土结构工程施工质量验收规范》GB 50204、《钢筋套筒灌浆连接应用技术规程》JGJ 355、《装配式混凝土结构技术规程》JGJ 1、《装配式框架及框架-剪力墙结构设计规程》DB11/1310、《装配式混凝土结构工程施工与质量验收规程》DB11/T 1030、《钢筋套筒灌浆连接技术规程》DB11/T 1470	抗震设防烈度为8度及8度以下地区，装配整体式混凝土框架结构、以及框架-剪力墙、框架-核心筒结构中的框架	北京市房山区万科长阳天地项目
	29	预制空心板剪力墙结构	该结构在墙板空心孔内插入水平或竖向钢筋（边缘构件的竖向钢筋为下层墙板伸出的钢筋）采用钢筋间接搭接的方式，在空心孔内现浇混凝土，预制墙板在竖向楼层标高处留有现浇带，水平方向上，两个墙板间留有现浇节点，楼板采用叠合楼板，通过现场浇筑的混凝土形成结构整体受力，实现抵抗竖向和水平力的作用；结构外保温和装饰层，可采用保温装饰一体化挂板或后贴保温板的做法	《装配式混凝土建筑技术标准》GB/T 51231、《混凝土结构工程施工质量验收规范》GB 50204、《装配式混凝土结构技术规程》JGJ 1、《装配式剪力墙结构设计规程》DB11/1003、《预制混凝土构件质量控制标准》DB11/T 1312、《装配式混凝土结构工程施工与质量验收规程》DB11/T 1030	抗震设防烈度为8度及8度以下地区，低多层、高层（45m以下）民用住宅和办公建筑等建筑类型的剪力墙结构	北京朝阳区定向棚户区改造项目、北京房山区良乡镇住宅项目、北京招商地产昌平商品房和公租房项目

续表

领域	序号	项目名称	技术简介	标准、图集、工法	适用范围	应用工程
装配式建筑结构系统	30	预制混凝土夹芯保温外墙板	预制混凝土夹芯保温外墙板由内层混凝土结构层（内叶墙）、保温层和外层混凝土保护装饰层（外叶墙）组合而成，内外叶墙通过连接件拉结，外叶墙板厚度一般不小于60mm，保温板厚度不大于120mm，内叶墙厚度一般不小于200mm；连接件常用类型有不锈钢金属和玻璃纤维两种材质，竖向钢筋连接用套筒从类型上有全灌浆套筒和半灌浆套筒，球墨铸铁以及机械加工套筒；墙体外装饰可为涂料、反打瓷砖、反打瓷板等形式	《装配式混凝土建筑技术标准》GB/T 51231、《预制混凝土剪力墙外墙板》15G365-1、《装配式混凝土剪力墙结构住宅施工工艺图解》16G906、《钢筋套筒灌浆连接应用技术规程》JGJ 355、《预制混凝土构件质量检验标准》DB11/T 968、《装配式混凝土结构工程施工与质量验收规程》DB11/T 1030、《钢筋套筒灌浆连接技术规程》DB11/T 1470、《预制混凝土构件质量控制标准》DB11/T 1312	多高层剪力墙结构	北京市顺义新城第4街区地块保障性住房项目、北京市门头沟永定镇住宅项目、北京丰台区成寿寺定向安置房项目
	31	预制PCF板	预制PCF板由外叶墙板和保温材料通过专用连接件连接而成，连接件一端锚入外叶板，另外一端露出在保温材料表面，在工厂采用反打成型工艺预制；施工时，预制PCF板作为结构混凝土外侧模板，预制PCF板上连接件外露端锚入后浇结构混凝土，将预制PCF板上的保温材料和外叶板与结构混凝土连接为一体	《装配式剪力墙住宅建筑设计规程》DB11/T 970、《预制混凝土构件质量检验标准》DB11/T 968、《预制复合墙板-PCF板》Q/CPJYT0002	装配式混凝土剪力墙结构	北京通州区马驹桥公租房项目、北京郭公庄一期公租房项目、北京平乐园公租房项目

领域	序号	项目名称	技术简介	标准、图集、工法	适用范围	应用工程
装配式建筑结构系统	32	预制内墙板	预制内墙板采用反打成型工艺在工厂自动化流水线上制作，一般厚度不小于200mm，通常为结构受力构件，满足工程的特定要求，墙厚、配筋及材料强度均按设计要求制作，上下楼层间的预制内墙钢筋通过钢筋灌浆套筒进行连接，水平钢筋锚固在现浇节点	《装配式混凝土建筑技术标准》GB/T 51231、《装配式混凝土剪力墙结构住宅施工工艺图解》16G906、《预制混凝土剪力墙内墙板》15G365-2、《钢筋套筒灌浆连接应用技术规程》JGJ 355、《预制混凝土构件质量控制标准》DB11/T 1312、《预制混凝土构件质量检验标准》DB11/T 968、《装配式混凝土结构工程施工与质量验收规程》DB11/T 1030、《钢筋套筒灌浆连接技术规程》DB11/T 1470	装配式混凝土剪力墙结构	北京通州区马驹桥公租房项目、北京郭公庄一期公租房项目、北京海淀区温泉C03公租房项目
	33	钢筋桁架混凝土叠合板	钢筋桁架混凝土叠合板由下层的预制部分和上层的现场浇筑部分组合为共同受力体的叠合构件技术，预制层和叠合层之间通过粗糙面和桁架钢筋实现有效连接；预制层厚度一般不小于60mm，叠合层一般不小于70mm，叠合后的楼板根据四边支撑情况，其受力状态分为单向受力板和双向受力板	《装配式混凝土建筑技术标准》GB/T 51231、《桁架钢筋混凝土叠合板（60mm厚底板）》15G366-1、《混凝土结构工程施工质量验收规范》GB 50204、《装配式混凝土结构技术规程》JGJ 1、《装配式剪力墙结构设计规程》DB11/ 1003、《预制混凝土构件质量控制标准》DB11/T 1312、《预制混凝土构件质量检验标准》DB11/T 968、《装配式混凝土结构工程施工与质量验收规程》DB11/T 1030	混凝土结构的楼、屋面板	北京万科长阳天地住宅项目、北京首地新机场公租房项目、北京万科台湖公园里住宅项目
	34	预制预应力混凝土空心板	预制预应力混凝土空心板是由标准宽度为1200mm，采用干硬式混凝土冲捣和挤压成型，并连续批量叠层生产的预应力混凝土空心板；标准厚度为100mm、120mm、150mm、180mm、200mm、250mm、300mm、380mm，长度可任意切割，长度最大可达18m	《SP预应力空心板》05SG408、《混凝土结构工程施工质量验收规范》GB 50204、《预应力混凝土空心板》GB/T 14040、《装配式混凝土结构工程施工与质量验收规程》DB11/T 1030	无侵蚀性介质的一类环境中的一般建筑物	河北固安天元伟业桥梁模板有限公司厂区建设工程、河北固安县银座建筑工程有限公司建设工程

续表

领域	序号	项目名称	技术简介	标准、图集、工法	适用范围	应用工程
装配式建筑结构系统	35	可拆式钢筋桁架楼承板	可拆式钢筋桁架楼承板是将楼板中主受力方向的部分上下层钢筋在工厂加工成钢筋桁架，在工厂将钢筋桁架通过扣件、自攻钉（或螺栓）与底模加工成一体，在现场浇筑混凝土达到设计强度后，拆除底模并重复利用，拆模后的外观效果与传统现浇混凝土楼板一致，并可直接刮腻子装修，桁架楼承板可承受一定的施工荷载；钢筋桁架制作高度为：70～270mm，楼板厚度可达到：100～300mm；设计师可根据楼板跨度、楼板厚度及配筋，选用相应板型	《装配式钢结构建筑技术标准》GB/T 51232、《组合楼板设计与施工规范》CECS 273、《装配可拆式钢筋桁架楼承板用扣件》Q/DWJC 01、《装配可拆式钢筋桁架楼承板》Q/DWJC 02	多高层钢结构、混凝土结构等建筑结构的楼板	北京首钢园区冬奥项目、北京丰台区成寿寺定向安置房项目、北京市丰台区南苑乡槐房村和新宫村住宅项目
	36	预制阳台板	预制阳台板可分为全预制板式阳台、全预制梁式阳台、板式叠合阳台；全预制阳台板内上铁钢筋按设计预留长度伸出阳台板，锚入相邻叠合楼板的现浇层内，通过叠合楼板现浇层与主体结构稳固连接；叠合式阳台板预制部分可含带上下挑檐，上铁钢筋在现浇层内铺设，锚固在相邻楼板内，叠合层同相邻楼板一同浇筑	《预制钢筋混凝土阳台板、空调板及女儿墙》15G368-1、《装配式混凝土结构技术规程》JGJ 1、《预制混凝土构件质量控制标准》DB11/T 1312、《预制混凝土构件质量检验标准》DB11/T 968、《装配式混凝土结构工程施工与质量验收规程》DB11/T 1030	混凝土结构阳台	北京万科七橡墅项目、北京卢沟桥南棚改安置房及公共配套设施项目、北京市海淀区田村路43号棚改定向安置房项目
	37	预制空调板	预制空调板为全板预制，空调板内上铁钢筋按设计预留长度伸出空调板，锚入相邻叠合楼板的现浇层内，通过叠合楼板现浇层与主体结构稳固连接，可与预制钢筋混凝土阳台板合二为一	《预制钢筋混凝土阳台板、空调板及女儿墙》15G368-1、《装配式混凝土结构技术规程》JGJ 1、《预制混凝土构件质量检验标准》DB11/T 968、《装配式混凝土结构工程施工与质量验收规程》DB11/T 1030	混凝土结构空调板	北京北汽越野车棚改定向安置房项目、北京房山周口万科七橡墅项目、北京市平谷区山东庄镇西沥津村居住用地项目

续表

领域	序号	项目名称	技术简介	标准、图集、工法	适用范围	应用工程
装配式建筑结构系统	38	预制板式楼梯	预制板式楼梯是楼梯间休息平台板之间连续踏步板或连续踏步板和平台板的组合，梯段板支座处采用销键连接，上端为固定铰支座，下端为滑动铰支座；可分为剪刀楼梯和多跑楼梯	《预制钢筋混凝土板式楼梯》15G367-1、《装配式混凝土结构技术规程》JGJ 1、《预制混凝土构件质量控制标准》DB11/T 1312、《预制混凝土构件质量检验标准》DB11/T 968、《装配式混凝土结构工程施工与质量验收规程》DB11/T 1030	混凝土结构楼梯	北京黑庄户定向安置房项目、北京朝阳区管庄乡塔营村住宅项目、北京北汽越野车棚改定向安置房项目
	39	密肋复合板结构	密肋复合板结构是由预制的密肋复合墙板、楼板（叠合板或现浇板）、通过现浇节点组合而成的一种新型混凝土预制装配式结构；密肋复合墙板是由截面及配筋较小的钢筋混凝土肋梁和肋柱构成框格，内嵌以炉渣、粉煤灰等工业废料为主要原料的轻质保温型砌块预制而成，密肋复合墙板和密肋复合楼盖可共同形成结构体系，也可作为单独构件与其他常规结构构件形成结构体系	《密肋复合板结构技术规程》JGJ/T 275	房屋高度不超过60m的建筑	河北张家口怀安县文苑五期
	40	钢筋套筒灌浆连接技术	该技术是通过钢筋和灌浆套筒之间硬化后的灌浆料的机械咬合作用，将钢筋中的力传递至套筒的连接方法；主要包含两种接头形式：全灌浆接头和半灌浆接头。全灌浆接头是指接头两端均采用灌浆方式连接的灌浆接头；半灌浆接头是接头一端采用灌浆方式连接，而另一端采用非灌浆方式连接的灌浆接头，通常为螺纹连接	《钢筋机械连接技术规程》JGJ 107、《钢筋套筒灌浆连接应用技术规程》JGJ 355、《钢筋套筒灌浆连接技术规程》DB11/T 1470	非抗震设计及抗震设防烈度为8度及8度以下地区的混凝土结构或一般构筑物中带肋钢筋的连接	北京城市副中心职工周转房项目、北京新机场生活保障基地首期人才公租房项目、北京门头沟永定镇住宅项目

领域	序号	项目名称	技术简介	标准、图集、工法	适用范围	应用工程
装配式建筑结构系统	41	钢框架、钢框架-支撑结构	该体系中钢框架柱可以为钢柱，也可以为钢管混凝土柱；支撑又分为中心支撑、偏心支撑和屈曲约束支撑，作为结构体系的第一道防线，抵抗水平风荷载及地震作用；钢框架除了受竖向轴力，同时也作为结构体系的第二道防线，抵御水平力	《钢结构设计标准》GB 50017、《钢结构用高强度锚栓连接副》GB/T 33943、《建筑抗震设计规范》GB 50011、《多、高层民用建筑钢结构节点构造详图》16G519、《钢结构高强度螺栓连接技术规程》JGJ 82、《高层民用建筑钢结构技术规程》JGJ 99	高层住宅建筑、公共建筑	北京朝阳区黑庄户4号钢结构住宅楼，北京首钢铸造村4号、7号钢结构住宅楼，北京晨光家园B区（东岸）1号楼
	42	钢框架-消能装置	抵抗水平力的消能装置有3种，即墙板式阻尼器、组合钢板剪力墙和防屈曲钢板剪力墙，根据结构抗震设计需要，在两个受力方向灵活布置任一种消能装置；其中墙板式阻尼器为纯钢构件，能提供有效的结构附加阻尼；组合钢板剪力墙以及由内嵌钢板和两侧预制混凝土板组合的防屈曲钢板剪力墙能提供结构侧向刚度和耗能能力	《钢板剪力墙技术规程》JGJ/T 380	钢框架-墙板式阻尼器结构适用于高烈度区30m以下钢结构住宅建筑；钢框架-组合钢板剪力墙结构及钢框架-防屈曲钢板剪力墙结构适用于高烈度区高层钢结构住宅建筑	北京丰台区成寿寺定向安置房住宅项目、北京首钢二通厂定向安置房住宅项目
	43	钢柱-板-剪力墙组合结构	该结构中钢管混凝土联肢柱作为竖向承重构件，钢支撑与预制混凝土剪力墙形成双重抗侧力体系；钢梁-混凝土空心组合楼板，是将预制叠合楼板安装在钢梁下翼缘，填充轻质箱体，绑扎肋梁及楼板钢筋，浇筑钢筋混凝土形成钢梁-混凝土空心组合楼板；主体钢结构与外墙板一体化是将外围护墙体及保温材料与钢梁、钢支撑等主体钢构件在工厂预制成复合墙体，在现场实现主体结构及外墙一次完成安装	《多、高层民用建筑钢结构节点构造详图》16G519、《装配式钢结构建筑技术标准》GB/T 51232、《钢结构工程施工质量验收规范》GB 50205、《钢结构高强度螺栓连接技术规程》JGJ 82	100m以下的住宅和公共建筑等需要大跨度灵活空间要求的建筑	河北唐山滦阳新城二区商住楼项目

续表

领域	序号	项目名称	技术简介	标准、图集、工法	适用范围	应用工程
装配式建筑结构系统	44	多层钢框架结构	该结构主体结构采用箱型截面钢柱-H型钢梁框架，楼板体系采用钢筋桁架楼承板；外墙采用ALC条板基墙+保温装饰一体板，内墙采用ALC条板，钢结构受力构件使用薄涂型防火涂料，采用防火石膏板外包；工业化内装体系采用包括集成地面、集成吊顶、薄法排水系统、集成卫浴系统和集成厨房系统等	《钢结构工程施工质量验收规范》GB 50205、《装配式钢结构建筑技术标准》GB/T 51232、《钢结构设计标准》GB 50017、《建筑抗震设计规范》GB 50011、《高层民用建筑钢结构技术规程》JGJ 99、《蒸压加气混凝土砌块、板材构造》13J104	多层及小高层住宅建筑	天津市西青区王稳庄镇白领公寓项目
	45	低层轻钢框架结构	该结构采用装配式快装基础，主体结构为薄壁型钢框架结构体系，以无机集料阻燃木塑复合墙板或纤维增强水泥挤出成型中空板为围护结构，以无机集料阻燃木塑复合条板、纤维水泥压力板或钢筋桁架楼承板为楼面结构，采用ASA共挤外墙挂板或无机外墙挂板，内墙采用装饰发泡挂板，屋面采用无机集料阻燃木塑复合条板、彩石金属瓦	《无机集料阻燃木塑复合条板建筑构造》15CJ28、《轻型钢结构住宅技术规程》JGJ 209、《冷弯薄壁型钢多层住宅技术标准》JGJ/T 421、《建筑用无机阻燃木塑复合墙板应用技术规程》CECS 286	不超过3层的新农村建筑、别墅、公寓宿舍、办公楼、公共建筑、工业厂房、市政建设建筑等	北京市房山区赵庄村安置房项目、北京市房山区城关农宅单项改造项目和城关街道中心区旧城改造周转房项目、北京市房山区十渡马安村安置房项目
	46	钢框架全螺栓连接技术	该技术是指在钢框架结构中，箱型截面柱（钢管柱）采用芯筒式全螺栓连接技术，水平构件采用双拼接板高强度螺栓连接技术，减震装置各部件之间及减震装置与主体结构之间均采用高强度螺栓连接（如果有减震装置），全螺栓连接技术在实现钢框架高效装配和刚性连接的同时，保证了全螺栓连接钢框架力学性能不低于全熔透焊缝连接的钢框架性能	《钢结构设计标准》GB 50017、《钢结构工程施工质量验收规范》GB 50205、《钢结构用高强度大六角头螺栓、大六角螺母、垫圈技术条件》GB/T 1231、《多、高层民用建筑钢结构节点构造详图》16G519、《装配式建筑评价标准》GB/T 51129、《装配式钢结构建筑技术标准》GB/T 51232、《高层民用建筑钢结构技术规程》JGJ 99、《钢结构高强度螺栓连接技术规程》JGJ 82	多、高层钢结构箱型截面柱（钢管柱）及与H型梁的连接，特别适合环保要求高或难开展现场焊接地区	北京首都师范大学附属中学通州校区教学楼项目、北京市通州区中学宿舍楼项目、多维集团天津绿建办公楼项目

续表

领域	序号	项目名称	技术简介	标准、图集、工法	适用范围	应用工程
装配式建筑外围护系统	47	预制混凝土外挂墙板	预制混凝土外挂墙板为安装在主体结构上，起围护、装饰作用的非结构受力构件，包括预应力混凝土外挂墙板与非预应力混凝土外挂墙板；外挂墙板与主体结构连接方式可采取点支承或线支承连接；外挂墙板做法包括无保温、内保温、外保温及夹芯保温等多种形式	《混凝土结构工程施工质量验收规范》GB 50204、《建筑装饰装修工程质量验收规范》GB 50210、《预制混凝土外挂墙板应用技术标准》JGJ/T 458、《严寒和寒冷地区居住建筑节能设计标准》JGJ 26、《装配式混凝土结构技术规程》JGJ 1	多、高层框架结构外围护墙	北京城市行政副中心项目、北京软通动力大厦项目、北京中建技术中心项目
	48	蒸压加气混凝土条板	蒸压加气混凝土墙板（简称 ALC 墙板）是一种轻质、高强、高耐久性、高热工性、高隔声性、A 级防火的绿色建材围护部品。该墙板围护系统包括单一材料 ALC 墙板自保温体系、墙板＋一体化保温装饰板复合保温体系、双层墙板夹芯保温体系，排板方式以条板竖装为主，安装方式采用内嵌式、外挂式、嵌挂结合式等，围绕排板深化、柔性节点、洞口加强、板缝构造、材料匹配、挤浆工艺、高空作业等环节，系统地解决了不同建筑热工需求、不同主体结构的抗变形设计要求	《蒸压加气混凝土砌块、板材构造》13J104、《蒸压加气混凝土板》GB 15762、《加气混凝土砌块、条板》12BJ2-3、《装配式建筑蒸压加气混凝土墙板围护系统》19CJ85-1	钢结构、混凝土结构外围护墙	北京城市副中心 B3/B4 工程、北京黑庄户定向安置房 4 号项目、北京成寿寺安置房项目
	49	中空挤出成型水泥条板	中空挤出成型水泥条板（简称 ECP 板）为现场组合墙体，由外侧 ECP 板、中间保温材料（含层间防火封堵）、内侧轻钢龙骨内墙（室内装饰）3 部分组成；采用干法作业，施工简单，安装效率高；立面效果富有特色；该条板在防火性能、耐久性能以及后期维护等方面具有优势	《建筑幕墙》GB/T 21086、《建筑用轻钢龙骨》GB/T 11981、《金属与石材幕墙工程技术规范》JGJ 133、《人造板材幕墙工程技术规范》JGJ 336、《轻钢龙骨石膏板隔墙、吊顶》07CJ03-1、《外墙用中空挤出成型水泥条板建筑构造》2017CPXY-J402	建筑高度不超过 100m，钢结构及混凝土结构的框架结构建筑外围护墙	北京城市副中心行政办公区、北京西郊汽配城改造、北京延庆园博园万花筒

领域	序号	项目名称	技术简介	标准、图集、工法	适用范围	应用工程
装配式建筑外围护系统	50	聚合陶装饰制品	聚合陶装饰制品为有机原料与无机原料通过聚合反应合成的新型复合材料,兼具轻质高强、防水阻燃、耐候耐久、无腐蚀性等特征;该制品采用栓固和粘钉结合,全程无水作业,产品表面无须二次处理直接涂装,简单快捷	《居住建筑装修装饰工程质量验收规范》DB11/T 1076、《聚合陶外墙装饰构件》16BJZ173、《内外墙聚合陶装饰构件》Q/CYTDA0002	钢结构及装配式混凝土结构外围护墙	北京房山区长沟别墅项目、北京青龙湖红酒酒庄园项目、河北省三河市皇家KTV酒店改造项目
	51	预制混凝土外墙防水技术	该技术主要通过结构防水、构造防水和材料防水相结合,满足预制混凝土外墙接缝的防水要求。结构防水包括预制构件与现浇节点连接界面的处理等;构造防水包括设置内高外低的企口缝、板缝空腔、导水管以及气密条等;材料防水包括接缝宽度设计、防水密封胶做法等	《装配式混凝土结构技术规程》JGJ 1、《预制混凝土外挂墙板应用技术标准》JGJ/T 458、《装配式混凝土结构住宅建筑设计示例(剪力墙结构)》15J939-1、《预制混凝土外挂墙板》16J110-2、16G333	预制混凝土外墙接缝处	北京万科长阳新天地住宅项目、北京中铁建南岸花语住宅项目、北京万科金域东郡住宅项目
	52	装配式混凝土防水密封胶	该防水密封胶通过在装配式建筑接缝中施打,以达到接缝处的水密性与气密性;所用防水密封胶呈均质膏状,硬化后形成稳定弹性体,具有良好的黏结性、追随性及耐候性,可保证接缝长久的防水密封,同时硬化后无小分子物质析出,不会污染接缝及周围材料,且硬化后的胶条表面可以做多种涂饰层	《硅酮与改性硅酮建筑密封胶》GB/T 14683、《混凝土接缝用建筑密封胶》JC/T 881	混凝土(包括预制混凝土,现浇混凝土)接缝、蒸压加气混凝土接缝、金属接缝、石材接缝、其他建筑材料接缝处的密封防水	北京万科金域东郡住宅项目、北京顺义区天竺万科中心项目、北京马驹桥公租房项目

续表

领域	序号	项目名称	技术简介	标准、图集、工法	适用范围	应用工程
装配式建筑外围护系统	53	整体式智能天窗	整体式智能天窗包括智能天窗、外遮阳、防护卷帘等，采用 VMS 整体智能商用通风采光系统、导光系统、AC-TIVE 室内舒适环境控制系统等技术，提供多样、经济、智能监控的自然采光通风解决方案	《被动式低能耗建筑——严寒和寒冷地区居住建筑》16J908-8	民用建筑、工业建筑的天窗	北京融创壹号庄园、北京九章别墅、北京华润昆仑域住宅项目
装配式建筑设备与管线系统	54	机电设备与管线集成预制装配技术	该技术是在设计单位技术设计图纸基础上，利用 BIM 技术进行施工图深化设计和集成一体化设计，将设备、管道组件在工厂内预制加工，满足运输、吊装以及现场冷连接装配的技术要求；实现设计集成化、预制标准化、安装装配化、管理信息化、应用智能化的装配式建筑建设理念；施工现场杜绝或尽量减少湿热操作，减少现场安装工程量，提高工程质量和品质，提升机电安装工程工效	《通风与空调工程施工质量验收规范》GB 50243、《给水排水管道工程施工及验收规范》GB 50268	工业与民用建筑的机电工程，包括室内外机电工程的设计、预制加工、装配式安装	北京城市副中心办公楼项目、北京大兴机场项目
	55	集成地面辐射采暖技术	该技术采用架空地暖模块干法施工，包括发热块、塑料调整脚、连接扣件及螺钉、地暖管、分集水器，以型钢与高密度纤维增强硅酸钙板为基层，定制加工模块结构中增加采暖管和带有保温隔热的模塑板，形成型钢复合地暖模块，实现地面高散热率的地暖地面	《建筑装饰装修工程质量验收标准》GB 50210、《居住建筑室内装配式装修工程技术规程》DB11/T 1553、《装配式装修工程技术规程》QB/BPHC ZPSZX、《模块式快装采暖地面》Q/12 DYJC 002、《型钢复合地暖模块系统》Q/12 DYJC 006	以热水为热源的地暖建筑	北京市通州区马驹桥物流公租房项目、北京市丰台区郭公庄车辆段一期公共租赁住房项目、北京市通州台湖公租房项目

续表

领域	序号	项目名称	技术简介	标准、图集、工法	适用范围	应用工程
装配式建筑设备与管线系统	56	机制金属成品风管内保温技术	该技术在深化设计图的基础上，将镀锌钢板风管与特质内衬环保玻璃纤维保温层材料集成为一体，在工厂内利用自动化加工流水线进行裁剪、折弯、保温材料固定等一系列加工，将风管按工程所需规格尺寸一次加工成型、现场装配安装，无须再做二次保温层	《绝热用玻璃棉及其制品》GB/T 13350、《通风与空调工程施工质量验收规范》GB 50243、《通风管道技术规程》JGJ/T 141	工业与民用建筑的通风空调风管工程，包括风管工程的设计、预制加工、装配式安装	北京小米移动互联网产业园、北京中国建筑设计研究院有限公司创新科研示范楼
	57	集成分配给水技术	该技术采用分水器布置器具给水管道，每个器具与分水器之间采用点对点连接，整根水管定制中间无接头；管道布置在吊顶、垫层内，也可布置在结构与饰面层之间；管道采用快装技术部品，包括塑料及复合给水管、分水器、专用水管加固板等	《建筑装饰装修工程质量验收标准》GB 50210、《居住建筑室内装配式装修工程技术规程》DB11/T 1553、《装配式装修技术规程》QB/BPHC ZPSZX	工业与民用建筑的卫生间、厨房等用水房间给水工程	北京市通州区马驹桥物流公租房项目、北京丰台区郭公庄车辆段一期公共租赁住房项目、北京市通州台湖公租房项目
	58	不降板敷设同层排水技术	该技术基于主体结构不降板的做法，能够在130mm 的薄法空间内实现同层排水；由承插式排水管、同排地漏、水管支架、积水排除器等构成；排水系统分两部分，一部分是架空地面之上的后排水坐便器，另一部分是架空地面之下的排水管，将地漏、淋浴、洗面盆、洗衣机等排水在整体防水底盘之下的薄法架空层内，横向同层排至公区管井	《建筑装饰装修工程质量验收标准》GB 50210、《居住建筑室内装配式装修工程技术规程》DB11/T 1553、《装配式装修技术规程》QB/BPHC ZPSZX	居住类建筑内卫生间	北京市通州区马驹桥物流公租房项目、北京市丰台区郭公庄车辆段一期公共租赁住房项目、北京市通州台湖公租房项目

续表

领域	序号	项目名称	技术简介	标准、图集、工法	适用范围	应用工程
装配式建筑设备与管线系统	59	装配式机电集成设计技术	该技术利用BIM技术平台，结合国际先进技术工艺，形成机电工程的精细化设计、工厂化预制加工、装配式施工、信息化管理、智能化运维的专有机电一体化集成技术，借助专业机电BIM设计软件实现机电设备及管线的装配式机电咨询与集成深化技术	《通风管道技术规程》JGJ/T 141、《太阳能集中热水系统选用与安装》15S128、《无动力集热循环太阳能热水系统应用技术规程》T/CECS489	各类机电工程的深化设计、预制加工、装配式安装	北京新机场航站楼换热站、北京阳光上东改造项目
装配式建筑内装系统	60	装配式装修集成技术	该技术是集成装配式装修部品体系安装技术，包含隔墙、吊顶、架空地面、集成卫生间等；部品部件均为工厂生产，管线与结构分离，通过模块化设计、标准化制作，现场干式工法施工，改变传统精装修由上往下组织方式，在主体结构分段验收完成后即可穿插施工，进行装配式装修	《建筑装饰装修工程质量验收标准》GB 50210、《住宅室内装饰装修工程质量验收标准》JGJ/T 304、《居住建筑室内装配式装修工程技术规程》DB11/T 1553、《装配式装修技术规程》QB/BPHC ZPSZX、《住宅室内装配式装修工程技术标准》DG/TJ08-2254	居住类建筑和公共建筑室内装修工程	北京市通州区马驹桥物流公租房项目、北京市丰台区郭公庄车辆段一期公共租赁住房项目、河北雄安城乡管理服务中心未来生活馆
	61	集成式厨房系统	该系统由地面、墙面、吊顶、橱柜、厨房设备及管线等通过设计集成、工厂生产、标准化、模数化、干式工法装配而成的厨房；墙体为装配式墙面；地面主要由型钢架空地面模块（非采暖）/型钢复合地暖模块（采暖）、塑料调整脚、自饰面硅酸钙复合地板和连接部件构成；墙面由自饰面硅酸钙复合墙板和连接部件构成；吊顶由自饰面硅酸钙复合顶板和连接部件构成；门窗为集成的套装门、窗套、垭口组成；橱柜、电器、功用五金件等为通用部品	《建筑装饰装修工程质量验收标准》GB 50210、《居住建筑室内装配式装修工程技术规程》DB11/T 1553、《装配式装修技术规程》QB/BPHC ZPSZX	居住类建筑内厨房	北京市通州区马驹桥物流公租房项目、北京市丰台区郭公庄车辆段一期公共租赁住房项目、北京市通州台湖公租房项目

领域	序号	项目名称	技术简介	标准、图集、工法	适用范围	应用工程
装配式建筑内装系统	62	集成式卫生间系统	该系统由干法施工的防水防潮构造、整体淋浴底盘地面构造、墙面构造、吊顶构造及五金洁具等构成；墙面为装配式墙面，可采用饰面硅酸钙复合墙板和连接部件构成装配式墙面或通过榫卯结构连接，采用铝芯蜂窝，通过玻璃纤维、聚氨酯在高温高压条件下复合瓷砖、天然石等面层材料；地面采用薄法型钢架空模块、整体淋浴底盘，面层可集成铺贴硅酸钙复合板、地砖、天然石、高温高压条件下的复合瓷砖等；吊顶采用自饰面硅酸钙复合顶板和连接部件，或采用通过榫卯结构连接的其他材质吊顶；门窗由集成的成套门、窗组成；陶瓷洁具、电器、功用五金件采用通用部品	《整体浴室》GB/T 1305、《建筑装饰装修工程质量验收标准》GB 50210、《住宅整体卫浴间》JG/T 183、《装配式整体卫生间应用技术标准》JGJ/T 467、《居住建筑室内装配式装修工程技术规程》DB11/T 1553、《装配式装修技术规程》QB/BPHC ZPSZX	居住类建筑及酒店、公寓、办公、学校以及高铁、飞机、船舶的卫生间装修	北京市通州区马驹桥物流公租房项目、北京市丰台区郭公庄车辆段一期公共租赁住房项目、北京金隅中关村科技园项目
	63	装配式模块化隔墙及墙面技术	该技术采用框架龙骨底部设水平调节器，吸收建筑误差；龙骨孔位及面板挂钩按模数预制，实现框架间、面板与框架的无损承插式连接，可重复拆卸，重复利用率达95%以上；框架龙骨预制孔位满足敷设管线的需求，可集成各种设备，可吊挂柜体、置物架、设备等；模块可单独拆卸，模块材质可为玻璃、金属板、硅酸钙板等各种材料，满足防火、隔声等功能；可根据不同空间需求实现单层墙面、隔墙、双空腔隔墙等组合形式	《建筑装饰装修工程质量验收规范》GB 50210、《可拆装式隔断墙技术要求》JG/T 487、《可拆装式隔断墙及挂墙》Q/HM	居住建筑、公共建筑（医疗建筑、办公建筑，场馆建筑）的非承重内隔墙、装饰墙面	北京奥迪研发中心、北京奔驰发动机厂、北京英蓝国际金融中心

续表

领域	序号	项目名称	技术简介	标准、图集、工法	适用范围	应用工程
装配式建筑内装系统	64	复合型聚苯颗粒轻质隔墙板技术	该技术板材面层采用高强度耐水硅酸钙板，芯材为聚苯颗粒蜂窝状结构，具有良好的隔声和吸声功能；隔墙板隔声性能达 35 ～ 50dB（A）；单点吊挂力为100kg，可以减小隔墙墙体厚度，增加室内面积	《建筑隔墙用轻质条板通用技术要求》JG/T 169、《建筑轻质条板隔墙技术规程》JGJ/T 157、《内隔板-轻质条板（一）》10J113-1、《加气混凝土砌块、条板》12BJ2-3、《预制装配式轻质内隔墙（蒸压砂加气混凝土板、轻质复合条板）》DBJT 29-208	厂房、住宅、宾馆、写字楼等建筑的装饰工程；钢筋混凝土框架结构、钢结构的填充墙；房屋改造工程中的内、外隔墙等	北京中航资本大厦、北京顺义青年公寓、天津万德广场二期
	65	面层可拆除轻钢龙骨隔墙及墙面技术	该技术主要由可拆卸专用轻钢龙骨骨架基层和无石棉硅酸钙板覆膜面层组成；龙骨作为隔墙的主题结构，通过龙骨上的安装卡扣与无石棉硅酸钙板侧面配套孔位进行机械连接，上下调整面层硅酸钙板位置，实现面层硅酸钙板与基层龙骨的可拆卸施工；工艺做法包括轻钢龙骨基层、硅酸钙板基层包覆/涂装、面层开槽等	《建筑装饰装修工程质量验收规范》GB 50210、《居住建筑室内装配式装修工程技术规程》DB11/T 1553、《轻钢龙骨石膏板隔墙、吊顶》07J03-1	室内隔墙	北京市朝阳区住房保障中心堡头地区焦化厂公租房项目
	66	装配式硅酸钙复合墙面技术	该技术是在既有墙面、轻钢龙骨隔墙基层上，采用干式工法现场组装而成的集成化墙面，由自饰面硅酸钙复合墙板和连接部件等构成；自饰面的硅酸钙复合墙板可以根据不同的使用空间，饰面表达丰富，墙板与墙板之间采用铝型材进行密拼连接，当墙板需要在既有结构墙面上架空时，采用横向轻钢龙骨与钉型塑料调平胀塞在结构墙基层上进行调平固定，同时将必要的管线布置在架空层内	《建筑装饰装修工程质量验收标准》GB 50210、《居住建筑室内装配式装修工程技术规程》DB11/T 1553、《装配式装修技术规程》QB/BPHC ZPSZX	所有建筑室内空间	北京市通州区马驹桥物流公租房项目、北京市丰台区郭公庄车辆段一期公共租赁住房项目、北京市通州台湖公租房项目

领域	序号	项目名称	技术简介	标准、图集、工法	适用范围	应用工程
装配式建筑内装系统	67	组合玻璃隔断系统	该系统采用内钢外铝的双面玻璃隔断系统，玻璃扣件将玻璃固定，玻璃中间加装手动百叶帘，钢龙骨采用镀锌钢板，坚固耐用；外铝表面效果多样化，可通过阳极氧化喷砂亚银色、静电粉喷、氟碳喷涂层、电泳等进行外加工颜色	《可拆装式隔断墙技术要求》JG/T 487、《装配式住宅建筑设计标准》JGJ/T 398	公共建筑廊道区域、独立办公室、办公室区域分割	北京顺义市民之家、北京建工办公楼项目、北京中海油办公楼项目
	68	装配式面板及玻璃单面横挂、纵挂系统	该系统采用纵向钢龙骨骨架干挂，龙骨约600mm间距，以成品板材为饰面（基材包括硅酸钙板、氧化镁板、石膏板、木塑石塑板）；面材包括贴纸、UV、贴布、PVC等），通过挂钩与板材连接，将整张板材挂装在龙骨上；顶收边和踢脚板有多种选择	《装配式住宅建筑设计标准》JGJ/T 398、《住宅室内装配式装修工程技术标准》DG/TJ 08-2254	公共建筑核心筒、廊道；住宅客厅卧室饰面、办公空间分户墙、住宅空间分户墙	北京T3航站楼、北京微软公司、北京顺义市民之家
	69	双面成品面板干挂隔断系统	该系统以成品板材为饰面，通过挂钩与板材连接，将整张板材挂装在龙骨上，龙骨双面可安装实现分户墙功能，顶收边和踢脚板有多种选择	《装配式住宅建筑设计标准》JGJ/T 398、《住宅室内装配式装修工程技术标准》DG/TJ 08-2254	办公、酒店、医院等公共建筑	北京摩托罗拉总部大楼、北京中国电信集团办公楼项目、天津生态城
	70	单面附墙式成品干挂石材技术	该技术当石材背面的墙体是混凝土可承重的墙体时，钢龙骨使用1.8mm厚度以上的镀锌钢板；石材离墙150～300mm，背后结构支撑柱能负载300kg，龙骨采用H钢型结构柱；钢龙骨与石材之间可以通过石材连接件上下、前后、左右微调石材面板1cm，钢龙骨与墙体使用垂直固定件固定，所有龙骨上的挂钩点必须在工厂预制完成；若石材背面的墙体不是可承重的混凝土墙体时，需要增加H型钢结构加固，石材采用背栓连接的方式，石材厚度要求大于等于18mm	《装配式住宅建筑设计标准》JGJ/T 398	公共空间的室内挑高大堂，中庭、电梯厅以及包柱子等所有石材材质使用区域	天津生态城项目

续表

领域	序号	项目名称	技术简介	标准、图集、工法	适用范围	应用工程
装配式建筑内装系统	71	木塑内隔墙技术	该技术主要以木塑材料为装饰面板，通过卡扣连接技术固定于基层墙体，形成装配式内隔墙	《绿色产品评价木塑制品》GB/T 35612、《木塑装饰板》GB/T 24137	居住建筑及公共建筑的非承重内隔墙、装饰墙面	北京市顺义区杨镇韩国城项目、河北正定塔元庄村民俗村居工程项目
	72	装配式墙面点龙骨架空技术	该技术主要通过可以调节高度的点状龙骨，在结构墙体上按照设计要求的支撑间距进行粘接或锚固，再根据设计要求的空腔高度以及房间墙面装饰完成面的精确定位尺寸进行点龙骨高度调节，形成高度一致的支撑点群体，以此为基层安装各种材质种类的墙面板材；此技术将墙面装饰层与墙面结构层通过点状龙骨的形式进行连接，使装饰层与结构层有效分离，实现干式装配、空腔利用、减振降噪、防止冷桥、管线分离、实现高精度装饰完成面等目的	《建筑装饰装修工程质量验收规范》GB 50210、《住宅室内装饰装修工程质量验收标准》JGJ/T 304、《居住建筑室内装配式装修工程技术规范》DB11/T 1553	所有地域、所有类型的建筑外墙内侧、分户墙等砌筑、混凝土、ALC 等需进行贴面墙装配式装修的墙体	北京新岁丰集团雅世合金公寓项目、天津新岸创意·美岸广场
	73	装配式型钢模块架空地面技术	该技术主要由型钢架空地面模块、塑料调整脚、自饰面硅酸钙复合地板和连接部件构成，彻底规避了传统湿作业；将模块通过塑料调整脚架空，管线布置在空腔内；型钢架空地面模块主要分为 20mm 厚薄法架空、30mm 厚填充保温架空和 40mm 厚填充集成采暖架空；自饰面硅酸钙复合地板的饰面、厚度可定制	《建筑装饰装修工程质量验收标准》GB 50210、《居住建筑室内装配式装修工程技术规程》DB11/T 1553、《装配式装修技术规程》QB/BPHC ZPSZX	所有室内空间，特别是办公空间，其中自饰面硅酸钙复合地板、不适用于卫生间湿区	北京市通州区马驹桥物流公租房项目、北京市通州台湖公租房项目、北京城市副中心职工周转房（北区）项目

续表

领域	序号	项目名称	技术简介	标准、图集、工法	适用范围	应用工程
	74	石塑干法架空地面系统	该地面系统主要由钢制架空地板（带干铺模块/不带干铺模块）和石塑锁扣地板组成；以钢制架空地板为架空层，上面铺设干铺地暖模块和石塑锁扣地板；工艺做法包括钢制架空地板铺设、干铺模块铺设、石塑地板铺设等	《建筑地面工程质量验收规范》GB 50209、《建筑装饰装修工程质量验收规范》GB 50210、《半硬质聚氯乙烯块状地板》GB/T 4085、《绝热用挤塑聚苯乙烯泡沫塑料（XPS）》GB/T 10801.2、《防静电活动地板通用规范》SJT 10796、《辐射供暖技术规程》JGJ 298、《居住建筑室内装配式装修工程技术规程》DB11/T 1553	各种建筑的地面铺装，不受地域限制	北京市朝阳区住保中心垡头地区焦化厂公租房项目
装配式建筑内装系统	75	PVC塑胶地板	该地板材料工艺有涂刮、压延，后处理工艺有复合、转印、表面处理等；该产品独有的化学浮雕技术使产品具有3D外观，凹凸效果明显，纹理清晰自然；同质透心地板从面到底都是耐磨层，使用寿命长，具有环保、噪声低、防滑、抗菌、阻燃等特性	《室内装饰装修材料聚氯乙烯卷材地板中有害物质限量》GB 18586、《聚氯乙烯卷材地板 第1部分：非同质聚氯乙烯卷材地板》GB/T 11982.1、《聚氯乙烯卷材地板 第2部分：同质聚氯乙烯卷材地板》GB/T 11982.2、《半硬质聚氯乙烯块状地板》GB/T 4085	各种建筑的地面铺装，包括居住办公区域、休闲区域、运动场所等	北京城市副中心配套项目、北京龙湖冠寓项目
	76	装配式石塑锁扣地板系统技术	该技术是在室内装饰中，运用石塑锁扣地板来替代传统地面材料（例如瓷砖、大理石、木质地板、地毯等），其材质防火且自重轻，可有效减少施工过程中材料和人工浪费	《半硬质聚氯乙烯块状地板》GB/T 4085	各类居住及公共类建筑，尤其适用于旧房改造工程中的地面	北京首开馨城公租房、清华大学教师公寓改造、北京宣武区科技馆

续表

领域	序号	项目名称	技术简介	标准、图集、工法	适用范围	应用工程
装配式建筑内装系统	77	装配式地面点龙骨架空技术	该技术主要通过可以调节高度的点状龙骨，在结构楼地面上按照设计要求的支撑间距进行粘接或锚固，再根据设计要求的空腔高度以及房间地面装饰完成面的精确标高尺寸进行点龙骨高度调节，形成高度一致的支撑点群体，以此为基层安装各种材质种类的地面基层板材或一体化块材，形成装饰基层；此技术将地面装饰层与地面结构层通过点状龙骨的形式进行连接，使装饰层与结构层有效分离，实现干式装配、空腔利用、减振降噪、防止冷桥、管线分离、高精度装饰完成面等目的	《建筑装饰装修工程质量验收规范》GB 50210、《建筑地面工程质量验收规范》GB 50209、《住宅室内装饰装修工程质量验收标准》JGJ/T 304、《居住建筑室内装配式装修工程技术规范》DB11/T 1553	室内外装配式地面，其基层保证质量和硬化，不存在冻胀、粉化、积水、沉降的混凝土地面均可使用	北京中国建筑标准设计院地下改造项目、北京石景山区铸造村集资建房项目、北京雅世合金公寓项目
	78	矿棉吸声板吊顶系统	该系统由矿棉吸声板和龙骨两部分组成。矿棉吸声板采用国际先进的湿法长网抄取生产工艺，吸声降噪，不含石棉等有害物质，燃烧性能可满足 A 级，实现防火、防下陷、吸声；龙骨采用镀锌冷轧钢带，冷弯成型，生产过程无废渣废水产生，有效利用了工业废料废渣，有利于环境保护，节约能源	《建筑用轻钢龙骨》GB/T 11981、《矿物棉装饰吸声板》GB/T 25998	各种民用建筑及一般工业建筑的室内吊顶工程	东航北京新机场办公楼项目、北京首都机场 3 号航站楼、北京国贸三期

领域	序号	项目名称	技术简介	标准、图集、工法	适用范围	应用工程
装配式建筑内装系统	79	装配式硅酸钙复合吊顶技术	该技术由自饰面硅酸钙复合顶板和连接部件等构成,与自饰面硅酸钙复合墙板连接,饰面表达丰富;连接部件为铝型材,精度强度高,免结构顶板打孔,免吊杆吊件;当墙面是硅酸钙复合墙板时,通过铝型材搭设在硅酸钙复合墙板上,利用墙板为支撑构造;硅酸钙复合顶板之间沿着长度方向,用铝型材以明龙骨方式浮置搭接	《建筑装饰装修工程质量验收标准》GB 50210、《居住建筑室内装配式装修工程技术规程》DB11/T 1553、《装配式装修技术规程》QB/BPHC ZPSZX	厨房、卫生间、阳台等开间小于1800mm的空间	北京市通州区马驹桥物流公租房项目、北京市通州台湖公租房项目、北京市朝阳区百子湾保障房公租房地块项目
装配式建筑生产施工技术	80	装配整体式剪力墙结构施工成套技术	该技术针对装配式剪力墙结构施工前期策划和过程控制两个主要环节;其中施工前期策划部分包括施工深化设计、施工方法选用、机械材料工具选用、平面布置、标准层流水计划5个项目;过程控制部分包括构件进场检验、构件存放管控、构件吊装交底、构件定位放线、构件隐蔽验收、连接钢筋定位、吊装质量控制、灌浆管控8个项目	《装配式混凝土结构技术规程》JGJ 1、《钢筋套筒灌浆连接应用技术规程》JGJ 355、《装配式剪力墙结构设计规程》DB11/1003、《钢筋套筒灌浆连接技术规程》DB11/1470、《装配式混凝土结构工程施工与质量验收规程》DB11/T1030	多、高层装配整体式剪力墙结构建筑	北京回龙观金城华府住宅项目、北京朝阳区百子湾保障房项目、北京新机场生活保障基地首期人才公租房项目
	81	预制构件安装技术	该技术对装配式剪力墙结构和装配式框架结构安装流程和质量管控点进行了规定;主要包括:预制构件应在相应吊装机械覆盖范围内的专用堆放场地内;预制构件预留吊件无污染、损坏等情况;吊具检查并准备到位(型号无误、无损坏等情况);所安装的预制构件全部在设备吊装范围内,并完成质量安全等相关检查;安装作业相关人员完成技术交底并全部就位;作业面完成清理、竖向插筋校正。预制构件的安装精度和套筒灌浆施工是本技术质量管控的重点	《装配式混凝土建筑技术标准》GB/T 51231、《装配式混凝土结构技术规程》JGJ 1、《装配式混凝土结构连接节点构造》G310-1～2、《装配整体式剪力墙结构住宅预制构件安装施工工法》GJEJGF094	剪力墙结构建筑和框架结构建筑。对于超大型、超限等构件需要单独制定安装方案,本安装技术体系不能直接适用	北京中粮万科长阳半岛项目、北京长阳天地五和万科项目

续表

领域	序号	项目名称	技术简介	标准、图集、工法	适用范围	应用工程
装配式建筑生产施工技术	82	装饰保温一体化预制外墙板高精度安装技术	该技术通过采用全钢制作的"预制墙体钢筋定位装置"控制墙体主筋位置；采用标准化"全钢可调螺母"埋件，通过调节螺母控制墙体水平标高，对墙体标高进行精准控制；采用"放样机器人系统""定位引导件""摄像定位跟踪系统""三维模型校准"方法辅助施工	《装配式混凝土结构技术规程》JGJ 1、《装配式混凝土结构工程施工与质量验收规程》DB11/T 1030	装配式混凝土剪力墙结构建筑，外墙为装饰保温一体化预制外墙，外墙连接采用钢筋套筒灌浆的连接方式	北京城市副中心职工周转房（北区）项目
	83	装配式构件套筒连接施工技术、低温灌浆技术	该技术应用过程中，构件生产采用专用套筒钢筋定位装置，现浇预制转换层采用专用预埋钢筋定位装置，适合于狭窄作业空间的成套分体式专用灌浆机具进行灌浆，灌浆过程中或结束后，使用专门研发的灌浆饱满性检测仪对灌浆质量进行检测，并通过微信平台同步上传；冬期使用适于－5～10℃的低温超早强灌浆料，按照配套的灌浆保温和温度测控技术，控制灌浆时和灌浆后24h内套筒内温度不低于－5℃	《钢筋套筒灌浆连接应用技术规程》JGJ 355、《钢筋连接用套筒灌浆料》JG/T 408、《装配式剪力墙结构钢筋套筒灌浆连接施工质量控制技术规程》Q/CPJYT001	采用钢筋套筒连接的装配式混凝土结构建筑	北京郭公庄一期公租房项目、北京平乐园公租房项目、北京台湖公租房项目
	84	钢筋套筒灌浆饱满度监测器	该产品利用连通器原理，由透明塑料制成，呈L形，横支为连接端，用于连接出浆口；竖支为监测端，用于观察浆料流动。灌浆前将其安装在出浆口，浆料灌满套筒后流入监测器，当监测端浆料的高度高于套筒内部空间最高点时表示套筒内已灌满。使用该产品可直观监测灌浆饱满程度，及时发现漏浆及浆料回落现象、省工省时省料、文明施工水平高	《套筒灌浆饱满度监测器》（Q/JJ 10101—2019)	采用钢筋套筒灌浆连接工艺的装配式混凝土建筑、公路预制桥梁、铁路预制桥梁	北京城市副中心职工住房 A2项目和地铁上盖项目、北京朝阳区金泽家园项目、北京大兴区保利首开熙悦林语项目

领域	序号	项目名称	技术简介	标准、图集、工法	适用范围	应用工程
装配式建筑生产施工技术	85	装配式混凝土结构竖向钢筋定位技术	该技术通过设置单层或多层定位钢板，对现浇转预制层的竖向插筋水平位置和竖向位置进行定位，解决了转换层竖向钢筋定位问题	《装配式混凝土建筑技术标准》GB/T 51231、《装配式混凝土结构技术规程》JGJ 1、《装配式混凝土结构连接节点构造》G310-1~2、《装配式混凝土剪力墙结构住宅施工工艺图解》16G906	多、高层剪力墙结构建筑和框架结构建筑；对于超大型、超限等构件需要单独制定安装方案，本安装技术体系不能直接适用	北京中粮万科长阳半岛项目、北京五和万科长阳天地项目、北京顺义新城第四街区保障性住房项目
	86	工具式模板施工技术	该技术采用定型模具，包括铝模、钢模。水平现浇板和叠合板拼缝处采用铝模代替传统木模，一次浇筑到位，不需要后期处理；竖向现浇墙柱节点处采用钢模，防止浇筑混凝土时产生较大变形	《混凝土结构工程施工质量验收规范》GB 50204、《装配式混凝土建筑技术标准》GB/T 51231、《组合铝合金模板工程技术规程》JGJ 386	装配式框架结构建筑及装配式剪力墙结构建筑	北京石景山北辛安项目、北京延庆中交富力新城一期项目、北京亦庄首创禧瑞天著二标段项目
	87	装配式结构水平预制构件支撑系统	该系统包括一套适用于预制梁、预制板以及预制空调板等水平构件施工安装的支撑体系，该支撑系统可满足不同高度的预制构件支撑要求，且易于拆装、便于周转，可提高装配式建筑水平预制构件的施工安装效率和安装精度	《装配式混凝土建筑技术标准》GB/T 51231、《装配式混凝土结构技术规程》JGJ 1、《装配式混凝土结构工程施工与质量验收规程》DB11/T 1030、《装配式混凝土剪力墙结构住宅施工工艺图解》16G906	装配式混凝土剪力墙结构建筑、装配式混凝土框架结构建筑以及装配式钢结构建筑	北京丰台区万科中粮假日风景项目、北京通州区马驹桥保障房项目、北京丰台区郭公庄保障房项目
	88	预制外墙附着式升降脚手架技术	该技术采用附着式升降脚手架，通过附着支承结构附着在工程结构上，依靠自身的升降设备实现升降，即沿建筑物外侧搭设一定高度的外脚手架，并将其附着在建筑物上，脚手架带有升降机构及升降动力设备，随着工程进展，脚手架沿建筑物升降。因预制外墙外叶板和保温层抗压强度较低，为解决附着式脚手架与装配式外墙的连接问题，架体与结构采用以下两种连接方式：通过门窗洞口与现浇节点连接，通过垫板与预制外墙连接	《装配式混凝土结构技术规程》JGJ 1、《建筑施工工具式脚手架安全技术规范》JGJ 202	装配式混凝土剪力墙结构建筑，宜用于层数在15层以上或建筑总高度在45m以上的结构	北京朝阳区平乐园公共租赁住房项目、北京通州台湖公租房项目一标段施工、北京朝阳区垡头地区焦化厂公租房项目二标段

领域	序号	项目名称	技术简介	标准、图集、工法	适用范围	应用工程
装配式建筑生产施工技术	89	装配式混凝土结构塔吊锚固技术	该技术在塔吊锚固层利用叠合楼板设置锚固装置（锚固装置包括主立柱、两道斜向支撑及连接梁），锚固装置通过预埋钢板及螺栓焊接与叠合楼板固定。塔吊附着在锚固装置上，将塔吊锚固的受力分散到结构楼板，实现受力稳定，满足结构受力要求，从而解决装配式剪力墙结构预制外墙无法拉结的问题	《装配式混凝土结构技术规程》JGJ 1、《建筑结构荷载规范》GB 50009、《钢结构工程施工质量验收规范》GB 50205、《钢结构焊接规范》GB 50661、《钢结构工程施工规范》GB 50755、《钢结构现场检测技术标准》GB/T 50621、《装配式混凝土剪力墙结构塔吊锚固施工工法》BJGF16-060-827	高层装配式混凝土建筑，锚固前需根据塔吊型号进行受力计算，经过设计复核，满足要求后方可投入使用	北京城市副中心职工周转房（北区）项目、北京朝阳区垡头地区焦化厂公租房项目二标段、北京通州台湖公租房项目一标段项目
	90	室内装修快装机具	室内装修快装机具由安装设备、运输设备和调整设备构成，可以大幅度降低工人劳动强度，提高安装施工效率。机具的适应面广泛，可以安装玻璃、板材、石材、大面积瓷砖等	《机械设备安装工程施工及验收通用规范》GB 50231	玻璃隔断、分户墙、背景墙的安装。施工环境：温度≥−15℃，地面平整度高	北京顺义市民中心、北京便利蜂门店京广中心店、天津生态城项目
	91	预制构件信息管理技术	该技术采用 RFID 技术进行构件身份识别，应用 BIM、ERP、MES、移动互联和云存储等技术，构建了包含构件生产、运输、安装、质量管控等构件全生命周期的信息共享管理平台，实现了信息化管理与智能化生产	《装配式混凝土建筑技术标准》GB/T 51231、《预制混凝土构件质量控制标准》DB11/T 1312	装配式混凝土及钢结构构件生产、施工管理过程	北京通州马驹桥公租房项目、北京百子湾公租房项目、北京海淀区温泉公租房项目

政策 8

关于开展建设工程材料采购信息
填报有关事项的通知

京建法〔2018〕19 号

各区住房城乡建设委，东城、西城区住房城市建设委，经济技术开发区建设局，各有关单位：

为加强建设工程材料（以下简称建材）使用管理和信息服务，进一步规范建材采购信息填报工作，提高建材采购、使用环节诚信水平，依据《北京市建设工程质量条例》《北京市民用建筑节能管理办法》要求，现就本市开展建材采购信息填报工作有关事项通知如下：

一、自 2019 年 1 月 1 日起，在本市行政区域内办理施工许可的房屋建筑和市政基础设施工程（以下简称建设工程）采购的主要建材，预拌混凝土生产企业或站点（以下简称混凝土搅拌站）采购的混凝土主要原材料，应按本通知规定进行采购信息填报。

二、北京市住房和城乡建设委员会（以下简称市住房城乡建设委）负责采购信息填报工作的组织和管理，负责采购信息填报系统的建设，组织对采购信息填报工作的专项检查。各区住建委应明确相应部门（以下简称采购信息填报管理机构），负责本区采购信息填报工作的日常监督管理。

三、实行采购信息填报的建材品种包括建筑钢材、预拌混凝土、装配式建筑部品、墙体材料、防水卷材、防水涂料、建筑外窗、保温材料、预拌砂浆、给排水管材管件、散热器、电线电缆、太阳能热水系统集热器、暖通空调设备；预拌混凝土原材料品种为水泥、砂、石、外加剂、粉煤灰、矿粉。

市住房城乡建设委将根据市场情况适时调整建材、预拌混凝土原材料采购信息填报的品种和内容。

四、填报的采购信息包括材料供应企业（经销企业和生产企业）名称、供应企业注册地、材料名称、采购价格、采购数量、规格型号、产品技术指标以及材料进场验收人员等相关信息。

五、建材采购信息填报工作由建设工程施工单位负责，以工程项目为单位进行填报；预拌混凝土原材料采购信息填报工作由混凝土搅拌站负责，按站点进行填报。建材、预拌混凝土原材料填报批次详见附件，填报流程如下：

（一）建材

1. 施工单位应在建材进场验收合格后、使用前，经过监理单位对采购信息审核后，按照填报批次将采购信息通过市住房城乡建设委网站建筑节能与建材管理服务平台（以下简称管理服务平台）进行网上填报。

2. 建材采购单位、监理单位分别负责将采购信息、见证人员信息等相关信息汇总到施工单位。

3. 建材采购信息或合同内容发生变更的，施工单位应及时通过管理服务平台变更填报信息。

4. 建设工程办理竣工验收前，施工单位、监理单位应通过管理服务平台申请采购信息填报完结确认。管理服务平台自动对填报信息进行核验，核验不通过的，施工单位、监理单位应认真核对信息，确认无误后，再申请完结确认，完结确认通过后，填报的采购信息将不可更改。

（二）预拌混凝土原材料

1. 混凝土搅拌站应在预拌混凝土原材料进场验收合格后、使用前，按照填报批次将采购信息通过管理服务平台进行网上填报。

2. 原材料采购信息或合同内容发生变更的，混凝土搅拌站应及时通过管理服务平台变更填报信息。

六、施工单位、混凝土搅拌站对填报的采购信息真实性负责，不得瞒报、漏报、虚报。

建设单位、监理单位通过管理服务平台对填报信息与现场实物进行核对，发现不符的，应及时通知施工单位予以改正。施工单位不予改正或改正不到位的，监理单位应在3日内告知建设工程属地的采购信息填报管理机构。

建设单位组织竣工验收前，应核对建材采购信息填报是否已完结确认，未开展建材采购信息填报或未进行采购信息填报完结确认的建设工程，不应组织竣工验收。

七、建材、预拌混凝土原材料供应企业应当按照规定通过管理服务平台填报企业名称、产品技术指标、生产企业产能、排产计划、单位产品综合能耗指标、采购单位、采购数量、采购价格和运输方式等信息，并通过管理服务平台查询本企业产品在本市的采购信息，发现采购信息与实际供应情况不符的，向市或区住建委举报。

八、各区住建委应加强对本区建材、预拌混凝土原材料采购信息填报的指导服务和监督管理，发现有关单位未开展建材采购信息填报或未按本通知第五条要求进行采购信息填报的，责令整改，并根据本市建筑业企业资质及人员资格动态监督管理规定对违规单位和人员进行处理。

施工单位、监理单位、建设单位或混凝土搅拌站一年内因违反建材、预拌混凝土原材料采购信息填报相关规定被行政处理累计达3次的，市或区住建委可约谈其企业负责人，并可依照相关规定启动对该企业的资质核查。

九、市和区住建委加强对采购信息的汇总和分析，做好信息服务工作，逐步建立建材、预拌混凝土原材料供应企业信用管理机制，并按照相关规定公开建材、预拌混凝土原材料采购信息、生产企业产能和排产计划等信息。

十、本通知自2019年1月1日起施行，《北京市住房和城乡建设委员会关于加强建设工程材料和设备采购备案工作的通知》（京建法〔2011〕19 号）同时废止。

特此通知。

附件 1：建材采购信息填报批次（略）
附件 2：预拌混凝土原材料采购信息填报批次（略）

北京市住房和城乡建设委员会
2018 年 10 月 9 日

政策 9

关于明确装配式混凝土结构建筑工程
施工现场质量监督工作要点的通知

京建发〔2018〕371 号

各区住房城乡建设委，东城、西城区住房城市建设委，经济技术开发区建设局：

为贯彻落实《北京市建设工程质量条例》、《北京市房屋建筑和市政基础设施工程质量监督工作规定》（京建法〔2018〕2 号）和《关于加强装配式混凝土建筑工程设计施工质量全过程管控的通知》（京建法〔2018〕6 号）等法规和规范性文件的相关要求，强化本市装配式混凝土结构建筑工程（以下简称装配式混凝土建筑工程）施工现场质量监管，进一步提升装配式混凝土建筑工程质量监督工作水平，现将装配式混凝土结构建筑工程施工现场质量监督工作要点明确如下：

一、总体原则

本市装配式混凝土建筑工程质量监督工作遵循属地监管与分类监管相结合、以属地监管为主的原则。市级住房城乡建设行政主管部门负责指导全市装配式混凝土建筑工程质量监督工作，对各区住房城乡建设行政主管部门的工程质量监督工作进行监督、考核，按分工承担部分重点装配式混凝土建筑工程的质量监督工作。各区住房城乡建设主管部门负责本行政区域内装配式混凝土建筑工程质量监督工作。

住房城乡建设行政主管部门设立的工程质量监督机构，受住房城乡建设行政主管部门委托具体负责装配式混凝土建筑工程质量监督工作。

二、基本要求

（一）工程质量监督机构应当根据所监管的装配式混凝土建筑工程的特点、规模和技术复杂程度等情况，编制质量监督工作计划，实施差别化监管。

（二）工程质量监督机构对所监管的每个装配式混凝土建筑工程的监督抽查频次原则上不少于 3 次，且每 3 个月不少于 1 次；应当重点抽查构件安装与连接、预制构件与现浇结构连接、防水处理等部位或环节，加强对工程地基基础、主体结构和竣工验收的监督检查；对需要进行监督抽测的建筑材料和施工现场预制构件等项目，可以委托有资质的质量检测单位进行抽样检测。

（三）工程质量监督机构发现工程质量责任主体和质量检测单位违反法律法规和强制性标准，不履行法定质量责任和义务的，应当督促相关单位进行整改，并依法予以查处。

三、施工阶段监督要点

（一）装配式混凝土建筑工程主体结构施工前，工程质量监督机构进行首次监督执法的，重点抽查下列内容：

1. 工程总承包单位或未实行工程总承包项目的设计单位对施工图设计文件进行深化设计后的签字确认情况。

2. 工程总承包单位或施工单位按照我市相关规定，组织结构设计、施工、预制混凝土构件生产、机电安装、装饰装修等领域专家对施工组织设计进行专家评审以及最终形成的专家意见情况。

3. 工程总承包单位或施工单位对施工管理人员和一线作业人员进行质量安全技术交底，以及对构件装配工、灌浆工、预埋工等专业操作人员的专项培训情况。

4. 工程总承包单位根据工程建设规模和技术要求设立项目管理机构情况，设置主要管理部门、岗位以及配备工程总承包项目经理及相应管理人员情况。

5. 监理单位根据装配式混凝土建筑工程特点，编制专项实施细则和预制混凝土构件连接处、套筒灌浆连接等关键部位和关键工序旁站监理方案情况；审查灌浆操作人员专项培训情况。

6. 建设单位、工程总承包单位或施工单位在采购合同中，按照本市相关规定约定采购方、供应方的质量责任情况。建设单位采购用于地基基础、主体结构的预制构件的，抽查建设单位执行本市到货检验相关规定情况。

（二）装配式混凝土建筑工程主体结构施工阶段，工程质量监督机构应当按照编制的监督计划和实际需要开展日常监督，重点抽查下列内容：

1. 预制混凝土构件进场验收情况。主要抽查工程总承包单位或施工单位对预制混凝土构件进行进场验收检查记录及相关质量证明文件。对于总承包单位或施工单位制作的预制构件，抽查构件制作中的质量验收记录。

2. 抽查竖向受力构件与水平构件通过套筒灌浆连接的相关资料，主要包括：按要求制作的平行试件抗拉强度检验报告，灌浆施工检查记录，体现灌浆操作全过程各单位人员在场及施工工艺的影像资料，相关单位对灌浆施工工序进行抽查形成的检查记录等。

3. 按照《混凝土结构工程施工质量验收规范》（GB 50204）等规定或设计单位的专门要求，需要进行结构性能检验的构件，抽查结构性能检验报告。

4. 在施工现场查看预制构件存放场地是否满足相关技术标准的要求。

5. 随机抽取距本次监督执法最近批次进场的预制混凝土构件，根据施工图及相关深化设计文件，查看标识、外观质量、钢筋灌浆套筒预留位置及筒内杂质和注浆孔通透性等情况，测量尺寸偏差、预留钢筋的长度和保护层厚度等。

6. 抽查建设单位组织相关单位开展预制混凝土构件现场安装首段验收形成的验收记录及构件吊装记录。

7. 抽查施工过程中形成的各种隐蔽验收资料，重点抽查预制外墙板拼接缝处、与现浇墙体相交处以及外墙板预留孔洞处等细部防水和保温工程隐蔽验收记录。

8. 抽查夹心保温外墙板的传热系数检测报告，防水和保温材料的进场检验记录、复验报告，混凝土试块强度试验报告和保温外墙板拉接件拉拔试验报告。

9. 抽查套筒灌浆型式检验报告、连接接头工艺检验报告，灌浆料及座浆材料强度检测报告。

10. 抽查分项、分部等过程验收资料，重点是地基与基础、主体结构等分部工程质量验收记录。

11. 抽查监理单位对预制混凝土构件进场检验的审查情况，对灌（座）浆料、灌浆套筒连接接头、灌（座）浆料抗压强度试块的见证取样和送检情况，以及对预制混凝土构件安装和灌浆套筒连接的灌浆过程等关键工序的旁站情况。

（三）装配式混凝土建筑工程装修施工阶段，工程质量监督机构进行监督执法的，重点抽查下列内容：

1. 龙骨隔墙骨架与主体结构连接情况，装配式吊顶龙骨与主体结构固定情况，抽查门、窗洞口位置设置双排竖向龙骨情况，以及壁挂设备、装饰物安装位置加固措施情况。

2. 吊顶安装超过国家规定重量设备的，抽查吊顶设置独立吊挂结构情况。

3. 装修施工过程中形成的隐蔽验收资料情况。抽查施工单位在隔墙、吊顶饰面板安装前，对隔墙板内、吊顶内管线进行隐蔽工程验收形成的资料，以及架空地板安装前对架空层内管线敷设隐蔽验收形成的资料情况。

四、竣工验收监督要点

工程质量监督机构对装配式混凝土建筑工程竣工验收进行监督时，应当按照有关规定对工程竣工验收的组织形式、验收程序、执行验收标准等情况进行现场监督。同时，应重点抽查外墙板接缝处现场淋水试验报告，永久性标牌中预制混凝土构件生产单位相关信息等。

五、本通知自发布之日起施行。

北京市住房和城乡建设委员会
2018 年 8 月 1 日

政策 10

关于取消产业化住宅部品目录
审定有关事项的通知

京建发〔2018〕361号

各区住房城乡建设委，东城、西城区住房城市建设委，北京经济技术开发区建设局，各有关单位：

为贯彻落实《国务院关于在市场体系建设中建立公平竞争审查制度的意见》（国发〔2016〕34号）、《北京市人民政府关于在市场体系建设中建立公平竞争审查制度的实施意见》（京政发〔2016〕48号）等文件精神，优化营商环境，现就本市取消产业化住宅部品目录审定的有关事项通知如下：

一、自通知发布之日起，撤销产业化住宅部品目录审定事项。北京市住房和城乡建设委员会不再发布《北京市产业化住宅部品认证产品目录》，已经发布的将于本通知发布之日起撤销，北京市建筑节能与建筑材料管理办公室不再受理产业化住宅部品目录审定申请，住宅产业化专家委员会不再受理产业化住宅建设项目中应用的论证申请。

二、向本市建设工程生产供应装配式建筑部品的单位对所供应的部品质量负责，应按照规定进行出厂检验，并通过市住房城乡建设委建筑节能与建材管理服务平台报送生产供应单位名称、生产能力、单位产品能耗指标、产品技术指标和排产计划、采购单位、采购数量等信息。

三、建设单位应按照规定对装配式建筑部品的生产实施驻厂监造。装配式建筑部品由建设单位采购的，建设单位应对所采购的部品质量负责，并按照规定进行部品到货检验。

四、使用单位对使用的装配式建筑部品质量负责，应按照规定进行进场验收，并通过市住房城乡建设委建筑节能与建材管理服务平台报送部品采购信息。

五、市和区住房城乡建设主管部门应加强装配式建筑部品的使用管理、监督和服务，建立装配式建筑部品供应企业信用管理机制，加强事中事后监管，对使用不合格部品的工程，严格按照《建设工程质量管理条例》和《北京市建设工程质量条例》等法律法规进行处罚，保障装配式建筑工程质量。

六、本通知自发布之日起施行，《关于印发〈北京市产业化住宅部品使用管理办法〉（试行）的通知》（京建发〔2010〕566号）、《关于发布〈北京市产业化住宅部品评审细则〉的通知》（京建发〔2016〕140号）同时废止。

特此通知。

北京市住房和城乡建设委员会
2018年7月30日

政策 11

关于加强装配式混凝土建筑工程设计施工质量全过程管控的通知

京建法〔2018〕6 号

各区住房城乡建设委、规划分局、质监局，东城、西城区住房城市建设委，经济技术开发区建设局，各有关单位：

为贯彻落实《产品质量法》、《建设工程质量管理条例》、《北京市建设工程质量条例》、《北京市人民政府办公厅关于加快发展装配式建筑的实施意见》（京政办发〔2017〕8 号）等法律法规和文件要求，进一步落实质量主体责任，强化关键环节管控，加强设计与施工有效衔接，全面提升我市装配式混凝土建筑工程质量水平，结合我市实际，现将有关要求通知如下：

一、明确建设单位和工程总承包单位的质量责任

（一）本市装配式建筑项目原则上应采用工程总承包模式，建设单位应将项目的设计、施工、采购一并进行发包，并与工程总承包单位签订建设工程合同。建设单位应当履行支付相应工程价款的基本义务，并依法对建设工程质量负责，加强工程总承包项目的全过程管理。

（二）工程总承包单位应当履行按质按期进行工程建设的基本义务，对其承包工程的设计、施工、采购等全部建设工程质量负责。工程总承包单位应当根据法律法规、建设工程强制性标准、建设工程设计深度要求、合同约定等进行建设工程设计，并按照审查通过的施工图设计文件和施工技术标准施工，保证工程质量，同时按照法律法规规定承担质量保修责任。

禁止工程总承包单位允许其他单位或者个人以本单位的名义承揽工程。禁止工程总承包单位通过挂靠方式，以其他单位名义承揽工程。不得转包或者违法分包工程。

（三）工程总承包单位应具有与工程建设规模和复杂程度相适应的项目设计管理、采购管理、施工组织管理等专业技术能力和综合管理能力。工程总承包单位应当按照工程建设规模和技术要求设立工程总承包项目管理机构，设置设计、施工、技术、质量、安全、造价、设备和材料等主要管理部门及岗位，配备工程总承包项目经理及相应管理人员，全面负责设计、施工、采购的综合协调和统筹安排。工程总承包项目经理应按照法律、法规和有关规定，对建设工程的设计、施工、采购、质量、安全等负责。

二、推广建筑信息模型（BIM）技术在设计施工全过程应用

（一）本市行政区域内由政府投资的装配式混凝土建筑项目应全过程应用建筑信息

模型（以下简称 BIM）技术。其他装配式建筑项目鼓励采用 BIM 技术。建设单位应在招标文件及建设工程合同中明确工程总承包单位（未实行工程总承包项目的设计、施工单位）在设计、构件生产、施工阶段应用 BIM 技术的具体要求，包括 BIM 技术应用目标、应用范围、应用内容、参建单位 BIM 应用能力、信息交换标准和要求、人员配备等内容，并给予相应的费用保障。

（二）工程总承包单位或未实行工程总承包项目的建设单位负责项目 BIM 技术应用的组织、策划和具体实施，确定设计、施工装配、构件生产等阶段 BIM 应用目标和内容，统筹协调项目各阶段的 BIM 模型创建、应用、管理以及各参与方的数据交换与交付，推进建设各环节实施信息共享、有效传递和协同工作。

（三）工程总承包单位或未实行工程总承包项目的设计单位（以下简称设计单位）应建立包括建筑、结构、内装、给排水、暖通空调、电气设备、消防等多专业信息的设计 BIM 模型，并为后续的深化设计、构件生产、施工装配等阶段提供必要的设计信息。工程总承包单位或未实行工程总承包项目的施工图深化设计单位应在设计 BIM 模型基础上，考虑构件生产、吊装、运输、施工装配等要求，形成深化设计 BIM 模型，并为后续的构件生产、施工装配等阶段提供必要的信息。

（四）预制混凝土构件生产单位应在深化设计 BIM 模型基础上，完成构件生产详图的制作，对构件的外轮廓及节点构造、配筋、预留预埋、吊点等关键部位质量进行管控，并将质量管控等关键信息附加或关联到深化设计 BIM 模型上，形成预制生产 BIM 模型，并为后续的施工装配阶段提供必要的信息。

（五）工程总承包单位或未实行工程总承包项目的施工单位（以下简称施工单位）应在预制生产 BIM 模型基础上，通过附加或关联施工信息形成施工 BIM 模型，建立基于 BIM 模型的施工管理模式和协同工作机制，并加强在设计变更、施工组织设计、施工技术交底、施工项目管理等关键环节的应用，逐步实现基于 BIM 的竣工验收与交付。

三、提升设计质量水平

（一）建设单位应按照《北京市装配式建筑项目设计管理办法》以及相关工程建设标准规范和要求组织开展工程设计、技术方案专家评审和施工图审查等工作。

（二）施工图设计文件的设计深度应符合《建筑工程设计文件编制深度规定》以及我市装配式建筑相关技术要求。施工图设计应以交付全装修建筑产品为目标，满足建筑主体和全装修施工需要。设计合同对设计文件编制深度另有要求的，设计文件应同时满足设计合同要求。

（三）施工图审查机构应依据《北京市装配式混凝土建筑工程施工图设计文件技术审查要点》等国家和本市相关规范或规定对装配式混凝土结构工程施工图设计文件进行审查。施工图设计文件审查合格后，方可向建设单位出具施工图审查合格书。施工图设计文件变更涉及装配式建筑结构体系等重大变更的，建设单位应按照规定重新报原审查机构审查。

（四）工程总承包单位负责施工图深化设计工作，应根据审查合格的施工图设计文件对混凝土预制构件装配、连接节点、施工吊装、临时支撑与固定、混凝土预制构件生产、预留预埋，以及构件脱模、翻转、吊装、堆放等进行深化设计。未实行工程总承包的项目，建设单位应在建设工程合同中明确施工图深化设计单位，深化设计应由具有相应资质的单位完成或经原设计单位签字确认。

（五）设计人员应加强建设全过程的指导和服务，为施工、预制混凝土构件生产等环节提供技术支持和技术指导，参与有关结构安全、主要使用功能质量问题的原因分析，以及制订相应技术处理方案。

四、强化施工过程质量管控

（一）工程总承包单位或施工单位应当组织对施工组织设计进行专家评审，重点审查施工组织设计中技术方案可靠性、安全性、可行性，包括技术措施、质量安全保证措施、验收标准、工期合理性等内容，并形成专家意见。施工组织设计发生重大变更的，应按照规定重新组织专家评审。

（二）施工组织设计评审专家组应当由结构设计、施工、预制混凝土构件生产（混凝土制品）、机电安装、装饰装修等领域的专家组成，成员人数应当为 5 人以上的单数，其中北京市装配式建筑专家委员会成员应不少于专家组人数的 3/5，结构设计、施工、预制混凝土构件生产（混凝土制品）专业的专家各不少于 1 名。建设、工程总承包（未实行工程总承包项目的设计、施工单位）、监理以及预制混凝土构件生产等相关单位应当参加。

（三）装配式混凝土建筑施工应执行《装配式混凝土建筑技术标准》 （GB/T 51231）、《装配式混凝土结构技术规程》（JGJ 1）、《钢筋套筒灌浆连接应用技术规程》 （JGJ 355）、《钢筋机械连接技术规程》（JGJ 107）、《装配式混凝土结构工程施工与质量验收规程》（DB11/T 1030）、《预制混凝土构件质量检验标准》（DB11/T 968）、《混凝土预制构件质量控制标准》 （DB11/T 1312）、《钢筋套筒灌浆连接技术规程》 （DB11/T 1470）、《建筑预制构件接缝防水施工技术规程》（DB11/T 1447）等现行国家、行业、地方标准及相关文件规定。

（四）工程总承包单位或施工单位在施工阶段应加强预制混凝土构件进场验收。工程总承包单位或施工单位应对预制混凝土构件的标识、外观质量、尺寸偏差以及钢筋灌浆套筒的预留位置、套筒内杂质、注浆孔通透性等进行检查，核查相关质量证明文件，并按照《混凝土结构工程施工质量验收规范》（GB 50204）等规定进行结构性能检验。

（五）工程总承包单位或施工单位应加强套筒灌浆连接质量控制。灌浆前，应在施工专职检验人员及监理人员的见证下，模拟施工条件制作相应数量的平行试件，进行抗拉强度检验，并经检验合格后方可进行灌浆施工。灌浆操作全过程应由施工专职检验人员及监理人员负责现场监督，留存灌浆施工检查记录（检查记录表格详见附件）及影像资料。灌浆施工检查记录应经灌浆作业人员、施工专职检验人员及监理人员共同签字确认。影像资料应包括灌浆作业人员、施工专职检验人员及监理人员同时在场记录。建设单位、工程总承包单位或施工单位应组织相关参建单位对灌浆施工工序进行抽查，并形成检查记录。

（六）建立预制混凝土构件现场安装首段验收制度。工程总承包单位或施工单位应选择有代表性的施工段进行预制构件安装，由建设单位组织工程总承包（未实行工程总承包项目的设计、施工单位）、监理和预制混凝土构件生产单位对其质量进行验收，包括对外观质量、位置尺寸偏差、连接质量、接缝防水施工质量、预留预埋件等方面进行检查，形成验收记录。

（七）工程总承包单位或施工单位应加强预制混凝土构件安装、预制混凝土构件与现浇结构连接节点、预制混凝土构件之间连接节点的施工质量管理，并加强预制外墙板接缝处、预制外墙板和现浇墙体相交处、预制外墙板预留孔洞处等细部防水和保温的质量控制。当连接钢筋位置存在严重偏差影响预制混凝土构件安装时，应会同设计人员制订专项处理方案，严禁随意切割、调整受力钢筋和定位钢筋。设备与管线施工前，工程总承包单位或施工单位应对结构构件预埋套管及预留孔洞的尺寸、位置进行复核，合格后方可施工。

（八）工程总承包单位或施工单位应根据装配式建筑一体化设计、建造要求，落实装修施工组织设计，有效衔接主体结构与内装修工序，重点加强管线综合、部品集成管控。

（九）建设单位应在工程主体结构验收前，组织工程总承包（未实行工程总承包项目的设计、施工单位）、监理等单位进行装配式建筑预制率验收，形成装配式建筑预制率验收表；在竣工验收阶段组织工程总承包（未实行工程总承包项目的设计、施工单位）、监理等单位进行装配式建筑装配率验收，形成装配式建筑装配率验收表，并将装配式建筑实施情况纳入工程竣工验收报告。

（十）工程总承包单位或施工单位应当按照规定对隐蔽工程、检验批、分项、分部和单位工程进行质量自检，并负责组织、协调各分包单位参与建设单位组织的单位工程质量竣工验收和工程竣工验收。项目总监理工程师应组织工程总承包（未实行工程总承包项目的设计、施工单位）、预制混凝土构件生产等单位相关人员参与主体结构分部工程验收。在永久性标识中应当增加工程总承包单位、预制混凝土构件生产单位及工程总承包单位项目经理信息。

（十一）监理单位应根据装配式混凝土结构工程特点编制监理实施细则，加强对预制混凝土构件进场检验的审查，严格灌（座）浆料、灌浆套筒连接接头、灌（座）浆料抗压强度试块的见证取样和送检，以及加强对预制混凝土构件安装和灌浆套筒连接的灌浆过程的旁站。

五、加强预制混凝土构件生产环节质量管控

（一）预制混凝土构件生产单位应对其生产的产品质量负责。应按照《装配式混凝土建筑技术标准》（GB/T 51231）等要求，加强对原材料检验、生产过程质量管理、产品出厂检验及运输等环节控制，执行合同约定的预制混凝土构件技术指标和供货要求，确保预制混凝土构件产品质量。

1. 预制混凝土构件生产单位应加强原材料质量管理。应当依据设计文件、技术标准及合同的要求，对进场的原材料进行复验，合格后方可使用。水泥、钢筋、钢筋连接接头、钢筋灌浆套筒连接接头、保温材料、28d混凝土标养试件实施见证取样和送检，比例不得低于有关技术标准中规定应取样数量的30%。

2. 预制混凝土构件生产单位试验室应按照《预制混凝土构件质量控制标准》（DB11/T 1312）、《建设工程检测试验管理规程》（DB11/T 386）等标准开展试验工作，

应对出具的试验报告的真实性、准确性、合法性负责。不得篡改检测试验数据、伪造检测试验报告和抽撤不合格检测试验报告。试验室不具备能力的检验项目，应委托取得相应检测资质的第三方工程质量检测机构进行试验。

3. 预制混凝土构件生产单位应加强钢筋加工、钢筋连接、钢筋骨架和钢筋网片的质量控制。预制混凝土构件生产单位应依据相关技术标准进行混凝土配合比设计，并严格按照配合比通知单进行生产，确保混凝土质量。混凝土浇筑前应进行预制混凝土构件的隐蔽工程验收，形成隐蔽验收记录并留存影像资料。

4. 夹心保温外墙板应进行传热系数检测，检测数量为同一项目、同一构造、同一材料、同一工艺，在监理的见证下制作不少于1个夹心保温外墙板试件。

5. 预制混凝土构件生产单位应做好预制混凝土构件外观质量、尺寸偏差、结构性能的出厂检验工作，检验合格的预制混凝土构件应按照规定进行标识并出具质量证明文件。鼓励预制混凝土构件生产单位采用植入芯片或粘贴二维码等电子信息标注技术标识预制混凝土构件产品信息。

6. 鼓励预制混凝土构件生产单位建立信息化管理系统，实现预制混凝土构件生产、质量控制全过程的质量责任可追溯。

（二）预制混凝土构件生产单位生产的同类型首个预制混凝土构件，建设单位应组织工程总承包（未实行工程总承包项目的设计、施工单位）、监理、预制混凝土构件生产单位进行验收，合格后方可进行批量生产。

（三）按照"谁采购、谁负责"的原则，采购单位应当对采购的预制混凝土构件质量负总责。在采购合同中，应当明确采购方、供应方的质量责任，以及预制混凝土构件生产过程管控、原材料进场验收标准、出厂验收标准、运输要求、提供的技术资料等内容。采购的预制混凝土构件等装配式建筑部品，应按照规定进行采购信息填报。

（四）工程总承包单位（施工单位）、监理单位应对钢筋隐蔽验收、混凝土生产、混凝土浇筑、原材料检测、出厂质量验收等关键环节进行驻厂监造、旁站监理。建设单位应在工程总承包合同（未实行工程总承包项目的施工合同）、监理合同中分别明确驻厂监造、旁站监理的相关责任、义务和相关费用。

六、加强设计和施工作业人员培训

（一）工程总承包单位或设计单位应组织设计人员积极参与主管部门、行业协会、企业内部的培训活动，提升设计人员装配式建筑设计理论水平和全产业链统筹把握能力。

（二）健全装配式建筑工人岗前培训、岗位技能培训制度，将装配式建筑相关内容纳入建筑行业专业技术人员继续教育范围。工程总承包单位或施工单位应组织构件装配工、灌浆工、预埋工等作业人员进行专项培训。作业人员经培训考核合格后，方可从事装配式建筑施工。

（三）培训机构应当对培训质量负责，严格依据职业技能标准，对构件装配工、构件制作工、灌浆工、预埋工进行职业道德、理论知识和操作技能培训。

（四）鼓励工程总承包和施工企业自主培育和吸收一批专业技术能力强的构件装配工、灌浆工、预埋工，建立稳定的自有装配式建筑工人队伍，提高装配式建筑施工技术水平。

七、加强装配式混凝土建筑工程质量监管

（一）市、区规划国土主管部门应负责装配式混凝土建筑项目设计和施工图审查情况的监督管理。

（二）市、区质监部门依据法律、法规、国家标准和行业标准对本市生产环节的建筑材料、建筑构配件开展产品质量监督抽查。

（三）市、区住房城乡建设主管部门应按照职责分工负责全市装配式混凝土建筑项目的施工质量监管，加强对装配式混凝土建筑工程项目的监督执法检查。市住房城乡建设主管部门负责制定相关政策文件，建立预制混凝土构件生产单位负面清单制度和牵头建立全市装配式建筑基础信息库。各区住房城乡建设主管部门应负责行政区域内装配式混凝土建筑项目的施工质量监管，以及项目所涉及预制混凝土构件生产单位违法违规行为的监督检查。违反本通知规定的，应责令改正，并记入企业资质及人员资格动态监督管理信息系统。

（四）市区规划国土主管部门、质监部门与住房城乡建设主管部门之间应加强有效联动，建立装配式建筑信息从规划到建设过程中信息交流共享、联合监督执法、线索移送移交机制，形成监管合力。

八、本通知自 2018 年 4 月 1 日起施行，《关于加强装配式混凝土结构产业化住宅工程质量管理的通知》（京建法〔2014〕16 号）同时废止

实行工程总承包的项目，建设、工程总承包、监理、预制混凝土构件生产单位应严格按本规定执行。因特殊原因未实行工程总承包的项目，建设、设计、施工、监理、预制混凝土构件生产单位应结合工程进度，按现有法律法规和本通知规定执行。

附件：灌浆施工检查记录表（略）

北京市住房和城乡建设委员会
北京市规划和国土资源管理委员会
北京市质量技术监督局

政策 12

关于印发《北京市装配式建筑项目
设计管理办法》的通知

市规划国土发〔2017〕407号

各有关单位：

为贯彻落实《北京市人民政府办公厅关于加快发展装配式建筑的实施意见》（京政办发〔2017〕8号）要求，确保我市装配式建筑项目设计工作有序开展，我委结合我市实际情况，组织制定了《北京市装配式建筑项目设计管理办法》，现印发给你们，请遵照执行。

特此通知。

北京市规划和国土资源管理委员会

2017年11月21日

北京市装配式建筑项目设计管理办法

第一条 为促进我市装配式建筑健康快速发展，提高我市装配式建筑项目设计管理水平，根据《北京市人民政府办公厅关于加快发展装配式建筑的实施意见》（京政办发〔2017〕8号）的要求，制定本办法。

第二条 本办法适用于我市行政范围内所有采用装配式建筑的建设项目。《北京市人民政府办公厅关于加快发展装配式建筑的实施意见》（京政办发〔2017〕8号）要求应实施装配式建筑的项目，同时应满足相应的预制率和装配率要求。

第三条 装配式建筑项目设计应遵循结构体系合理、装配方案科学、设计质量可靠的原则。

第四条 装配式建筑项目设计单位应当按照《建筑工程设计文件编制深度规定》中有关装配式建筑的相关要求，以及《北京市装配式建筑项目设计深度要求》（附件1）和我市装配式建筑相关技术要求，在各个设计阶段编制相应深度的装配式建筑技术方案、设计文件等，供有关行政主管部门开展审核、认定、审批等相关工作。

第五条 建设单位应在项目规划审批立项之前组织开展前期装配式建筑技术策划专项工作，对项目定位、技术路线、成本控制、效率目标等做出明确要求，对项目所在区域的构件生产能力、施工装配能力、现场运输与吊装条件等进行初步技术评估。项目方案设计或初步设计阶段组织编写《北京市装配式建筑项目实施技术方案》（参考格式见附件2），并在设计方案正式报审前组织专家进行评审。评审专家应从我市装配式建筑专家委员会中选取。专家组应当由建筑设计、结构设计、施工、内装等方面至少5名（含5名）以上（单数）成员组成，专家组中北京市装配式建筑专家委员会成员应不少于专家组人数的3/5。设计、施工、监理单位和预制混凝土构件生产等相关单位应当参加。

技术方案应满足套型设计的标准化与系列化要求，采用适宜的结构技术体系，对预制构件类型、连接技术提出设计方案，并对构件加工制作、施工装配的可行性进行分析。建设单位应统筹协调设计、构件制作、施工等各方需求，加强各专业间的协同配合。技术方案经专家评审通过后，应形成装配式建筑技术方案专家评审意见。

通过住房保障管理部门或其他相关部门组织的设计方案评审的保障性住房、共有产权住房或其他政策性住房项目，可不另行组织装配式建筑技术方案专家评审。

第六条 项目完成施工图设计后，建设单位应按规定将施工图设计文件报送施工图审查机构审查。报审材料应包括项目施工图设计文件、《北京市装配式建筑项目预制率计算书》（参考格式见附件3）、专家评审意见以及其他应送审的相关文件。

第七条 施工图审查机构应依据《北京市装配式混凝土结构建筑工程施工图设计文件技术审查要点》（附件4）以及国家和我市相关规范或规定对施工图设计文件进行审查，并对设计文件落实规划审批文件中有关装配式建筑要求的情况，以及预制率是否满足相关要求等情况进行复核。项目施工图设计文件审查合格后，施工图审查机构方可向建设单位出具施工图审查合格书，并在审查合格书中注明装配式建筑设计审查结论。

第八条 施工图设计文件变更涉及装配式建筑结构体系等重大变更的，需送原审查机构重新审查。

第九条 设计单位应在装配式建筑项目设计过程中采用BIM（建筑信息模型）技术，积极推进项目设计、构件生产及施工建造等环节实施信息共享、有效传递和协同工作。

第十条 本办法自发布之日起施行。

附件1：北京市装配式建筑项目设计深度要求
附件2：北京市装配式建筑项目技术方案
附件3：北京市装配式建筑项目预制率计算书
附件4：《北京市装配式混凝土结构建筑工程施工图设计文件技术审查要点》（略）

附件 1

北京市装配式建筑项目设计深度要求

1. 总　　则

1.0.1　为加强我市装配式建筑项目设计文件编制工作管理，保证各阶段设计文件的质量和完整性，特制定本要求。

1.0.2　本要求适用于北京地区装配式混凝土结构建筑项目设计。其他与非装配式建筑工程相同的深度规定或要求未列入本要求的，设计时应符合相关规定或要求。

1.0.3　装配式建筑项目设计一般分为技术策划、方案设计、初步设计、施工图设计、预制构件加工设计五个阶段。对于比较简单的装配式建筑，方案审查后即可进行施工图设计。结构施工图设计除应满足计算和构造要求外，其设计内容和深度还应满足预制构件制作详图编制和安装施工的要求。

1.0.4　设计说明应包含以下内容：装配式技术配置情况说明；标准化设计、预制率、装配率、建筑集成技术设计、构件加工图设计分工、协同设计及信息化技术应用说明；节能设计要点；一体化装修设计说明；预制构件及连接节点的防火措施和防水做法等。

1.0.5　装配式建筑项目方案设计或初步设计阶段设计深度应满足《北京市装配式建筑项目实施技术方案》专家评审的要求，应明确装配式建筑各单体的预制率和装配率，并附预制率计算书和装配率评分表。

1.0.6　本深度要求未尽事宜，应符合《建筑工程设计文件编制深度》第 5.4 节等相关要求。

2. 建筑专业

2.0.1　建筑平面图中，应用不同图例注明预制构件位置，并在预制构件尺寸详图中标注构件截面尺寸；区分预制构件与主体现浇部分的平面构造表达。

2.0.2　建筑立面图中，应有预制构件板块划分的立面分缝线、装饰缝和饰面做法以及竖向预制构件范围等。

2.0.3　建筑详图中，应表达预制构件与主体现浇构件之间、预制构件之间的水平和竖向构造关系，表达构件连接、预埋件、防水层、保温层等交接关系和构造做法，并应在图纸中用不同图例注明预制构件；预制楼梯详图应有预制楼梯、预制梁、平台板和防火隔墙板的连接封堵做法。

2.0.3　建筑外墙采用夹心保温复合墙体时，总平面图中应注明夹心保温墙体外叶板水平投影面积未计入建筑面积。

3. 结构专业

3.0.1　应有装配式结构专项说明，主要包括以下内容：装配式结构类型及采用的预制构件类型；各单体的预制率指标；预制构件深化、生产、运输、堆放及安装要求；结构验收要求等。

3.0.2 装配式混凝土结构应绘制构件布置图及屋面结构布置图，具体要求如下：

1. 应用不同图例绘出现浇或预制柱、现浇或预制承重墙（墙板）、后浇节点的位置和必要的定位尺寸，并注明其编号、楼面结构标高以及结构洞口的位置。

2. 绘出现浇或预制梁、板位置及必要的定位尺寸，并注明其编号和楼面结构标高。

3. 应给出预制构件编号与型号对应关系以及详图索引号。

4. 应标明现浇梁、柱、墙配筋，并在平面图中标注预制构件的截面及配筋。

5. 应标明楼板形式、厚度及配筋。标高或板厚变化处绘局部剖面，有预留孔、埋件、设备基础时应示出规格与位置，洞边加强措施；应在平面图中表示施工后浇带的位置及宽度；电梯间机房尚应表示吊钩平面位置与详图。

6. 楼梯间可绘斜线注明编号与所在详图号，也可直接绘制预制楼梯平面布置并索引相关详图。

7. 屋面结构平面布置图内容与楼层平面类同，当结构找坡时应标注屋面板的坡度、坡向、坡向起终点处的板面标高；当屋面上有预留洞或其他设施时应绘出其位置、尺寸与详图，女儿墙或女儿墙构造柱的位置、编号及详图。

8. 当选用标准图中节点或另绘节点构造详图时，应在平面图中注明详图索引号。

3.0.3 应有预制钢筋混凝土构件详图，并应绘出构件模板图和配筋图，构件简单时二者可合为一张图。详图绘制应符合下列要求：

1. 构件模板图应表示模板尺寸、轴线关系，预留洞和预埋件编号、位置、尺寸、必要的标高等；后张预应力构件尚需表示预留孔道的定位尺寸、张拉端、锚固端等；

2. 构件配筋图，纵剖面应表示钢筋形式、箍筋直径与间距（配筋复杂时宜将非预应力筋分离绘出）；横剖面应注明断面尺寸、钢筋规格、位置、数量等。

3.0.4 应有预制装配式结构的节点，梁、柱与墙体锚拉等详图，绘出平面、剖面，注明相互定位关系，构件代号、连接材料、附加钢筋（或埋件）的规格、型号、性能、数量，并说明连接方法以及施工安装、后浇混凝土的有关要求等。

3.0.5 结构计算书应满足以下要求：

1. 装配式结构的相关系数应按照规范要求调整，连接接缝应按照规范要求进行计算；无支撑叠合构件应进行两阶段验算。

2. 采用预制夹心保温墙体时，内外层板间连接件连接构造应符合其产品说明的要求，当采用没有定型的新型连接件时，应有结构计算书或结构试验验证。

4. 给排水专业

4.0.1 设计说明：

1. 采用装配式钢筋混凝土结构建筑的项目应说明与之相关的设计内容和范围，如安装在预制构件中的设备、管道等的设计范围；

2. 对预制构件图深化设计图纸的审核要求。

4.0.2 需要说明的设计及施工要求：

1. 描述给排水管道的敷设方式；管道、管件及附件等设置在预制构件或装饰墙面内的位置；

2. 描述给排水管道、管件及附件在预制构件中预留孔洞、沟槽、预埋管线等的部位；当文字表述不清时，可以图表形式表示；

3. 描述预留孔洞、沟槽做法要求、预埋套管及管道安装方式及预留孔洞、管槽等的尺寸；当文字表述不清时，可以图表形式表示；

4. 描述管道穿过预制构件部位采取的防水、防火、隔声及保温措施；

5. 与相关专业的技术接口要求。

4.0.3　给水排水平面图中，应标注预埋在预制构件中的管道的定位尺寸、管径、标高等；当平面图无法表示清楚时，应在系统图或轴侧图中予以补充。当管道在预制管槽中敷设时，应在轴测图中对该管段绘制管槽示意。

4.0.4　必要时，应提供局部放大图、剖面图，表示预制构件中预留的孔洞、沟槽、预埋套管等的部位、尺寸、标高及定位尺寸等。较复杂处，应提供管道或设备的局部安装详图。

5. 暖通专业

5.0.1　设计说明

1. 采用装配式钢筋混凝土结构建筑的项目应说明与之相关的设计内容和范围，如安装在预制构件中的设备、管道等的设计范围；

2. 对预制构件图深化设计图纸的审核要求。

5.0.2　需要说明的设计及施工要求：

1. 描述管道、管件及附件等设置在预制构件或装饰墙面内的位置；

2. 描述管道、管件及附件在预制构件中预留孔洞、沟槽、预埋管线等的部位；当文字表述不清时，可以图表形式表示；

3. 描述预留孔洞、沟槽做法要求、预埋套管及管道安装方式及预留孔洞、管槽等的尺寸；当文字表述不清时，可以图表形式表示；

4. 描述管道穿过预制构件部位采取的防水、防火、隔声及保温等措施；

5. 与相关专业的技术接口要求。

5.0.3　管道平面图中，应注明在预制构件，包含预制墙、梁、楼板上预留孔洞、沟槽、套管、百叶、预埋件等的定位尺寸、标高及大小。

5.0.4　详图应包含预制墙、梁、楼板上预留孔洞、沟槽、预埋件、套管等的定位尺寸、标高及大小。

6. 电气专业

6.0.1　设计说明：

1. 采用装配式钢筋混凝土结构建筑的项目应说明与之相关的设计内容和范围，如安装在预制构件中的设备、管道等的设计范围；

2. 对预制构件图深化设计图纸的审核要求；

3. 说明各建筑单体的结构形式及采用装配式的建筑分部情况；

4. 采用装配式时，本专业的设计依据应遵守的法规与标准及地方电气设计标准、规范、规程；

    5.采用装配式建筑对施工工艺和精度的控制要求。

    6.0.2　需要说明的设计及施工要求：

    1.描述管道、管件及附件等设置在预制构件或装饰墙面内的位置；

    2.描述管道、管件及附件在预制构件中预留孔洞、沟槽、预埋管线等的部位；当文字表述不清时，可以图表形式表示；

    3.描述预留孔洞、沟槽做法要求、预埋套管及管道安装方式及预留孔洞、管槽等的尺寸；当文字表述不清时，可以图表形式表示；

    4.描述管道穿过预制构件部位采取的防水、防火、隔声及保温等措施；

    5.与相关专业的技术接口要求。

    6.0.3　设计范围：

    1.明确预制建筑电气设备的设计原则及依据。

    2.对预埋在建筑预制墙及现浇墙内的电气预埋箱、盒、孔洞、沟槽及管线等要有精准定位。

    3.预制构件上电气设备（箱体、插座、开关、管、线、盒等）的设置、选型要充分考虑施工的难易程度，避开钢筋及预埋件密集区域，预埋管线的布置要充分考虑对构件安全、构件运输、成品保护的影响，电气设备不应贴构件边沿或跨构件设置。

附件 2

北京市装配式建筑项目技术方案

（参考格式）

项目名称：＿＿＿＿＿＿＿＿＿＿＿

建设单位：＿＿＿＿＿＿＿＿＿＿＿

设计单位：＿＿＿＿＿＿＿＿＿＿＿

日　　期：＿＿＿＿＿＿＿＿＿＿＿

目　录

装配式建筑技术方案应包含如下内容（包含并不限于）：

一、项目概况

综合性地简要介绍项目的基本情况，包括项目位置、用地面积、建筑面积、容积率、项目楼栋情况、装配式建筑楼栋情况、装配式建筑结构体系及使用预制构件种类说明等。

二、项目装配式设计范围及目标

（一）装配式设计范围

1. 进行装配式设计的楼栋位置、编号及数量
2. 单栋楼中进行装配式设计的楼层和构件

（二）设计目标

由政策或规划条件或建设单位自身提出的预制率、装配率指标；希望达到的示范效应等。

三、工作机制建立

（一）装配式建筑统筹协调及管理人员配置情况

1. 建设单位统筹协调参建各方的工作机制
2. 管理人员配置情况

（二）装配式建筑验收制度建立

1. 建立装配式建筑预制构件验收制度
2. 建立装配式建筑工程验收制度

四、装配式建筑设计方案

（一）技术配置表

表1　技术配置表

阶段	技术配置选项	是否实施
标准化设计	标准化模块 多样化组合	
	模数协调	

续表

阶段	技术配置选项	是否实施
工厂化生产 装配化施工	预制柱	
	预制叠合梁	
	预制夹心外墙板	
	预制内墙	
	叠合楼板	
	预制女儿墙	
	预制楼梯	
	叠合阳台	
	预制空调板	
	预制外墙挂板	
	反打面砖饰面	
	整体外墙装配	
	无外架施工	
	预制率	
一体化装修	整体厨房	
	整体卫生间	
	干式地板采暖	
	装配式内装修	
信息化管理	BIM策划与应用	
绿色建筑	绿色星级标准	

注：内容与表格式样仅供参考，内容需包括标准化设计、生产与现场装配、内装、信息化以及绿建的内容，应包括但不限于国家装配式建筑评价标准中所涉及的项目。

（二）建筑设计

1. 标准化设计（户型、功能模块、预制构件等）

（1）户型模块标准化

（2）预制构件标准化

2. 装配式建筑平面、立面设计（总平面、单体平面和立面、预制构件和墙体布置图等，要求至少用 A3 纸彩打，图示清晰，详见附件。预制构件的绘制颜色在设计图纸或 BIM 中应使用明显的颜色标示）

3. 预制率、装配率计算

4. 关键连接节点技术

（三）结构设计

1. 装配式建筑结构体系

2. 装配式节点设计

（四）机电、装修一体化设计

（1）装配式建筑机电设计
（2）装配式建筑装饰装修设计（门窗、栏杆、主要功能区装修）

（五）预制构件设计

1. 各预制构件设计说明
2. 预制构件初步设计（提交的资料应包括但不限于预制构件或叠合构件的平面布置图、构件模板图、典型构件节点详图等。设计成果应采用 BIM 信息化技术生成相关构件图纸）

（六）BIM 技术应用

（如项目采用 BIM 技术，应进行 BIM 建模和分析，应有装配式施工安装的演示图或视频）
1. BIM 技术建模分析
2. 装配式施工流程 BIM 演示

五、预制构件生产和运输

（包括预制构件的生产概况、生产厂家应制定相应工厂操作手册和作业制度、生产过程应由监理全程监管等）
1. 预制构件生产概况
2. 预制构件生产的质量控制要点
3. 预制构件标示及成品保护措施
4. 预制构件运输方案

六、装配式建筑其他技术应用情况

新技术、新材料、新设备、新工艺等相关技术的应用情况

七、其他需要说明的内容

八、附件

装配式建筑平面、立面设计（总平面、单体平面和立面、预制构件和墙体布置等）。

附件 3

北京市装配式建筑项目预制率计算书
（参考格式）

项目名称： _____

建设单位： _____

设计单位： _____

结构专业负责人： _____

结构专业设计人： _____

日　　期： _____

目　　录

一、项目基本情况

项目位于北京市_____区，共有_____栋塔楼，其中_____栋_____层、_____层；_____栋_____层、_____层采用了装配式的建造方式。_____栋塔楼建筑高度_____米，标准层层高_____米；_____栋塔楼建筑高度_____米，标准层层高_____米。

（一）本项目采用的预制构件种类

本项目采用的预制构件种类有_____，共_____种。
（如预制剪力墙、预制外挂墙板、预制叠合楼板、预制内隔墙板、预制阳台、预制楼梯段、预制叠合梁等）

（二）本项目采用的工具式模板

本项目采用的工具式模板是_____，共_____种。
（如铝合金模板、大钢模模板、塑料模板等）

（三）本项目各层预制构件分布图

（各层预制构件分布不同，每种分布均应有分布图）
1.×栋×层预制构件分布图。
2.×栋×-××层预制构件分布图。

二、预制率计算依据

计算依据北京市主管部门关于预制率计算的相关文件。

三、预制率的详细计算

（一）主体和围护结构预制混凝土构件体积计算

1._____体积计算（应填写具体构件，如预制外墙板、预制楼梯等）。
（1）预制_____构件，共___种，其三维示意图如下：
（当某种类型的构件含有多种形状时，均应有示意图，并应分别编号及计算）
（2）预制构件体积计算。
预制_____（构件名称）图示：

预制构件类型	预制构件编号	单个构件体积（m³）

（3）各层预制构件统计表。

×栋×层预制＿＿＿＿构件统计表				
×～×层，共××层				
预制构件类型	预制构件编号	单个构件体积（m³）	单一楼层数量	总体积（m³）
合计	单一楼层			
	×个标准层			

（4）预制＿＿＿＿构件汇总统计表。

×栋预制＿＿＿＿构件总统计表（共××层）	
楼层	预制构件总体积（m³）
×～×层	
×～××层	
××～××层	
合计	

预制构件＿＿＿＿（构件名称）混凝土总体积 $V=$ 　　 m³。

2.＿＿＿＿体积计算（应填写具体构件，如预制外墙板、预制楼梯等，每种类型的构件分别计算）

……

3. 主体和围护结构预制混凝土构件总统计表

×栋预制主体和围护结构预制混凝土构件统计表				
×～××层，共＿＿＿层				
楼层	预制＿＿＿构件体积（m³）	预制＿＿＿构件体积（m³）	预制＿＿＿构件体积（m³）	预制构件总体积（m³）
×～×层				
×～××层				
××～××层				
合计				

主体和围护结构预制混凝土构件总体积 $V=$ 　　 m³。

（二）混凝土总体积计算

×栋混凝土体积计算

×栋混凝土体积统计表	
×栋×层、×~××层、××层，共××层	
楼层	总体积
×~×层	
×~××层	
××~××层	
××层	
单栋体积合计	

×栋混凝土总体积$V=$　　　　m^3。

（三）预制率计算表

×栋、×栋预制率计算表			
×栋×~××层、×栋×~××层，共××层			
楼栋	预制混凝土体积	混凝土总体积	预制率
×			

四、结论

经计算，本项目＿＿＿＿＿栋建筑塔楼采用装配式施工的预制率为＿＿＿＿＿，预制率符合要求。

五、附件

提供 CAD 形式的预制构件模板图（要求构件线段为 PL 线，相关表面积带图案填充）复杂或异型构件宜提供可查询表面积和体积的相关三维模型的电子文档。

政策 13

关于落实《关于加快发展装配式建筑的实施意见》任务分解表中涉及我委有关工作的通知

市规划国土发〔2017〕178号

委机关各处室、分局及委属单位：

《北京市人民政府办公厅关于加快发展装配式建筑的实施意见》（京政办发〔2017〕8号）（以下简称《实施意见》）已于2017年2月22日发布，并于2017年3月15日起开始实施。其中，任务分解表中部分工作涉及规划和国土审批环节，现就相关落实工作要求通知如下：

一、在规划条件或选址意见书中设置提示性用语，提出装配式建筑的实施面积和实施标准。规划用地审批处室在核发规划条件或选址意见书时，应根据京政办发〔2017〕8号文所规定的实施范围判断该项目是否应实施装配式建筑，如在实施范围内，应在规划条件或选址意见书中设置提示性用语（具体要求见附件1），明确装配式建筑要求。

二、在土地出让合同或土地划拨决定书中将明确装配式建筑建设要求的规划条件或选址意见书作为附件。土地储备部门在签订土地出让合同或核发土地划拨决定书时，应根据规划条件或选址意见书要求，将有关装配式建筑建设要求进行明确或作为附件。

三、在设计方案审查阶段，需对设计方案进行形式审查。在方案审查阶段，如规划条件或选址意见书中明确了该项目属于京政办发〔2017〕8号文实施范围，则应对设计方案落实装配式建筑要求的情况进行审查，包括在总图和设计说明中是否明确该项目属于京政办发〔2017〕8号文实施范围，是否注明项目和各单体的预制率装配率水平等。

四、在规划许可阶段，应在规划许可文件中明确装配式建筑有关要求。在规划许可文件核发阶段，在规划许可证附件表格备注栏中注明各单体是否实施装配式建筑，并明确单体建筑预制率和装配率的要求。在"告知事项"部分，应设置固定用语，明确项目的装配式建筑建设要求（具体建议用语见附件2）。

五、对于符合实施面积奖励的非政府投资项目，按我市有关装配式建筑项目面积奖励实施细则执行。

六、在施工图审查阶段，勘设测管办依据项目立项和规划文件按照相关规范标准，对项目施工图设计文件进行审查，并复核预制率计算文件。

七、涉及规管系统调整的，由科技处负责协调。

八、请各相关业务处室、各分局和相关委属单位按照上述要求，根据职责细化和完善有关工作，保障《实施意见》落实到位。

特此通知

北京市规划和国土资源理委员会
2017 年 5 月 24 日

附件 1：规划条件和选址意见书中关于装配式建筑的提示性用语
附件 2：规划许可文件"告知事项"部分建议固定用语

附件 1

规划条件和选址意见书中关于装配式建筑的提示性用语

一、关于实施范围内的商品房开发项目装配式建筑的要求：本项目应按照《北京市人民政府办公厅关于加快发展装配式建筑的实施意见》（京政办发〔2017〕8 号）及市住房城乡建设行政主管部门的有关要求执行，全部采用装配式建筑。

〔适用范围：城六区和通州区地上建筑规模 5 万平方米（含）以上、其他区地上建筑规模 10 万平方米（含）的商品房开发项目〕

二、关于保障性住房项目和政府投资项目的装配式建筑的要求：本项目应按照《北京市人民政府办公厅关于加快发展装配式建筑的实施意见》（京政办发〔2017〕8 号）及市住房城乡建设行政主管部门的有关要求执行，全部采用装配式建筑。

（适用范围：新纳入本市保障性住房建设计划的项目和新立项政府投资的新建建筑）

如为 2017 年 3 月 15 日前纳入本市保障性住房建设计划的项目，则提示性用语为：本项目应按照《关于在本市保障性住房中实施绿色建筑行动的若干指导意见》（京建发〔2014〕315 号）及市住房城乡建设行政主管部门的有关要求执行，采用装配式建筑。

三、关于实施范围之外自愿采用装配式建筑的项目：本项目应按照《北京市人民政府办公厅关于加快发展装配式建筑的实施意见》（京政办发〔2017〕8 号）以及我市装配式建筑项目实施面积奖励的相关规定执行。

〔适用范围：在《北京市人民政府办公厅关于加快发展装配式建筑的实施意见》（京政办发〔2017〕8 号）规定的实施范围之外且自愿采用装配式建筑并符合相关实施标准的项目〕

附件 2

规划许可文件"告知事项"部分建议固定用语

在规划许可证"告知事项"部分设置固定用语的建议如下：

"应遵照《北京市人民政府办公厅关于加快发展装配式建筑的实施意见》（京政办发〔2017〕8 号）的有关要求采用装配式建筑。"

政策 14

关于印发《北京市装配式建筑专家委员会管理办法》的通知

京建发〔2017〕382 号

各区住房城乡建设委，东城、西城区住房城市建设委，经济技术开发区建设局，各区规划国土分局，各有关单位：

为加强和规范北京市装配式建筑专家委员会工作，充分发挥技术服务与咨询指导的作用，全面提升工程建设水平和工程质量，促进本市装配式建筑发展，市住房城乡建设委会同市规划国土委研究制定了《北京市装配式建筑专家委员会管理办法》，现印发给你们，请协助做好专家委员会的有关工作。

北京市住房和城乡建设委员会

北京市规划和国土资源管理委员会

2017 年 9 月 22 日

北京市装配式建筑专家委员会管理办法

第一条　为规范北京市装配式建筑专家委员会（以下简称专家委员会）工作，充分发挥技术服务与咨询指导的作用，全面提升工程建设水平和工程质量，促进本市装配式建筑发展，根据《关于加快发展装配式建筑的实施意见》（京政办发〔2017〕8 号），制定本办法。

第二条　专家委员会由北京市住房和城乡建设委员会会同北京市规划和国土资源管理委员会等相关部门组建。专家委员会办公室设在市住房城乡建设科技促进中心，负责专家委员会日常工作。

第三条　专家委员会由规划、设计、施工、监理、部品部件生产、装修和建筑经济等领域的专家与相关行政部门的代表组成，根据需要可吸纳社会学、经济学、法学等领域的专家。

第四条　专家委员会的工作宗旨是发挥多学科、多专业的综合优势，在研究制定装配式建筑科技发展战略、研讨技术发展途径、确定技术攻关重点等工作中，发挥决策咨询作用，提高决策水平，加速科技成果转化进程，促进传统产业技术升级，推动建设事业科学技术发展。

第五条 专家委员会的主要职责如下：

（一）了解、掌握和研究装配式建筑相关科技发展动态，及时向有关管理部门提供信息和工作建议；

（二）参与研究和制定装配式建筑技术政策、发展规划以及重大科技项目的选题论证；

（三）承担装配式建筑领域重大项目技术引进、技术改造项目的可行性评估，提出评估意见；

（四）承担装配式建筑领域中尚无国家标准或规范可依，涉及工程技术、质量、安全类的新产品、新技术、新工艺、新设备推广项目的论证工作；

（五）承担市装配式建筑联席会议办公室和相关部门委托的其他专项工作。

第六条 专家委员会设主任委员 1 名，副主任委员 2 名。主任委员和副主任委员由专家委员会委员民主选举产生。

第七条 专家委员会议事原则：

（一）专家委员会每年至少召开一次全体委员会议，就装配式建筑发展战略、发展规划和技术政策等开展研讨，为有关管理部门决策提供信息和工作建议。

（二）专家委员会在论证项目时适用回避原则。

第八条 专家委员会委员人选的产生和任期：

（一）专家委员会委员人选可由市住房城乡建设委、市规划国土委等相关行政主管部门推荐、专家所在单位或行业协会推荐、专家自荐等方式产生，经审核合格的，由专家委员会统一颁发证书。

（二）专家委员会委员每届任期 2 年，委员可续聘续任。

第九条 专家委员会委员应具备下列条件：

（一）身体健康，作风正派，有良好的学术道德，遵纪守法，责任心强，有较强的语言文字表达能力和工作协调能力。

（二）专家委员会委员要求具有高级及以上技术职称，在本专业范围具备领先的技术水平或学术影响，具备坚实的专业基础知识，有较丰富的工程实践经验，熟悉装配式建筑相关的管理规定和技术标准，愿为建设事业发展服务。对于具有装配式建筑相关发明专利，参与过国家、省市装配式建筑重大课题研究和标准规范编制等人员，可适当放宽职称条件。

（三）行政机关专家应具有装配式建筑相关管理经验。

第十条 专家委员会委员享有以下权利：

（一）向市装配式建筑联席会议、相关部门和专家委员会提出工作意见和建议；

（二）在参与决策咨询过程中充分发表个人意见，并可保留个人意见和建议；

（三）优先获取相关部门所属机构的相关科技资料；

（四）专家报酬符合相关财务制度要求。

第十一条 专家委员会委员应承担以下义务：

（一）遵守国家有关法律法规和专家委员会管理办法有关规定；

（二）积极参加专家委员会的各项活动；

（三）向专家委员会提供相关专业的科技信息，提出研究、开发、推广应用先进适用技术建议。

第十二条　出现以下情形之一的，专家委员会委员资格终止：

（一）自愿退出；

（二）因职务变动、健康等原因无法继续提供咨询服务。

第十三条　出现以下情形之一的，取消专家委员会委员资格：

（一）未经专家委员会许可，以专家委员会的名义组织任何活动；

（二）在咨询、论证等活动中，超越规定收受报酬或礼品；

（三）故意隐瞒利害关系，不遵守回避原则；

（四）经举报查实有其他严重违法违纪行为的。

第十四条　专家委员会委员在决策咨询活动中应遵守客观公正、实事求是的原则。

第十五条　本办法自发布之日起施行，《北京市住宅产业化专家委员会管理办法》同时废止。

政策 15

关于公布第二届北京市装配式建筑专家
委员会委员名单的通知

京建发〔2020〕135 号

各有关单位：

为加快推进我市装配式建筑发展，充分发挥专家技术服务与咨询指导作用，全面提升工程建设水平和工程质量，根据《北京市装配式建筑专家委员会管理办法》（京建发〔2017〕382 号）和《关于征集第二届北京市装配式建筑专家委员会委员的通知》要求，市住房城乡建设委与市规划自然资源委经过公开征集、评选和公示等程序，确定由北京市保障性住房建设投资中心宋梅等 200 名专家按建筑设计、结构设计、机电设计、钢结构、施工、部品部件、装修、监理、检测、管理与经济、信息化共 11 个专业类别组成第二届北京市装配式建筑专家委员会。现将第二届北京市装配式建筑专家委员会委员名单予以公布（见附件），未在公布名单中的原北京市装配式建筑专家委员会委员自动解除聘任。专家委员会委员应严格遵守《北京市装配式建筑专家委员会管理办法》要求，认真履行职责，恪守职业道德。

北京市住房和城乡建设委员会

北京市规划和自然资源委员会

2020 年 5 月 22 日

附件：第二届北京市装配式建筑专家委员会委员名单

附件

第二届北京市装配式建筑专家委员会委员名单

序号	姓名	从事专业	拟聘专业	工作单位	职称
1	宋梅	绿色低碳建筑技术管理	建筑设计	北京市保障性住房建设投资中心	高级建筑师
2	苏阳生	建筑设计	建筑设计	北京市北工诚业建筑设计咨询有限责任公司	高级建筑师
3	杜佩韦	建筑设计	建筑设计	北京市建筑设计研究院有限公司	教授级高级工程师
4	和静	建筑设计	建筑设计	北京市建筑设计研究院有限公司	高级工程师
5	黄汇	建筑设计	建筑设计	北京市建筑设计研究院有限公司	教授级高级工程师
6	王鹏	建筑设计	建筑设计	北京市建筑设计研究院有限公司	教授级高级工程师
7	王炜	建筑设计	建筑设计	北京市住宅产业化集团股份有限公司	高级工程师
8	李俐	建筑设计	建筑设计	北京市住宅建筑设计研究院有限公司	高级工程师
9	钱嘉宏	装配式建筑设计及咨询	建筑设计	北京市住宅建筑设计研究院有限公司	教授级高级工程师
10	张雅丽	建筑设计	建筑设计	北京首钢国际工程技术有限公司	高级工程师
11	刘春义	建筑设计	建筑设计	北京首建标工程技术开发中心	高级工程师
12	雷霆	建筑设计	建筑设计	北京维拓时代建筑设计股份有限公司	高级工程师
13	任明	建筑设计	建筑设计	北京维拓时代建筑设计股份有限公司	教授级高级工程师
14	郭淳	建筑设计	建筑设计	华通设计顾问工程有限公司	高级建筑师
15	刘志伟	建筑设计	建筑设计	华通设计顾问工程有限公司	中级工程师
16	郝学	建筑装修及建筑设计	建筑设计	中国建筑标准设计研究院有限公司	高级建筑师
17	刘东卫	建筑设计研究	建筑设计	中国建筑标准设计研究院有限公司	教授级高级工程师
18	朱茜	建筑设计与研究	建筑设计	中国建筑标准设计研究院有限公司	教授级高级工程师
19	刘燕辉	建筑设计	建筑设计	中国建筑设计研究院有限公司	教授级高级工程师
20	杨益华	建筑设计	建筑设计	中国建筑设计研究院有限公司	教授级高级工程师
21	赵钿	建筑设计	建筑设计	中国建筑设计研究院有限公司	教授级高级工程师
22	庄彤	建筑设计及研究	建筑设计	中国建筑设计研究院有限公司	高级建筑师
23	赵中宇	建筑设计	建筑设计	中国中建设计集团有限公司	教授级高级工程师

序号	姓名	从事专业	拟聘专业	工作单位	职称
24	唐琼	建筑设计	建筑设计	中国中元国际工程有限公司	研究员级高级工程师
25	樊则森	建筑设计	建筑设计	中建科技有限公司	教授级高级工程师
26	李文	建筑学	建筑设计	中建装配式建筑设计研究院有限公司	高级工程师
27	吴江	建筑设计	建筑设计	中建装配式建筑设计研究院有限公司	高级建筑师
28	张时幸	建筑设计	建筑设计	中京同合国际工程咨询（北京）有限公司	高级工程师
29	白芳	建筑设计、审查与咨询	建筑设计	中设安泰（北京）工程咨询有限公司	高级建筑师
30	蒋媛	建筑设计	建筑设计	中设安泰（北京）工程咨询有限公司	高级建筑师
31	朱光辉	城乡规划	建筑设计	中社科（北京）城乡规划设计研究院	教授级高级工程师
32	万晓峰	建筑设计	建筑设计	中冶京诚工程技术有限公司	教授级高级工程师
33	高向宇	土木结构工程及防灾减灾	结构设计	北京工业大学	教授
34	李文峰	建筑结构设计	结构设计	北京市建筑设计研究院有限公司	教授级高级工程师
35	苗启松	建筑结构设计	结构设计	北京市建筑设计研究院有限公司	教授级高级工程师
36	田东	结构设计	结构设计	北京市建筑设计研究院有限公司	高级工程师
37	车向东	建筑结构设计	结构设计	北京市住宅产业化集团股份有限公司	高级工程师
38	刘敏敏	装配式建筑结构设计	结构设计	北京市住宅建筑设计研究院有限公司	高级工程师
39	石彪	装配式建筑结构设计	结构设计	北京市住宅建筑设计研究院有限公司	高级工程师
40	秦珩	建筑工程	结构设计	北京万科企业有限公司	高级工程师
41	张兰英	结构设计	结构设计	国家住宅与居住环境工程技术研究中心	教授级高级工程师
42	马智英	结构设计	结构设计	建研航规北工（北京）工程咨询有限公司	高级工程师
43	肖振忠	结构设计	结构设计	建研航规北工（北京）工程咨询有限公司	高级工程师
44	黄小坤	结构设计	结构设计	建研科技股份有限公司	研究员
45	钱稼茹	结构工程	结构设计	清华大学	教授

续表

序号	姓名	从事专业	拟聘专业	工作单位	职称
46	蒋航军	建筑结构设计研究	结构设计	中国建筑标准设计研究院有限公司	教授级高级工程师
47	李晓明	建筑结构设计与研究	结构设计	中国建筑标准设计研究院有限公司	教授级高级工程师
48	肖明	结构设计	结构设计	中国建筑标准设计研究院有限公司	教授级高级工程师
49	赵彦革	结构设计	结构设计	中国建筑科学研究院有限公司	教授级高级工程师
50	田春雨	结构设计	结构设计	中国建筑科学研究院有限公司	研究员
51	张守峰	建筑结构设计	结构设计	中国建筑设计研究院有限公司	教授级高级工程师
52	吴汉福	结构	结构设计	中国中元国际工程有限公司	教授级高级工程师
53	郭海山	建筑结构、EPC工程总承包	结构设计	中建科技有限公司	教授级高级工程师
54	李志武	结构设计	结构设计	中建装配式建筑设计研究院有限公司	高级工程师
55	田玉香	建筑结构	结构设计	中设安泰（北京）工程咨询有限公司	教授级高级工程师
56	徐斌	结构设计	结构设计	中设安泰（北京）工程咨询有限公司	教授级高级工程师
57	于劲	结构设计与研究	结构设计	中铁房地产集团设计咨询有限公司	高级工程师
58	王晓锋	建筑结构与标准规范	结构设计	中冶建筑研究总院有限公司	研究员
59	时燕	给排水设计	机电设计	北京市工业设计研究院有限公司	高级工程师
60	铁敏	暖通	机电设计	北京市工业设计研究院有限公司	高级工程师
61	王颖	暖通空调/给排水	机电设计	北京市建筑设计研究院有限公司	教授级高级工程师
62	滕志刚	机电设计	机电设计	北京市住宅产业化集团股份有限公司	高级工程师
63	满孝新	暖通	机电设计	中国中建设计集团有限公司	教授级高级工程师
64	马敏	给水排水	机电设计	中设安泰（北京）工程咨询有限公司	教授级高级工程师
65	谢京红	电气	机电设计	中设安泰（北京）工程咨询有限公司	教授级高级工程师
66	费恺	建筑施工	钢结构	北京城建亚泰建设集团有限公司	教授级高级工程师
67	张义昆	房屋建筑	钢结构	北京钢结构行业协会	高级工程师
68	刘学春	土木工程	钢结构	北京工业大学	副教授
69	陈辉	钢结构设计与施工	钢结构	北京工业职业技术学院	教授

序号	姓名	从事专业	拟聘专业	工作单位	职称
70	苏磊	设计与技术研发	钢结构	北京建谊投资发展（集团）有限公司	高级工程师
71	张爱林	土木工程	钢结构	北京建筑大学	教授
72	张艳霞	结构工程	钢结构	北京建筑大学	教授
73	卢清刚	结构设计	钢结构	北京市建筑设计研究院有限公司	教授级高级工程师
74	金晖	土木建筑结构	钢结构	北京市住宅建筑设计研究院有限公司	高级工程师
75	李洪光	结构	钢结构	北京首钢国际工程技术有限公司	教授级高级工程师
76	阮新伟	钢结构	钢结构	北京首钢建设集团有限公司	教授级高级工程师
77	谢木才	建筑施工	钢结构	北京首钢建设集团有限公司	教授级高级工程师
78	李洪求	结构设计	钢结构	北京维拓时代建筑设计股份有限公司	教授级高级工程师
79	郭剑云	钢结构、装配式建筑	钢结构	多维联合集团有限公司	高级工程师
80	范波	建筑结构设计	钢结构	华通设计顾问工程有限公司	教授级高级工程师
81	王喆	结构工程	钢结构	中国建筑标准设计研究院	教授级高级工程师
82	娄霓	结构工程	钢结构	中国建筑设计研究院有限公司	教授级高级工程师
83	陈华周	钢结构建筑	钢结构	中建科工集团有限公司	高级工程师
84	姜学宜	钢结构设计	钢结构	中冶京诚工程技术有限公司	教授级高级工程师
85	王振兴	工程建设	施工	北京城建北方集团有限公司	高级工程师
86	叶长宏	土木工程	施工	北京城建道桥建设集团有限公司	高级工程师
87	段先军	建筑施工	施工	北京城建集团有限责任公司	教授级高级工程师
88	罗岗	建筑施工与管理	施工	北京城建集团有限责任公司	高级工程师
89	张晋勋	结构工程	施工	北京城建集团有限责任公司	教授级高级工程师
90	鲁斌	房屋建筑	施工	北京城建建设工程有限公司	高级工程师
91	陈红	房屋建筑施工	施工	北京城建科技促进会	教授级高级工程师
92	彭其兵	建筑工程	施工	北京城建五建设集团有限公司	教授级高级工程师
93	董佳节	工业与民用建筑	施工	北京城建亚泰建设集团有限公司	教授级高级工程师
94	李相凯	施工	施工	北京城乡建设集团有限责任公司	教授级高级工程师
95	李学祥	房屋建筑施工技术质量管理	施工	北京城乡建设集团有限责任公司	高级工程师
96	谭江山	土木工程	施工	北京城乡建设集团有限责任公司	高级工程师
97	韦晓峰	工程管理	施工	北京城乡建设集团有限责任公司	高级工程师
98	郭剑飞	土建施工	施工	北京建工博海建设有限公司	教授级高级工程师
99	张士兴	土建施工	施工	北京建工集团有限责任公司	教授级高级工程师
100	张显来	施工技术	施工	北京建工集团有限责任公司	教授级高级工程师

续表

序号	姓名	从事专业	拟聘专业	工作单位	职称
101	于大海	建筑施工	施工	北京六建集团有限责任公司	教授级高级工程师
102	王永强	工程技术/项目管理	施工	北京启迪绿谷运营管理有限公司	高级工程师
103	杨朝晖	装配式建筑	施工	北京市保障性住房建设投资中心	教授级高级工程师
104	陈硕晖	工民建施工	施工	北京市第三建筑工程有限公司	教授级高级工程师
105	冯跃	施工管理	施工	北京市工程建设质量管理协会	教授级高级工程师
106	李晨光	建筑结构	施工	北京市建筑工程研究院有限责任公司	教授级高级工程师
107	阎明伟	建筑工程	施工	北京市建筑工程研究院有限责任公司	高级工程师
108	刘立平	机电工程	施工	北京市住宅产业化集团股份有限公司	高级工程师
109	王继生	建筑施工	施工	北京市政路桥股份有限公司	教授级高级工程师
110	李建辉	建筑施工	施工	北京首钢建设集团有限公司	高级工程师
111	杨嗣信	施工技术	施工	北京双圆工程咨询监理有限公司	教授级高级工程师
112	耿世平	建筑施工	施工	北京住总第三开发建设有限公司	高级工程师
113	张海波	建筑施工	施工	北京住总第三开发建设有限公司	教授级高级工程师
114	张海松	建筑与施工	施工	北京住总第三开发建设有限公司	高级工程师
115	高杰	施工	施工	北京住总集团有限责任公司	教授级高级工程师
116	胡延红	土建施工	施工	北京住总集团有限责任公司	教授级高级工程师
117	刘春民	建筑施工管理	施工	北京住总集团有限责任公司	教授级高级工程师
118	杨健康	施工管理	施工	北京住总集团有限责任公司	教授级高级工程师
119	马荣全	装配式建筑研究与应用	施工	三一筑工科技有限公司	教授级高级工程师
120	慎旭双	建筑施工	施工	中国建筑第八工程局有限公司	高级工程师
121	解江涛	建筑工程施工技术管理	施工	中国建筑第五工程局有限公司	高级工程师
122	叶浩文	施工技术	施工	中国建筑股份有限公司	教授级高级工程师
123	张磊	建筑工程	施工	中国新兴建设开发有限责任公司	教授级高级工程师
124	戴连双	建筑工程	施工	中国新兴建筑工程有限责任公司	教授级高级工程师
125	袁梅	建筑工程技术/质量管理	施工	中建城市建设发展有限公司	教授级高级工程师
126	李军	施工技术管理	施工	中建二局第三建筑工程有限公司	教授级高级工程师
127	赵亚军	工业与民用建筑	施工	中建科技（北京）有限公司	教授级高级工程师
128	李栋	装配式建筑	施工	中建科技有限公司	教授级高级工程师
129	李庆达	建筑施工技术	施工	中建三局集团有限公司（北京）	高级工程师
130	赵虎军	建筑施工管理	施工	中建三局集团有限公司（北京）	教授级高级工程师

序号	姓名	从事专业	拟聘专业	工作单位	职称
131	李浩	建筑工业化	施工	中建一局集团建设发展有限公司	高级工程师
132	周予启	建筑施工	施工	中建一局集团建设发展有限公司	教授级高级工程师
133	张小平	建筑施工	施工	中天建设集团有限公司	高级工程师
134	蔡亚宁	硅酸盐工程	部品部件	北京城建集团有限责任公司	教授级高级工程师
135	王君菊	混凝土及混凝土制品	部品部件	北京城建建材工业有限公司	高级工程师
136	汤荣伟	结构设计/咨询	部品部件	北京恒通创新赛木科技股份有限公司	研究员
137	陈喜旺	装配式建筑、建材	部品部件	北京建工新型建材有限责任公司	教授级高级工程师
138	武卫平	混凝土与水泥制品	部品部件	北京市工业设计研究院有限公司	教授级高级工程师
139	李大宁	建筑技术	部品部件	北京市建筑工程研究院有限责任公司	教授级高级工程师
140	齐博磊	预制混凝土构件	部品部件	北京市燕通建筑构件有限公司	高级工程师
141	王志军	混凝土与水泥制品	部品部件	北京市燕通建筑构件有限公司	工程师
142	徐光辉	无机非金属	部品部件	北京市燕通建筑构件有限公司	高级工程师
143	杨思忠	混凝土与水泥制品	部品部件	北京市住宅产业化集团股份有限公司	教授级高级工程师
144	钱冠龙	钢筋连接技术	部品部件	北京思达建茂科技发展有限公司	教授级高级工程师
145	刘昊	建筑材料与制品	部品部件	北京榆构有限公司	高级工程师
146	吕丽萍	建筑材料与制品	部品部件	北京榆构有限公司	高级工程师
147	黄清杰	混凝土及制品	部品部件	北京预制建筑工程研究院有限公司	高级工程师
148	蒋勤俭	建筑材料与制品	部品部件	北京预制建筑工程研究院有限公司	教授级高级工程师
149	张裕照	装配式建筑	部品部件	北京珠穆朗玛绿色建筑科技有限公司	工程师
150	魏荣军	装配式建筑	部品部件	北京住总万科建筑工业化科技股份有限公司	教授级高级工程师
151	常卫华	装配式建筑、绿色建筑	部品部件	中国建筑科学研究院有限公司	研究员级高级工程师
152	李永敢	装配式建筑施工及部品制作	部品部件	中建（天津）工业化建筑工程有限公司	高级工程师
153	刘若南	预制构件设计与质量管理	部品部件	中建科技有限公司	高级工程师
154	李锋	构件生产/工程总承包	部品部件	中建科技（北京）有限公司	高级工程师

续表

序号	姓名	从事专业	拟聘专业	工作单位	职称
155	陈英明	土木工程	部品部件	中铁十四局集团房桥有限公司	高级工程师
156	杜铁军	建筑施工管理	装修	北京和能人居科技有限公司	高级工程师
157	刘志杰	装配式装修	装修	北京和能人居科技有限公司	高级工程师
158	张瑶	装修	装修	北京和能人居科技有限公司	其他
159	艾欣荣	装修工程/机电工程	装修	北京弘高建筑装饰设计工程有限公司	其他
160	王乒野	装配式装修	装修	北京宏美特艺建筑装饰工程有限公司	高级工程师
161	谢宝英	装饰装修设计、施工	装修	北京市金龙腾装饰股份有限公司	高级工程师
162	刘勃	内装工业化	装修	北京市住宅建筑设计研究院有限公司	其他
163	赵智勇	内装工业化	装修	北京市住宅建筑设计研究院有限公司	高级工程师
164	彭明琦	建筑装饰装修	装修	北京太伟宜居装饰工程有限公司	高级工程师
165	熊燊	建筑工程	装修	北京太伟宜居装饰工程有限公司	高级工程师
166	王景萍	建筑工程	装修	北京新兴保信建设工程有限公司	高级工程师
167	余天江	装配式装修	装修	北京新兴保信建设工程有限公司	高级工程师
168	宋兵	建筑设计/室内设计	装修	清华大学建筑设计研究院有限公司	中级工程师
169	刘强	工业设计教学	装修	清华大学	副教授
170	魏素巍	内装修	装修	中国建筑标准设计研究院有限公司	副研究员
171	魏曦	装配式内装设计	装修	中国建筑标准设计研究院有限公司	高级建筑师
172	王凌云	建筑设计	装修	中国建筑设计研究院有限公司	教授级高级工程师
173	王强	装配式装修设计	装修	中筑建科（北京）技术有限公司	高级工程师
174	张博为	装配式建筑与装修	装修	中筑建科（北京）技术有限公司	中级工程师
175	王国卿	工程监理	监理	北京方圆工程监理有限公司	教授级高级工程师
176	王历骄	土建	监理	北京华厦工程项目管理有限责任公司	高级工程师
177	戢肃燕	工程监理与项目管理	监理	北京中协成工程管理有限公司	高级工程师
178	李齐录	工程监理与项目管理	监理	泛华建设集团有限公司	高级工程师

序号	姓名	从事专业	拟聘专业	工作单位	职称
179	段恺	建筑节能	检测	北京市建设工程质量第六检测所有限公司	教授级高级工程师
180	费毕刚	检测鉴定	检测	国质（北京）建设工程检测鉴定中心	教授级高级工程师
181	魏建友	检测鉴定	检测	中国建材检验认证集团北京天誉有限公司	高级工程师
182	李春安	施工技术管理	检测	中国建筑第二工程局有限公司	教授级高级工程师
183	孙彬	结构工程	检测	中国建筑科学研究院有限公司	研究员
184	纪颖波	工程管理	管理与经济	北方工业大学	教授
185	孟玮	企业经营/工程造价管理	管理与经济	北京城建亚泰建设集团有限公司	高级经济师
186	胡勇	规划/投资与管理	管理与经济	北京钢结构行业协会	教授级高级工程师
187	张子彦	房地产/建筑设计	管理与经济	北京津西绿建科技产业集团有限公司	高级工程师
188	伍孝波	绿色低碳建筑技术管理	管理与经济	北京市保障性住房建设投资中心	教授级高级工程师
189	张勃	项目管理	管理与经济	北京市保障性住房建设投资中心	副教授
190	陈彤	结构	管理与经济	北京市建筑设计研究院有限公司	教授级高级工程师
191	于吉鹏	工业与民用建筑	管理与经济	北京市住宅产业化集团股份有限公司	教授级高级工程师
192	冯晓科	土木工程	管理与经济	北京住总万科建筑工业化科技股份有限公司	高级工程师
193	李淑	工程造价	管理与经济	国家开放大学	讲师
194	叶明	产业化技术与管理	管理与经济	中建科技有限公司	教授级高级工程师
195	鲁丽萍	建筑工程管理	信息化	北京城建科技促进会	高级工程师
196	姜立	建筑结构/BIM研发	信息化	北京构力科技有限公司	研究员
197	夏绪勇	建筑结构/软件研发	信息化	北京构力科技有限公司	研究员
198	杨震卿	智能建造	信息化	北京建工集团有限责任公司	高级工程师
199	刘相涛	工程施工	信息化	中国建筑第八工程局有限公司	高级工程师
200	彭雄	结构工程	信息化	中科建（北京）工程技术研究院有限公司	中级工程师

政策 16

关于公布北京市装配式建筑专家
委员会委员名单的通知

京建发〔2018〕114 号

各区住房城乡建设委，东城、西城区住房城市建设委，经济技术开发区建设局，各区规划国土分局，各有关单位：

　　为加快推进我市装配式建筑发展，充分发挥专家技术服务与咨询指导作用，全面提升工程建设水平和工程质量，根据《北京市装配式建筑专家委员会管理办法》（京建发〔2017〕382 号）和《关于征集北京市装配式建筑专家委员会委员的通知》要求，市住房城乡建设委与市规划国土委经过公开征集、评选和公示等程序，确定由北京市建筑设计研究院有限公司黄汇等 123 名专家按建筑设计、结构设计、机电设计、钢结构、施工、部品部件、装修、监理、检测、管理与经济、信息化共十一个专业类别组成北京市装配式建筑专家委员会。现将北京市装配式建筑专家委员会委员名单予以公布（见附件），专家委员会委员将根据《北京市装配式建筑专家委员会管理办法》开展工作。

北京市住房和城乡建设委员会

北京市规划和国土资源管理委员会

2018 年 3 月 5 日

　　附件：北京市装配式建筑专家委员会委员名单

附件

北京市装配式建筑专家委员会委员名单

序号	姓名	从事专业	拟聘专业	单位	职称
1	黄汇	建筑	建筑设计	北京市建筑设计研究院有限公司	教授级高级工程师
2	杜佩韦	建筑设计	建筑设计	北京市建筑设计研究院有限公司	教授级高级工程师
3	钱嘉宏	装配式建筑设计及咨询/绿色建筑与节能	建筑设计	北京市住宅建筑设计研究院有限公司	教授级高级工程师
4	郭淳	建筑设计	建筑设计	华通设计顾问工程有限公司	高级建筑师
5	苏阳生	建筑设计	建筑设计	北京市北工诚业建筑设计咨询有限责任公司	高级工程师
6	刘春义	建筑设计	建筑设计	北京首建标工程技术开发中心	高级建筑师
7	任明	建筑设计	建筑设计	北京维拓时代建筑设计股份有限公司	教授级高级工程师
8	戴俭	建筑设计	建筑设计	北京工业大学建筑与城市规划学院	教授
9	宋梅	装配式建筑/绿色低碳建筑技术管理	建筑设计	北京市保障性住房建设投资中心	高级建筑师
10	王炜	建筑设计	建筑设计	北京市住宅产业化集团股份有限公司	高级工程师
11	赵钿	建筑设计	建筑设计	中国建筑设计院有限公司	教授级高级建筑师
12	王凌云	建筑设计	建筑设计	中国建筑设计院有限公司	高级建筑师
13	刘燕辉	建筑设计	建筑设计	中国建筑设计院有限公司	教授级高级建筑师
14	蒋媛	建筑设计	建筑设计	中设建科（北京）建筑工程咨询有限公司	高级工程师
15	唐琼	建筑设计	建筑设计	中国中元国际工程有限公司	研究员级高级工程师
16	刘东卫	建筑设计研究	建筑设计	中国建筑标准设计研究院有限公司	教授级高级建筑师
17	樊则森	建筑设计	建筑设计	中建科技有限公司	教授级高级工程师
18	张明祥	建筑工业化	建筑设计	中建集成房屋有限公司	高级建筑师
19	吴江	建筑设计	建筑设计	中建装配式建筑设计研究院有限公司	高级工程师
20	李文	建筑学	建筑设计	中建装配式建筑设计研究院有限公司	一级注册建筑师

续表

序号	姓名	从事专业	拟聘专业	单位	职称
21	赵中宇	建筑	建筑设计	中国中建设计集团有限公司	教授级高级建筑师
22	朱光辉	城乡规划	建筑设计	中社科（北京）城乡规划设计研究院	教授级高级规划师
23	万晓峰	建筑设计	建筑设计	中冶京诚工程技术有限公司	教授级高级工程师
24	苗启松	建筑结构设计	结构设计	北京市建筑设计研究院有限公司	教授级高级工程师
25	马涛	结构设计	结构设计	北京市建筑设计研究院有限公司	助理工程师
26	刘敏敏	装配式建筑结构设计	结构设计	北京市住宅建筑设计研究院有限公司	高级工程师
27	石彪	装配式建筑结构设计	结构设计	北京市住宅建筑设计研究院有限公司	高级工程师
28	马智英	结构设计	结构设计	北京市工业设计研究院有限公司	高级工程师
29	肖振忠	结构设计	结构设计	北京市北工诚业建筑设计咨询有限责任公司	高级工程师
30	高向宇	土木结构工程及防灾减灾	结构设计	北京工业大学建筑工程学院土木系	教授
31	钱稼茹	结构工程	结构设计	清华大学	教授
32	张守峰	建筑结构设计	结构设计	中国建筑设计院有限公司	教授级高级工程师
33	吴汉福	结构	结构设计	中国中元国际工程有限公司	研究员级高级工程师
34	黄小坤	结构设计	结构设计	中国建筑科学研究院建研科技股份有限公司	研究员
35	赵彦革	结构设计	结构设计	中国建筑科学研究院	教授级高级工程师
36	田春雨	结构设计	结构设计	中国建筑科学研究院建筑工业化设计研究院	研究员
37	李晓明	建筑结构设计与研究	结构设计	中国建筑标准设计研究院	教授级高级工程师
38	肖明	结构设计	结构设计	中国建筑标准设计研究院	高级工程师
39	徐斌	结构设计	结构设计	中设建科（北京）建筑工程咨询有限公司	教授级高级工程师
40	田玉香	结构	结构设计	中设建科（北京）建筑工程咨询有限公司	高级工程师
41	李志武	结构设计	结构设计	中建装配式建筑设计研究院有限公司	高级工程师
42	姜学宜	钢结构设计	结构设计	中冶京诚工程技术有限公司	教授级高级工程师
43	张兰英	结构设计	结构设计	国家住宅与居住环境工程技术研究中心	教授级高级工程师
44	时燕	给排水设计	机电设计	北京市工业设计研究院有限公司	高级工程师

序号	姓名	从事专业	拟聘专业	单位	职称
45	王耀堂	给水排水/机电工程设计	机电设计	中国建筑设计院有限公司	教授级高级工程师
46	谢京红	电气	机电设计	中设建科（北京）建筑工程咨询有限公司	教授级高级工程师
47	王颖	暖通空调/给排水/建筑节能	机电设计	北京市建筑设计研究院有限公司	教授级高级工程师
48	铁敏	暖通	机电设计	北京市北工诚业建筑设计咨询有限责任公司	高级工程师
49	张爱林	土木工程	钢结构	北京建筑大学	教授
50	谢木才	建筑施工	钢结构	北京首钢建设集团有限公司	教授级高级工程师
51	苏磊	设计与技术研发	钢结构	北京建谊投资发展（集团）有限公司	高级工程师
52	胡勇	规划/投资与管理	钢结构	北京钢结构行业协会	教授级高级工程师
53	陈辉	钢结构设计与施工	钢结构	北京工业职业技术学院	教授
54	王喆	结构工程	钢结构	中国建筑标准设计研究院钢结构设计研究所	教授级高级工程师
55	侯兆新	结构工程	钢结构	中冶建筑研究总院有限公司	教授级高级工程师
56	陈华周	钢结构建筑	钢结构	中建钢构有限公司北方大区	高级工程师
57	杨嗣信	施工技术	施工	北京市政府专业顾问团	教授级高级工程师
58	杨健康	施工管理	施工	北京住总集团有限责任公司	教授级高级工程师
59	胡延红	土建施工	施工	北京住总集团有限责任公司	教授级高级工程师
60	张海松	建筑与施工	施工	北京住总第三开发建设有限公司	高级工程师
61	张海波	建筑施工	施工	北京住总第三开发建设有限公司	高级工程师
62	耿世平	建筑施工	施工	北京住总第三开发建设有限公司	高级工程师
63	张晋勋	结构工程	施工	北京城建集团有限责任公司	教授级高级工程师
64	彭其兵	建筑工程	施工	北京城建五建设集团有限公司	教授级高级工程师
65	鲁斌	房屋建筑	施工	北京城建建设工程有限公司	高级工程师
66	冯跃	施工管理	施工	北京建工集团有限公司	教授级高级工程师
67	李晨光	建筑结构	施工	北京市建筑工程研究院有限责任公司	教授级高级工程师
68	阎明伟	建筑工程	施工	北京市建筑工程研究院有限责任公司	高级工程师
69	王继生	建筑施工	施工	北京城乡建设集团有限责任公司	教授级高级工程师
70	李相凯	施工	施工	北京城乡建设集团工程承包总部	高级工程师
71	杨朝晖	装配式建筑	施工	北京市保障性住房建设投资中心	高级工程师

序号	姓名	从事专业	拟聘专业	单位	职称
72	刘立平	机电工程	施工	北京市住宅产业化集团股份有限公司	高级工程师
73	陈红	房屋建筑施工	施工	北京城建科技促进会	教授级高级工程师
74	王永强	工程技术/项目管理	施工	深圳市卓越工业化智能建造开发有限公司	高级工程师
75	叶浩文	施工技术/装配式建筑	施工	中国建筑股份有限公司	教授级高级工程师
76	李栋	装配式建筑	施工	中建科技有限公司	教授级高级工程师
77	李浩	建筑工业化	施工	中建一局集团建设发展有限公司	高级工程师
78	李军	施工技术管理	施工	中建二局第三建筑工程有限公司	高级工程师
79	赵虎军	建筑施工管理	施工	中建三局集团有限公司（北京）	高级工程师
80	戴连双	建筑工程	施工	中国新兴建筑工程总公司	教授级高级工程师
81	袁梅	建筑工程技术/质量管理	施工	中建城市建设发展有限公司	教授级高级工程师
82	蒋勤俭	建筑材料与制品	部品部件	北京预制建筑工程研究院有限公司	教授级高级工程师
83	杨思忠	混凝土与水泥制品	部品部件	北京市住宅产业化集团股份有限公司	教授级高级工程师
84	刘昊	建筑材料与制品	部品部件	北京榆构有限公司	高级工程师
85	王志军	混凝土与水泥制品	部品部件	北京燕通建筑构件有限公司	工程师
86	魏荣军	装配式建筑	部品部件	北京住总万科建筑工业化科技股份有限公司	高级工程师
87	刘若南	预制混凝土构件设计研发与技术质量管理	部品部件	中建科技有限公司	高级工程师
88	王君菊	混凝土及混凝土制品	部品部件	北京城建建材工业有限公司	高级工程师
89	蔡亚宁	硅酸盐工程	部品部件	北京城建集团有限责任公司工程承包总部	教授级高级工程师
90	钱冠龙	钢筋连接技术	部品部件	北京思达建茂科技发展有限公司	教授级高级工程师
91	汤荣伟	结构设计/咨询	部品部件	北京恒通创新赛木科技股份有限公司	研究员
92	李锋	构件生产/工程总承包	部品部件	中建科技（北京）有限公司	高级工程师
93	李桦	工业设计	装修	北京工业大学	副教授
94	杜铁军	建筑施工管理	装修	北京和能人居科技有限公司	高级工程师

续表

序号	姓名	从事专业	拟聘专业	单位	职称
95	张瑶	部品部件生产/装修	装修	北京和能人居科技有限公司	—
96	熊奘	建筑工程	装修	北京太伟宜居装饰工程有限公司	高级工程师
97	王乒野	装配式装修	装修	北京宏美特艺建筑装饰工程有限公司	高级工程师
98	赵智勇	装配式建筑设计/内装工业化	装修	北京市住宅建筑设计研究院有限公司	高级工程师
99	宋兵	建筑设计/室内设计	装修	清华大学建筑设计研究院有限公司	—
100	魏素巍	内装修	装修	中国建筑标准设计研究院有限公司	副研究员
101	王景萍	建筑工程	装修	中国新兴建筑工程总公司	高级工程师
102	王历骄	土建	监理	北京华厦工程项目管理有限责任公司	高级工程师
103	戴肃燕	工程监理与项目管理	监理	北京中协成工程管理有限公司	高级工程师
104	李齐录	工程监理与项目管理	监理	泛华建设集团有限公司	高级工程师
105	段恺	建筑节能	检测	北京市建设工程质量第六检测所有限公司	教授级高级工程师
106	张仁瑜	建筑材料与工程质量检测	检测	中国建筑科学研究院	研究员
107	费毕刚	检测鉴定	检测	国质（北京）建设工程检测鉴定中心	高级工程师
108	魏建友	检测鉴定	检测	中国建材检验认证集团北京天誉有限公司	高级工程师
109	窦以德	建筑设计	管理与经济	原住建部勘查设计司	教授级高级工程师
110	陈彤	结构	管理与经济	北京市建筑设计研究院有限公司	教授级高级工程师
111	纪颖波	工程管理	管理与经济	北方工业大学土木工程学院	教授
112	王肇嘉	科技管理	管理与经济	北京金隅股份有限公司	教授级高级工程师
113	冯晓科	土木工程	管理与经济	北京住总万科建筑工业化科技股份有限公司	高级工程师
114	伍孝波	装配式建筑/绿色低碳建筑技术管理	管理与经济	北京市保障性住房建设投资中心	高级工程师
115	任光洁	房屋建筑	管理与经济	北京万科企业有限公司	高级工程师

续表

序号	姓名	从事专业	拟聘专业	单位	职称
116	李淑	土木工程（工程造价）	管理与经济	国家开放大学	讲师
117	叶明	产业化技术与管理	管理与经济	中建科技有限公司	教授级高级工程师
118	王晓锋	建筑结构与标准规范	管理与经济	中国建筑科学研究院	研究员
119	鲁丽萍	建筑工程管理	信息化	北京城建科技促进会	高级工程师
120	王佳	建筑信息化技术	信息化	北京建筑大学	教授
121	夏绪勇	建筑结构/软件研发	信息化	中国建筑科学研究院 北京构力科技有限公司	研究员
122	姜立	建筑结构/BIM研发	信息化	中国建筑科学研究院 北京构力科技有限公司	研究员
123	满孝新	暖通	信息化	中国中建设计集团有限公司	高级工程师

政策 17

关于印发《北京市保障性住房预制装配式构件标准化技术要求》的通知

（京建发〔2017〕4号）

各区住房城乡建设委，东城、西城区住房城市建设委，各区规划分局，经济技术开发区建设局、规划分局，各有关单位：

为贯彻落实《中共中央、国务院关于进一步加强城市规划建设管理工作的若干意见》、《中共北京市委北京市人民政府关于全面深化改革提升城市规划建设管理水平的意见》文件精神及在本市保障性住房中实施绿色建筑行动的有关工作要求，大力推广装配式建筑，提升部品部件标准化程度，结合我市保障性住房建设管理特点及装配式技术的发展水平，制定了《北京市保障性住房预制装配式构件标准化技术要求》，用以规范我市保障性住房预制装配式构件的规格和种类，达到预制装配式混凝土构件及内装工业化部品的标准化和模数化，缩短生产周期、降低成本、提升质量，最终实现促进我市住宅产业化统筹协调有序发展的目标。

现将该技术要求予以印发，并从 2017 年 2 月 1 日起执行。

北京市住房和城乡建设委员会

北京市规划和国土资源管理委员会

2017 年 1 月 11 日

北京市保障性住房预制装配式构件标准化技术要求

一、根据现行规范和标准，结合北京市的特点，对构件的规格和尺寸进行规范。

二、根据国家建筑标准设计图集《预制钢筋混凝土板式楼梯》（15G367—1），对预制钢筋混凝土板式楼梯提出以下技术要求：

（一）预制楼梯宜一端设置固定铰，另一端设置滑动铰，其转动及滑动变形能力应满足结构层间变形的要求，且预制楼梯端部在支承构件上的最小搁置长度应符合《装配式混凝土结构技术规程》（JGJ 1—2014）的要求：

抗震设防烈度	7 度	8 度
最小搁置长度/mm	100	100

（二）楼梯间净宽宜采用 2500mm、2600mm。

构件编号按照下表选用：

层高	双跑楼梯	剪刀梯
2.7m	ST-27-25、ST-27-26	JT-27-25、JT-27-26
2.8m	ST-28-25、ST-28-26	JT-28-25、JT-28-26

（三）国家建筑标准设计图集《预制钢筋混凝土板式楼梯》（15G367—1）中，对剪刀梯情况下防火隔墙的处理并无明确阐述。目前，北京市有 2 种常用做法可供参考：防火隔墙自承重落至于基础之上（防火隔墙厚度不宜小于 140mm，建议采用 2600mm 净宽楼梯）、防火隔墙分段搁置于预制梯段板之上。

三、根据《装配式混凝土结构技术规程》（JGJ 1—2014）、《装配式剪力墙结构设计规程》（DB11/1003—2013），对桁架钢筋混凝土叠合板提出以下技术要求：

预制板厚度	现浇层最小厚度	桁架钢筋间距
60～80mm	不应小于 50mm， 不宜小于 60mm， 推荐采用 70mm	不宜大于 600mm， 不应大于 700mm， 边距不应大于 300mm

注：当现浇层中不布置机电管线时，其厚度可以采用 50mm；当现浇层中布置机电管线时，其厚度不宜小于 60mm；当现浇层中布置机电管线且有交叉重叠时，推荐其厚度采用 70mm。

（一）预制板开孔补强措施。

1. 各专业应协同设计，在满足使用功能的前提下，可将洞口的位置予以微调，避开桁架钢筋；

2. 当开洞位置无法避开桁架钢筋，需要截断桁架钢筋时，桁架钢筋补强措施可参考受力钢筋的补强方法，附加桁架钢筋与被截断桁架钢筋搭接长度不小于 500mm；受力钢筋的补强方法详见《混凝土结构施工图平面整体表示方法制图规则和构造详图（现浇混凝土框架、剪力墙、梁、板)》（11G101—1）。

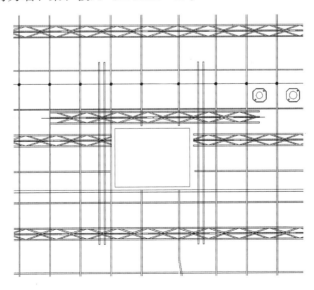

（二）叠合板接缝尺寸。

按单向板设计的叠合板，其接缝构造可按《装配式混凝土结构技术规程》（JGJ 1—2014）或《装配式剪力墙结构设计规程》（DB11/1003—2013），叠合板之间预留一定宽度的后浇带，带宽宜为40～200之间。叠合板划分宜优先选用2M、3M模数。

接缝宽

叠合板接缝宜避开最大弯矩截面，接缝可采用后浇带形式，构造要求符合《装配式混凝土结构技术规程》（JGJ 1—2014）或《装配式剪力墙结构设计规程》（DB11/1003—2013）的规定。

（三）预制预应力带肋底板混凝土叠合楼板。

预制预应力带肋底板混凝土叠合楼板适用于环境类别为一类、二 a 类，且抗震设防烈度小于或等于9度地区的一般工业与民用建筑楼板。

有关预制预应力带肋底板混凝土叠合楼板的设计、施工及验收，除符合《预制带肋底板混凝土叠合楼板技术规程》（JGJ/T 258—2011）、《建筑防火设计规范》的相关规定外，尚应符合国家现行有关标准的规定。相关节点可以参照华北标 BGZ 系列专项图集《PK预应力混凝土叠合板（13BGZ2—1）》执行。

四、根据国家建筑标准设计图集《预制钢筋混凝土阳台板、空调板及女儿墙》（15G368—1），对预制钢筋混凝土阳台板、空调板选用原则提出以下技术要求：

（一）预制钢筋混凝土阳台板、空调板，应优先选用图集《预制钢筋混凝土阳台板、空调板及女儿墙》（15G368—1）的做法，如遇特殊情况需补充规格，新增规格应在该图集的优先尺寸下按模数增减尺寸。

（二）同一建筑单体，预制阳台板、预制空调板规格均不宜超过2种。

（三）预制阳台板长度，宜选用阳台长度1210mm的规格。

（四）预制阳台板宽度，宜采用3M（即300mm）的整数倍数。

（五）预制阳台板封边高度，宜选用封边高度400mm、1200mm的规格。

（六）预制空调板，宜选用长度840mm、宽度1200mm的空调板。

五、根据《装配式混凝土结构技术规程》（JGJ 1—2014）或《装配式剪力墙结构设计规程》（DB11/1003—2013）及现行行业标准《钢筋连接用灌浆套筒》（JG/T 398—2012）和《钢筋套筒灌浆连接应用技术规程》（JGJ 355—2015），对预制混凝土夹心保温外墙板提出以下技术要求：

外叶墙板厚度	外叶墙混凝土标号	外叶墙板钢筋网片规格	预制墙板最小厚度	灌浆套筒技术参数	套筒灌浆料技术参数
不应小于 50mm，不宜小于 60mm	不宜小于 C30	单层双向 R5@150	不宜小于 200mm	参见《钢筋连接用灌浆套筒》JG/T 398—2012	参见《钢筋连接用套筒灌浆料》JG/T 408—2013

（一）预制夹心保温外墙板中的保温层应连续，厚度满足节能设计要求。保温材料燃烧性能、导热系数、体积比吸水率应满足现行国家标准《装配式混凝土结构技术规程》（JGJ 1—2014）的规定。

（二）预制夹心保温外墙板为非组合受力的预制混凝土承重外墙板，且外叶墙板应与结构主体可靠连接。

六、预制装配式部品部件其他技术要求

（一）保障性住房推广装配式装修，遵循"模数化、标准化、部品化"原则。主体结构与内装部品、部件、构配件之间应实现模数协调、接口标准化，提前预留、预埋接口，干法施工。推广使用集成吊顶、轻质隔墙、复合地面、集成卫浴、集成厨房等工业化生产的部品及成套集成技术。

（二）门窗安装应确保连接的可靠性和密闭性。门窗洞口尺寸宜采用基本模数 M（1M＝100mm）的倍数，鼓励使用集遮阳、导水、保温等复合功能于一体的窗部品。

（三）穿预制混凝土构件的管线应预留或预埋套管，穿预制楼板的管道应预留洞。

政策 18

关于实施保障性住房全装修成品交房
若干规定的通知

京建法〔2015〕18 号

各区县住房城乡建设委（房管局），东城区、西城区住房城市建设委，经济技术开发区建设局，各有关单位：

为贯彻实施《关于在本市保障性住房中实施全装修成品交房有关意见的通知》（文号待定），健全管理机制，维护购房人合法权益，现就有关实施问题通知如下：

一、明确质量责任。项目开发建设单位是保障性住房全装修成品交房（以下简称全装修成品交房）的第一责任人，对住房的整体质量、销售及售后服务负总责。

施工单位、材料和部品供应厂家负责相应的施工和产品的质量责任。

二、推行产业化技术。大力推行住宅产业现代化，积极推进内装工业化装配式装修，鼓励支持应用管线与结构分离技术。建筑主体、装修应一体化设计，并作为保障性住房设计方案专家评审的重点内容。

三、细化实施标准。经济适用住房、限价商品住房按照公共租赁住房装修标准统一实施装配式装修。现阶段，自住型商品住房装修做法参照公共租赁住房，装修标准不得低于公共租赁住房装修标准。开发建设单位应在购房合同中明确装修内容，包括选用的材料、部品、设备品牌及型号等，严格执行《北京市推广、限制和禁止使用的建筑材料目录》。棚户区改造安置房装修标准由各区县政府自行确定。

四、加强质量监督。市、区县建设工程质量安全监管机构应将全装修成品交房质量纳入工程质量重点监管范畴。监理单位应编制全装修成品交房的工程监理方案，加强施工监理。开发建设单位应在项目通过竣工验收后，正式交付前一个月，组织现场开放日活动，邀请购房人进行预验房，重点对装修使用功能进行核验。开发建设单位应详细记录、汇总预验房过程中发现的问题并及时整改。正式交房时应向购房人出具《室内空气质量检测报告》《住宅质量保证书》和《住宅使用说明书》。

五、完善装修资金监管。全装修成品交房的装修费用应计入预售资金重点监管额度，充分发挥银行监管作用，保障资金优先用于工程建设。

六、落实样板间制度。开发建设单位应在项目摇号前，将装修菜单内容进行公示，并在项目现场配备样板间。样板间应向全体购房人开放，并保留至交房后六个月，其使用的材料、部品、设备等应与购房合同约定一致，方便购房人直观了解装修内容，加强对装修标准的比照监督。

七、建立评估鉴定机制。在交房验收环节或质量保修期限内，建设单位应按照规定做好工程质量问题处理工作，购房人和开发建设单位因装修工程质量问题发生分歧及纠纷，可按照《北京市建设工程施工质量投诉管理规定》相关要求协调解决。

北京市住房和城乡建设委员会

2015 年 10 月 28 日

政策 19

关于在本市保障性住房中实施全装修
成品交房有关意见的通知

京建法〔2015〕17 号

各区县住房城乡建设委（房管局），东城区、西城区住房城市建设委，经济技术开发区
建设局，各区县发展改革委、国土、规划分局，各有关单位：

为深入贯彻党的十八大和十八届三中全会、四中全会精神，切实转变我市建筑行业
发展方式和保障性住房建设模式，提高保障性住房品质，建设和谐宜居之都，根据国务
院办公厅《关于转发发展改革委 住房城乡建设部绿色建筑行动方案的通知》（国办发
〔2013〕1 号）、我市《关于在本市保障性住房中实施绿色建筑行动的若干指导意见》
（京建发〔2014〕315 号），并经市政府批准，现就我市保障性住房实施全装修成品交房
有关工作通知如下：

一、充分认识保障性住房实施全装修成品交房的重要性

保障性住房是政府投资或政府主导的项目，装修是建筑产业链中一个必不可少的环
节，在保障性住房中实施全装修成品交房，努力将保障性住房建设成为绿色保障性住
房，在提高保障性住房的安全性、健康性和舒适性基础上，可有效促进节能减排、提高
材料利用效率、减少现场建筑垃圾及环境污染，同时带动设计、建材、运输、安装等上
下游产业协同发展，拉动国民经济增长，对建筑行业整体向高品质、精细化转变具有示
范效应，对降低购房人负担，提高居住品质，促进社区和谐具有十分重要的意义。

二、基本原则

（一）政府主导，市场运作。政府各级相关部门要通力合作，依据各自职责在土地
交易、立项审批、规划设计、工程造价、建材质量、施工安装、销售及物业管理等方面
提出切实可行的标准和行之有效的监管措施，确保各环节合理衔接，整体工作有序推
进。同时，充分发挥市场调节机制和配置资源的基础性作用，营造有利于装修行业发展
的市场环境，着力培育一批有意愿、有实力的骨干企业，鼓励其积极承接业务，形成规
模效应，凸显质量、价格优势，起到示范引领作用。

（二）全面推进，分类实施。对于具备条件的政府投资项目，应重点推进并率先实
施；对于其他项目，应在政策完备、资金到位、技术路线可行、群众认可的前提下逐步
实施，循序渐进，2015 年内全面推行保障性住房项目全装修成品交房。根据住房性质不
同，结合各自建设管理特点和对应人群需求，科学制定与之相适应的装修实施标准，引导
居民理性消费，选择符合自身家庭需求，面积适中、功能合理、装修适度的住宅产品。

三、实施范围

本市公共租赁住房、经济适用住房、限价商品住房、棚户区改造安置房及自住型商品住房全面实施全装修成品交房。

四、实施标准

（一）经济适用住房、限价商品住房按照现行公共租赁住房装修标准实施装配式装修。

（二）棚户区改造安置房、自住型商品住房由开发建设单位编制装修方案，并依方案组织实施，鼓励采用装配式装修工艺，具体方式及内容通过安置协议或购房合同约定。

五、时间安排

（一）自 2015 年 5 月 1 日起，由市保障房建设投资中心新建、收购的项目率先全面推行全装修成品交房。

（二）自 2015 年 10 月 31 日起，凡新纳入我市保障性住房年度建设计划的项目（含自住型商品住房）全面推行全装修成品交房。

六、明确各方主体责任

各部门要强化责任意识，明确工作职能，出台监管措施，将保障性住房全装修成品交房作为一项重要任务来开展落实。

（一）规划部门要将全装修成品交房要求写入规划条件，加强引导设计单位对实施装配式装修的项目采用土建装修一体化标准设计。

（二）国土部门根据规划管理部门核发的规划条件或相关批准文件，在招拍挂文件中明确要求中标人或竞得人按照本通知实行全装修成品交房；对于通过划拨和协议出让方式取得土地的项目，在项目土地供应文件中予以明确。

（三）住房城乡建设部门要加强工程质量安全监管，建立装修专项监督机制，确保各部位产品质量、施工质量达标；建立合格供应商、建材、部品名录；对项目装修所用一体化部品实施产品质量认证采信管理，纳入建设工程材料采购备案管理系统和建筑材料供应单位信用评价系统，并予以监督。

（四）开发建设单位要严格落实分户验收制度，建立开放日制度、装修样板间制度；在房屋销售环节中应就装修建材和部品的种类、品牌等内容予以公示，并在购房合同中予以明确约定。

七、强化保障措施

（一）整合行业资源。积极培育若干家集开发、设计、施工、安装于一体的产业链集团企业或联合体，编制并发布全产业链集团企业名录。

（二）推广先进技术。通过实施装配式装修技术体系，采用工业化的装修方式，实现设备管线与结构分离，有效提高居住品质，延长住房使用寿命，逐步引导装修产业由低效的手工业作坊式向集成高效的大工业转变。

（三）完善配套政策。综合运用经济、行政、法律、金融手段，激发企业自觉投入科研创新、项目建设的内生动力。细化后期管理措施，有效约定和监管购房人在入住成品住房后的各种行为。

（四）强化能力建设。加强对建筑规划、设计、施工、安装、管理等人员的培训，组织装修设计方案竞赛及展览活动，广泛开展全国范围内的交流与合作，借鉴国内外先进经验。

（五）开展宣传教育。采用多种形式积极宣传政策措施、典型案例、先进技术，提高公众对全装修成品交房在质量、环保、价格、工期、后期维修等方面优势的认知度，倡导新型消费理念。

本通知自发布之日起实施，此前规定与本通知不一致的以本通知为准。

特此通知。

2015 年 10 月 28 日

政策 20

关于在本市保障性住房中实施绿色
建筑行动的若干指导意见

京建发〔2014〕315 号

各区县住房城乡建设委（房管局），东城区、西城区住房城市建设委，经济技术开发区建设局，各区县国土、规划分局，各区县发展改革委、财政局、环保局、质监局，各有关单位：

为深入贯彻十八大和十八届三中全会精神，大力推进生态文明建设，切实转变本市保障性住房建设发展模式，加强保障性住房质量管理、提升保障性住房品质，根据《住房城乡建设部关于保障性住房实施绿色建筑行动的通知》（建办〔2013〕185 号）及国家、本市有关文件要求，现就在本市保障性住房建设中实施绿色建筑行动提出若干指导意见如下：

一、绿色建筑是在建筑的全寿命期内，最大限度地节约资源、保护环境和减少污染，为人们提供健康、适用和高效的使用空间，与自然和谐共生的建筑。保障性住房是政府投资或政府主导的项目，在保障性住房中实施绿色建筑行动，将保障性住房建设成为绿色保障性住房，可有效提高保障性住房的安全性、健康性、舒适性，对在全社会推行绿色建筑具有示范效应。各区县相关部门要高度重视，把实施绿色建筑行动作为转变住房发展方式、加强保障性住房质量管理、提升保障性住房品质的重点内容，积极推进。

二、保障性住房实施绿色建筑行动应按照住房和城乡建设部下发的《绿色保障性住房技术导则》（建办〔2013〕195 号）（以下简称《导则》）及北京市绿色建筑相关标准执行。对于保障性住房的设计、施工、验收、监理各环节的技术要求，《导则》未作具体规定的，应该按照相关国家标准、行业标准和北京市地方标准要求执行。

三、2014 年起，凡纳入本市发展规划和年度保障性住房建设计划的公租房、棚户区改造项目应率先实施绿色建筑行动，至少达到绿色建筑一星级标准。经济适用房、限价商品房通过分类实施产业化方式循序推进实施绿色建筑行动。鼓励以政府投资为主的保障性住房项目建设成为高星级绿色建筑。

四、保障性住房实施产业化是绿色建筑行动的重要组成部分，相关工作纳入绿色建筑行动统一管理。对纳入实施绿色建筑行动和产业化范围的保障性住房应遵循经济、适用、环保、安全、节约资源、可持续发展的原则实施分类指导，在全面推进过程中做到重点突出、精细管理；先易后难、分步实施。

（1）对于集中兴建且规模在 5 万 m² 以上的公租房项目，鼓励集设计、生产、施工、安装于一体的大型全产业链集团企业按照工业化方式承建，严格执行《导则》、《关于在保障性住房建设中推进住宅产业化工作任务的通知》（京建发〔2012〕359号）（以下简称《通知》），实施装配式装修（本意见所指"装配式装修"是采用工业化生产的部品、部件进行现场装配施工的装修工法，是工业化建筑体系的重要组成部分），大力推广应用绿色节能环保技术，倡导使用绿色建材及符合相关环境标志产品技术要求的建筑材料，并形成一定数量的绿色保障性住房示范区。其他公租房项目应全面实施装配式装修，使用预制叠合楼板、预制楼梯、阳台板、空调板等预制构配件，按照《导则》实施绿色建筑行动。鼓励采用工业化程度较高的结构体系。

（2）棚户区改造安置房新建项目除执行《导则》外，要大力推广应用预制叠合楼板、预制楼梯、阳台板、空调板等预制构配件。

（3）经济适用房、限价商品房等其他类保障性住房应大力推广应用预制叠合楼板、预制楼梯、阳台板、空调板等预制构配件；试点实施装配式装修。

五、各区县人民政府是落实所辖区域保障性住房实施绿色建筑行动的责任主体，有关委、办、局应按照各自职责积极推进落实。未履行相关职责的区县部门，应承担相应责任。

发展改革部门应加强项目立项审查；国土部门应加强实施项目土地供应；规划部门应加强规划许可、施工图设计文件审查及项目规划验收管理；住房城乡建设部门应加强对实施绿色建筑行动项目从报建、建设标准执行、施工许可、质量安全监督到竣工验收备案、项目预售许可和交付使用的全过程监督管理，根据保障性住房实施绿色建筑行动的特点尽快制定相应的定额标准、专项质量监督执法实施方案；市科技部门应引领推动企业加强自主创新和成果转化，积极引导和鼓励企业设立研发机构、实验室和工程技术研究中心等创新资源平台，创新产学研模式，发挥其整合资源、技术研发、成果转化、集聚人才等能力的积极性和主动性。

建设单位对绿色保障性住房建设负总责。设计单位应当依据国家和本市有关法规和标准，按照《导则》进行绿色建筑设计，施工图设计文件应当编制绿色建筑施工图审查集成表。施工图设计文件审查机构应就项目是否落实绿色建筑设计相关要求进行绿色保障性住房专项审查，施工单位要严格按照经审查合格后的施工图文件进行施工。竣工验收合格的绿色保障性住房可认定为一星级绿色建筑，不再进行专门评价。一星级以上项目可按照我市绿色建筑评定相关规定另行申请。

六、市住房保障管理部门在下达保障性住房年度计划时，应当明确提出实施绿色建筑行动、产业化的要求，并会同国土、规划部门落实到项目。由规划部门在项目供地规划条件中明确"应按《关于在本市保障性住房中实施绿色建筑行动的若干指导意见》执行"。

七、国土部门按照本意见第四条的原则安排年度供地计划。在项目供应前，住房保障管理部门会同国土、规划等部门，明确提出项目分类实施绿色建筑行动和产业化的意见，由规划部门在项目供地规划条件中予以明确，国土部门依此办理土地出让或划拨供地手续。

八、建设单位在编制项目申请报告时，要说明绿色建筑相关内容，并将有关成本纳入投资概预算；发展改革部门在立项阶段对有关内容进行审查。

九、项目设计方案完成后，由市住房保障管理部门会同规划部门组织进行保障性住房建设标准执行情况的专家评审，并出具专家评审意见。建设单位按照专家意见调整修改后正式报规划部门。

十、规划部门将住房保障管理部门专家评审意见作为形式审查要件，并加强引导和监管设计单位，按照《导则》、北京市绿色建筑相关标准等要求进行设计。

十一、本市保障性住房实施绿色建筑行动的项目，鼓励采用设计、施工、采购（EPC）总承包等一体化模式招标发包。

设计、施工、监理等招标时，要将相关要求列入招标文件和合同。

十二、整合行业资源，积极扶持和培育若干家全产业链集团企业或联合体，编制并发布全产业链集团企业名录，鼓励其承建较大规模集中兴建的产业化项目，并支持其申报国家住宅产业化基地。支持列入名录企业申请新型墙体材料专项基金、支持国有企业申请国有资本预算资金用于建设大型预制部品生产线以及完善产业链条相关工作。

对非政府全额投资的，并实施装配式装修的保障性住房项目，符合我市绿色建筑相关规定的，可享受财政资金奖励，奖励标准为：二星级标识项目 22.5 元/平方米，三星级标识项目 40 元/平方米。积极支持在实施绿色建筑行动中执行《导则》《通知》，按照上述标准实施住宅产业化的项目可同时享受面积奖励政策。

十三、市住房城乡建设部门、规划部门应不断完善地方相关建筑标准体系，加强相关强制性标准的制定工作，及时完成并发布相关绿色建筑技术标准、规范、导则、指南和图集等，以满足工程设计、施工、验收和构件生产等各环节的需求。

十四、鼓励引导参与绿色建筑行动的相关企业实施产业升级、转型，加快建立产业化专业人员队伍建设、培训机制。

十五、每年年底，住房城乡建设、发展改革、规划、国土等部门应对各区县相关部门落实保障性住房实施绿色建筑行动年度实施计划执行情况进行检查，检查结果纳入对区县人民政府的年度绩效管理考评。

十六、各区县住房城乡建设、规划、国土部门应按照职责分工，对区域内保障性住房实施绿色建筑行动情况予以监督管理。对未按照施工图设计文件实施的项目，应根据国家和本市有关法律法规予以处罚。对责任单位和责任人的依法处罚情况，计入企业、个人诚信档案。

十七、本指导意见自 2014 年 10 月 1 日起实施，此前规定与本指导意见不一致的以本指导意见为准。

2014 年 8 月 15 日

政策 21

关于确认保障性住房实施住宅产业化增量成本的通知

京建发〔2013〕138 号

各区县住房城乡建设委，东城、西城区住房城市建设委，经济技术开发区建设局，各区县发展改革委，各保障性住房项目建设实施主体及各有关单位：

为加快推进我市住宅产业化的发展，"十二五"期间，我市将以保障性住房为重点，全面推进住宅产业化。对于实施住宅产业化的保障性住房，项目产业化增量成本计入建安成本。增量成本确认程序、标准及相关要求如下：

一、市、区县住房保障部门与项目建设实施主体签订保障性住房建设管理协议后，北京市住房和城乡建设科技促进中心依据市住宅产业化专家委员会评审意见出具项目实施住宅产业化的意见函，明确项目实施住宅产业化的增量成本参考值。市发展改革委依据意见函确认项目相关投资估算增量。

二、增量成本

1. 产业化增量成本参考值：

建筑高度 60m 以下 409.00 元/m² （包括预制外墙）；

建筑高度 60m 以上 436.00 元/m² （包括预制外墙）；

建筑高度 60m 以上 115.00 元/m² （不包括预制外墙）。

上述参考值以全现浇剪力墙结构作为成本比较基础。

2. 产业化增量成本参考值适用于《关于在保障性住房建设中推进住宅产业化工作任务的通知》（京建发〔2012〕359 号）附件《北京市产业化住宅项目最低技术要求》中建筑高度 60 米以下的装配整体式剪力墙结构体系、建筑高度 60 米及以上的现浇钢筋混凝土剪力墙结构体系和装配整体式剪力墙结构体系。

3. 增量成本的测算依据造价管理的相关规定，并根据市场价格变化按年度进行调整。

三、各保障性住房项目建设实施主体应按照《关于在保障性住房建设中推进住宅产业化工作任务的通知》（京建发〔2012〕359 号）中的要求进行方案设计，项目的住宅产业化实施方案经市住宅产业化专家委员会评审通过后实施。

北京市住房和城乡建设委员会

北京市发展和改革委员会

2013 年 3 月 13 日

政策 22

关于在保障性住房建设中推进住宅
产业化工作任务的通知

京建发〔2012〕359 号

各区县政府、各有关单位：

为进一步推动我市住宅产业化的发展，根据《关于推进本市住宅产业化的指导意见》（京建发〔2010〕125 号），落实《北京市"十二五"时期民用建筑节能规划》要求，为确保保障性住房实施住宅产业化的各项任务目标落实，经市政府同意，现将有关事项通知如下：

一、工作目标

"十二五"期间，我市将以保障性住房为重点，全面推进住宅产业化，到 2015 年产业化建造方式的住宅达到当年开工建筑面积 30% 以上，累计示范面积超过 1500 万 m^2。

二、实施标准

（一）实施住宅产业化的保障性住房应至少满足《北京市产业化住宅项目最低技术要求》（附件）的要求。

（二）推广应用住宅产业化成套技术。成套技术包括节能及新能源利用技术、整体厨卫技术、生态环境保障技术、管网技术与智能化技术等。

三、实施范围

以下保障性住房项目应实施产业化：

（一）申请利用自有土地建设的保障性住房项目；

（二）北京市保障性住房建设投资中心投资的公共租赁住房、中心城人口疏解定向安置房项目。

鼓励其他类型的保障性住房采用产业化方式建造。

四、工作要求

（一）市住房城乡建设委会同相关委办局明确保障性住房各年度住宅产业化项目任务，并依据每年度的住房保障工作责任书，将当年的住宅产业化任务与具体项目做好对接。各区县政府提交保障性住房建设计划，在项目明细中明确产业化项目，列入当年保障性住房建设计划。其中，2012 年在保障性住房中落实 240 万 m^2 的产业化住宅。

（二）区县政府、市国土局、市住房城乡建设委在确定建设项目实施主体时，将

《北京市产业化住宅项目最低技术要求》作为授权委托书或招拍挂文件的附件，明确项目实施产业化。

（三）市发展改革委将项目实施产业化的规模纳入年度投资计划。

（四）市规划委对授权委托书或招拍挂文件中明确的产业化项目在规划方案复函或技术审查意见中明确要求施工图设计文件应符合《北京市产业化住宅项目最低技术要求》的要求；施工图审查机构根据专家评审意见和现行标准、规范对产业化内容进行符合性审查。

（五）建设项目实施主体在项目初步设计完成后，向市住房城乡建设委提交依据初步设计文件编制的项目产业化实施方案。

（六）市住房城乡建设委委托市住宅产业化专家委员会在 7 个工作日内对项目产业化实施方案进行评审，出具专家评审意见；对建设过程中的产业化实施情况进行监督检查。

（七）市住房城乡建设委会同相关委办局加强对建设项目实施主体的相关技术服务指导工作。

（八）涉及产业化内容的变更，应按上述（四）至（六）条的规定重新进行专家评审和施工图设计文件审查。

五、监督检查

加强对住宅产业化项目的监督管理。国土、规划、发展改革、住房城乡建设主管部门应严格按照职责和有关法规规定做好各环节的审核、核验和监管工作。

项目实施主体在项目进展过程中，应每季度向区县政府和市住房城乡建设委提交产业化实施进度报告。在项目进展过程中，市住房城乡建设委会同相关委办局组织专家对住宅产业化实施项目进行定期抽查和检查，并将检查结果通报区县政府。

对于达不到产业化相关标准要求的项目按有关规定予以处理。

特此通知。

北京市住房和城乡建设委员会
北京市规划委员会
北京市国土资源局
北京市发展和改革委员会
北京市财政局
2012 年 8 月 13 日

附件：北京市产业化住宅项目最低技术要求

附件

北京市产业化住宅项目最低技术要求（建筑高度60m以下）

对于建筑高度低于60m或建筑层数少于21层的产业化住宅，应满足以下最低技术要求：

一、建筑设计应采用标准化、系列化设计方法，满足体系化设计的要求，充分考虑构配件的标准化、模数化、多样化；应执行模数协调原则，做到基本单元、基本间、户内专用功能部位（如厨房、卫生间、楼电梯间等）、构配件与部品等的模数化、标准化和系列化。

二、应装修一次到位。

三、结构体系及预制构配件

（一）装配整体式剪力墙结构体系

1. 应用预制建筑装饰-保温-墙体一体化的复合型承重外墙板，预制化率不低于50%；

2. 应用预制楼梯；

3. 应用预制（叠合）阳台板和空调板，预制化率不低于70%；

4. 宜采用预制（叠合）楼板和轻质内隔墙板。

（二）装配整体式钢筋混凝土框架结构体系

1. 应用预制建筑装饰-保温-墙体一体化的复合型外挂墙板，预制化率不低于50%；

2. 应用预制框架柱、框架梁；

3. 应用预制楼梯；

4. 应用预制（叠合）楼板、阳台板和空调板，预制化率不低于70%；

5. 宜采用轻质内隔墙板。

（三）装配整体式钢筋混凝土框架-剪力墙结构体系

1. 应用预制建筑装饰-保温-墙体一体化的复合型外挂墙板，预制化率不低于50%；

2. 应用预制框架柱、框架梁；

3. 应用预制楼梯；

4. 应用预制（叠合）楼板、阳台板和空调板，预制化率不低于70%；

5. 宜采用轻质内隔墙板。

（四）钢结构住宅视同为产业化住宅。

（五）采用其他结构体系时，应经住宅产业化专家委员会评审通过。

北京市产业化住宅项目最低技术要求（建筑高度60m及以上）

对于建筑高度大于等于60m或建筑层数大于等于21层的产业化住宅，应满足以下最低技术要求：

一、建筑设计应采用标准化、系列化设计方法，满足体系化设计的要求，充分考虑构配件的标准化、模数化、多样化；应执行模数协调原则，做到基本单元、基本间、户内专用功能部位（如厨房、卫生间、楼电梯间等）、构配件与部品等的模数化、标准化和系列化。

二、应装修一次到位。

三、结构体系及预制构配件

（一）现浇钢筋混凝土剪力墙结构体系

1. 应用预制楼梯；

2. 应用预制（叠合）楼板、阳台板和空调板，预制化率不低于70%；

3. 应用轻质内隔墙板；

4. 其他能够改善混凝土构件施工质量的各种类型的预制构配件，如预制混凝土门（窗）套、阳台栏板和分隔板、建筑装饰构件等。

（二）装配整体式剪力墙结构体系

1. 应用预制建筑装饰-保温-墙体一体化的复合型承重外墙板，预制化率不低于50%；

2. 应用预制楼梯；

3. 应用预制（叠合）阳台板和空调板，预制化率不低于70%；

4. 宜采用预制（叠合）楼板和轻质内隔墙板。

（三）装配整体式钢筋混凝土框架-剪力墙结构体系

1. 应用预制建筑装饰-保温-墙体一体化的复合型外挂墙板，预制化率不低于50%；

2. 应用预制框架柱、框架梁；

3. 应用预制楼梯；

4. 应用预制（叠合）楼板、阳台板和空调板，预制化率不低于70%；

5. 宜采用轻质内隔墙板。

（四）现浇钢筋混凝土框架-剪力墙（筒体）结构体系

1. 应用预制建筑装饰-保温-墙体一体化的复合型外挂墙板，预制化率不低于80%；

2. 应用预制楼梯；

3. 应用预制（叠合）楼板、阳台板和空调板，预制化率不低于70%；

4. 应用轻质内隔墙板。

（五）钢结构住宅视同为产业化住宅。

（六）采用其他结构体系时，应经住宅产业化专家委员会评审通过。

政策 23

关于印发《北京市产业化住宅部品
评审细则（试行）》的通知

京建发〔2011〕286 号

各区、县建委，各集团总公司，各有关建筑材料生产企业：

为做好本市产业化住宅部品评审工作，依据《关于印发〈北京市产业化住宅部品使用管理办法〉（试行）的通知》（京建发〔2010〕566 号），现将《北京市产业化住宅部品评审细则（试行）》予以印发，请依照执行。

2011 年 5 月 24 日

附件 1：《北京市产业化住宅部品评审细则（试行）》
附件 2：《北京市产业化住宅部品认证产品申请表》

附件1

北京市产业化住宅部品评审细则（试行）

产业化住宅部品的评审包括结构性部品和功能性部品的评审，其中，结构性部品的评审分为预制钢筋混凝土构件和预制钢结构构件评审。因预制钢结构构件的标准化设计、工厂加工条件尚未成熟，暂不参加评审，待条件成熟后适时开展。

申请列入《北京市产业化住宅部品认证产品目录》的部品，由生产企业于每年2月底前到市住房城乡建设委综合服务中心窗口申报。申报材料包括《北京市产业化住宅部品认证产品申请表》（附件2）和《关于印发〈北京市产业化住宅部品使用管理办法〉（试行）的通知》（京建发〔2010〕566号）规定的材料，申报材料采用A4纸装订成册。

产业化住宅部品的申报和审核过程不收取任何费用。

一、结构性部品

（一）评审程序

市建材办收到申报材料后，在市住房城乡建设委专家库内随机抽取5名专家（评审专家与被评审企业及其负责人有关联时应当回避），对申报单位提交的材料进行书面审查，书面审查合格后组织专家到生产企业进行实地核查。

1. 核查内容包括生产与检验设备、运营状况、原材料、工艺、半成品、成品检验记录的完整性与真实性，并做好核查记录。

2. 实地核查结束后与企业负责人现场交换共同签字的《现场核查意见》。

3. 根据《现场核查意见》，组织参加核查的专家提出评审意见。

4. 评审合格的部品列入《北京市产业化住宅部品认证产品目录》。

（二）预制钢筋混凝土构件评审要点

项目	评审内容	评审要点	考核方法	评价要求
1. 机构	营业执照	1.1 查验法人营业执照，企业注册资金应达到1000万元以上，营业执照规定的经营范围应包括所申请项目	现场核实。对非独立法人的分支机构，应审核其营业执照及其他证照	不满足要求时，停止评审
	税务登记证	1.2 查验企业税务登记证，应有独立的财务账号		
	专业资质	1.3 预制构件贰级及以上资质		
	组织机构代码证书	1.4 查验企业组织机构代码证书		

续表

项目	评审内容	评审要点	考核方法	评价要求
2. 人员	法定代表人	2.1　应具备掌握建筑行业法规及专业管理经验能力。授权代理人应有法定代表人的书面授权委托书，并应注明代理事项、权限和时限等内容	重点检查技术负责人、质量负责人、主要技术管理人员研发人员的任职资格、工作经历、劳动合同及社会保险等证件	不满足评审要点中要求的判为不符合；其中，技术负责人和质量负责人未到评审现场的停止评审
	技术负责人	2.2　技术负责人应具有国家认可的土建类专业高级技术任职资格及10年以上工作经验，年龄在60岁以下，不得在其他单位兼职		
	质量负责人	2.3　质量负责人应具有国家认可的土建类专业中级技术任职资格及5年以上工作经验，年龄在60岁以下，且不得在其他单位兼职		
	生产技术管理人员	2.4　具有5名以上主要生产技术管理人员，不得在其他单位兼职。任职资格应备初级专业技术资格、3年以上工作经历		
	研发人员	2.5　生产企业具有部品的研发和创新、完善能力。具有5名以上专职研发人员，不得在其他单位兼职。任职资格应具备中级专业技术资格、3年以上工作经历		
	检验人员	2.6　工作能力和数量应能满足岗位要求	检查检验人员和作业人员上岗操作证及其劳动用工合同、工资表及相关保险凭证（原件）	
	作业人员	2.7　各类作业人员的数量及其资格应满足岗位要求		

续表

项目	评审内容	评审要点	考核方法	评价要求
3. 基础设施	生产设施	3.1 应具有 5000m² 以上的生产车间及配套用房，2万 m² 以上的成品存放场地	现场核实档案资料及检查工作场所的能力要求	不满足评审要点中要求的判为不符合
	生产设备	3.2 具有年产 5 万 m³ 混凝土生产能力或搅拌机组为 1.5m³ 自动化控制系统的混凝土搅拌站	检查部品加工设备和工艺装备，部品生产线、工艺装备，应具有国内先进水平	不满足评审要点中要求的判为不符合
		3.3 具有必要的钢筋加工成型设备配套能力		
		3.4 具有混凝土构件加热养护设施的配套能力		
		3.5 具有年产 3 万 m³ 混凝土预制构件综合配套能力		
	检测设备	3.6 企业应具有与生产能力相适宜的检测设备及计量器具	检查检测设备及计量器具	不满足评审要点中要求的判为不符合
		3.7 检测设备及计量器具的性能精度应满足检验要求，按规定进行定期校验	核查计量器具的校验报告，计量器具的初检率、定期检验率必须达到100%	不满足评审要点中要求的判为不符合
4. 质量管理	部品情况	4.1 部品的企业标准	各类部品应有相适应的企业标准，企业标准应符合国家、行业及本市标准及设计要求	存在不合格项目停止评审
		4.2 部品的生产条件	核查部品的设计大纲、工艺规程和质量内控标准，其中对部品的原材料、工艺、设备、计量、检验、劳动力素质与培训、劳动组织、规章制度等生产条件的规定应完善、科学、先进	
		4.3 部品的质量验收	核查部品的质量验收标准；检查组委托第三方机构进行检验验证。初次评审为部品试样检验	

续表

项目	评审内容	评审要点	考核方法	评价要求
4. 质量管理	原材料	4.4　生产企业具有合格原材料的采购能力	核查采购合同或发票，原材料质量证明文件	不满足评审要点中要求的判为不符合
	资料管理	4.5　检查产品的出厂检验记录	检查组抽查。初次评审可抽查预制构件出厂检验记录	不满足评审要点中要求的判为不符合
	管理体系	4.6　应通过 ISO 9000 质量管理体系认证，并具有完善的预制构件质量管理文件和作业标准	查验 ISO 9000 质量管理体系认证证书	存在不合格项目停止评审
	质量检验	4.7　主要原材料抽样检验	检查组委托第三方机构进行检验验证。其中，主要原材料抽检水泥、外加剂、粗骨料、细骨料、掺合料，检验项目为型式检验项目，各抽查 1 组；混凝土配合比设计验证、混凝土试块强度，各抽查 2 组	存在不合格项目停止评审
		4.8　混凝土配合比设计验证		
		4.9　混凝土试块强度抽样检测		
5. 工程业绩	工程业绩	5.1　近三年主要生产预制构件的种类和数量	如没有工业化住宅工程业绩应在评审时增加样品制作并现场检查验证	不满足评审要点中要求的判为不符合
		5.2　近一年应用本企业产品的重要建设工程清单		
		5.3　产业化住宅工程构件生产准备或研究开发经历		
6. 违法情况	违法违规行为	6.1　两年内或试施工期间是否存在违法违规行为	每年组织一次复评验证工作，并向当地建设主管部门或建设单位了解情况（初次评审向当地建设主管部门或建设单位了解近两年该企业是否存在违法违规情况）	发现有此类违法行为的停止复评
		6.2　两年内是否存在非法提供质量证明文件		
		6.3　两年内或试施工期间是否存在不按照规定接受建设主管部门的监督检查，经责令整改仍未改正		

注：以上评审项目没有特别注明的均需满足。

二、功能性部品

(一)评审程序

市建材办收到申请材料后,对申报单位提交的申报材料进行书面审核,经审核合格的功能性部品在北京市住房城乡建设委网站(www.bjjs.gov.cn)公示并征求社会意见,公示期为 15 天,对收到的投诉、举报等情况组织调查核实,对不符合申报条件的产品不予通过。

(二)评审要点

项目	评审内容	评审要点	考核方法	评价要求
1. 机构	营业执照	1.1 查验法人营业执照应与提出申请时递交的复印件一致,营业执照规定的经营范围应包括所申请项目	现场核实。对非独立法人的分支机构,应审核其营业执照及其他证照	不满足要求时,停止评审
	税务登记证	1.2 查验企业税务登记证应齐全,应与提出申请时递交的复印件一致;应有独立的财务账号		
	组织机构代码证书	1.3 查验企业组织机构代码证,并记录企业机构代码		
2. 工程业绩	工程业绩	两年内应用该产品的本市建设工程清单		
3. 违法情况	违法违规行为	3.1 在两年内或试施工期间是否存在违法违规行为的	查验第三方机构出具的认证证书,认证产品是否在有效期内,认证产品是否在要求范围	不满足要求时,停止评审
		3.2 在两年内是否存在非法提供质量证明文件		
		3.3 在两年内或试施工期间是否存在不按照规定接受建设主管部门的监督检查,经责令整改仍未改正		
4. 质量控制	产品认证证书	4.1 是否通过第三方机构的产品认证	向相关认证机构求证,认证产品是否在有效期内,认证产品是否在要求范围	不满足要求时,停止评审
	质量控制	4.2 是否通过 ISO 9000 认证	查验相关证书是否在有效期内,范围应包括所申请项目	不满足要求时,停止评审

注:以上评审项目没有特别注明的均需满足。

附件 2

北京市产业化住宅部品认证产品申请表

申请 项目	预制钢筋混凝土构件	□
	预制钢结构构件	□
	功能性部品	□

申请单位：_____（盖章）

所在地区：_____ 省（自治区、直辖市）_____ 市

申请日期：_____ 年 _____ 月 _____ 日

北京市建筑节能与建筑材料管理办公室制

一、申请单位基本情况

单位名称					
通信地址			邮政编码		
负责人			电 话		
电子邮箱			传 真		
联系人			电 话		
电子邮箱			传 真		
生产车间 面积（m²）			成品存放场地 面积（m²）		
资质等级			是否通过 ISO 9000 认证		
人员构成	高级	中级	初级	技术员	实验员
近三年相关 产品工程业绩 （不够可加页）					

二、生产设备情况

生产设备情况						
序号	主要仪器设备名称	数量	参数	工作范围	状态	制造单位

三、检测设备情况

检测设备情况						
序号	主要仪器设备名称	数量	检测项目/参数	工作范围精度	状态	制造单位

四、技术/质量负责人基本情况

姓名		职　务	
性别		出生日期	
学历		职　称	
办公电话		手机号码	
传真		电子邮箱	
毕业院校、毕业时间及专业			
工作简历			

本人签字：

年　月　日

五、人员基本情况表

序号	姓名	出生日期	性别	学历	专业	职称	工作岗位	本岗位工作年限

政策 24

关于印发《北京市混凝土结构产业化 住宅项目技术管理要点》的通知

京建发〔2010〕740 号

各区、县建委、规划分局，各建设、设计、施工单位，各构件生产企业及各有关单位：

　　为贯彻执行《关于推进本市住宅产业化的指导意见》（京建发〔2010〕125 号）和《关于产业化住宅项目实施面积奖励等优惠措施的暂行办法》（京建发〔2010〕141 号），规范我市混凝土结构产业化住宅项目的管理，市住房城乡建设委会同市规划委制定了《北京市混凝土结构产业化住宅项目技术管理要点》（以下简称《要点》），现印发给你们，请遵照执行。

　　本《要点》自通知发布之日起实施。《要点》中的有关技术要求应编入新建产业化住宅项目的招标文件或产业化试点申请文件，在工程设计和施工中加以落实。已开工建设项目应参照本《要点》执行。

　　特此通知。

2010 年 12 月 10 日

北京市混凝土结构产业化住宅项目技术管理要点

1 总 则

　　1.1 为贯彻执行《关于推进本市住宅产业化的指导意见》（京建发〔2010〕125 号）和《关于产业化住宅项目实施面积奖励等优惠措施的暂行办法》（京建发〔2010〕141 号），规范我市产业化住宅项目的管理，确保工程质量和安全，制定本技术要点。

　　1.2 本技术要点所指产业化住宅，是指按照"建筑设计标准化、部品生产工厂化、现场施工装配化、物流配送专业化"的原则建造的住宅。产业化住宅应综合应用保温复合外墙、楼梯、叠合楼板、阳台板、空调板等预制构配件和功能性部品，并做到装修一次到位。

　　1.3 本技术要点适用于北京地区抗震设防类别为重点设防类（乙类）及以下、建筑高度符合现行国家标准规定的混凝土结构的产业化住宅建筑。

　　1.4 对于应用新技术、新工艺和新材料的项目，应符合住房和城乡建设部《"采用不符合工程建设强制性标准的新技术、新工艺、新材料核准"行政许可实施细则》的有关规定。

1.5 本技术要点使用期限为《关于推进本市住宅产业化的指导意见》规定的住宅产业化试点期和推广期。

2 产业化住宅项目的设计

2.1 产业化住宅设计应符合国家和北京市住宅设计的各类现行标准和规范的要求，并遵循安全、适用、经济、美观的原则。

2.2 产业化住宅应做好前期整体规划与方案设计，各专业应结合住宅功能与建筑造型，从建筑整体设计入手，规划好各部位拟采用的工业化构配件和部品，并实现构配件和部品的标准化、定型化和系列化。

2.3 产业化住宅的建筑设计应执行模数协调原则，符合现行国家标准《建筑模数协调统一标准》GBJ 2—86 和《住宅建筑模数协调标准》GB/T 50100—2001 的规定，做到基本单元、基本间、户内专用功能部位（如厨房、卫生间、楼电梯间等）、构配件与部品等的模数化、标准化和系列化，按照"少规格、多组合"的原则，实现住宅建筑的多样化。

2.4 产业化住宅施工图设计应按照建筑设计与装修设计一体化的原则，对户内管线、用水点及电气点位等准确定位，满足装修一次到位要求，保证建筑设计与装修设计的一致性。

2.5 产业化住宅中，楼梯间、门窗洞口、厨房和卫生间的设计，应分别符合现行国家标准《建筑楼梯模数协调标准》GBJ 101—87、《建筑门窗洞口尺寸系列》GB/T 5824—2008、《住宅厨房及相关设备基本参数》GB/T 11228—2008、《住宅卫生间功能和尺寸系列》GB/T 11977—2008 的规定。

2.6 产业化住宅应装修一次到位，基本要求是：完成所有功能空间固定面的铺装或粉刷，完成厨房和卫生间基本设备的安装。装修中宜采用集成化、工厂化的部品。对实施产业化的政策性住房项目，装修标准不低于《北京市廉租房、经济适用房及两限房建设技术导则》和《北京市公共租赁住房建设技术导则（试行）》的要求。

2.7 预制构配件的主要类型

2.7.1 结构构件

1. 装配整体式剪力墙结构的预制剪力墙墙板；

2. 装配整体式框架结构和装配整体式框架-剪力墙结构的预制框架柱、框架梁和剪力墙墙板；

3. 预制楼梯、预制（叠合）楼板、预制（叠合）阳台板、预制空调板等；

4. 其他符合预制装配要求的结构构件（如支撑等）。

2.7.2 非结构构件

1. 预制外挂墙板；

2. 轻质内隔墙板。

2.7.3 其他能够改善混凝土构件施工质量的各种类型的预制构配件，如预制混凝土门（窗）套、阳台栏板和分隔板、建筑装饰构件等。

2.8　产业化住宅建筑对预制装配墙体的基本要求

2.8.1　建筑外墙板应采用建筑装饰-保温-墙体一体化的复合型墙板。

2.8.2　建筑内外墙板的保温、隔热、防水、防潮、防火、隔声、抗冲击等性能应满足现行国家、行业和北京市相关标准、规范和规定的要求。

2.8.3　建筑内外墙板应为各类专业管线、构配件和部品的安装预留条件。

2.8.4　所有类型的墙板均应与结构可靠连接，连接做法应满足抗震、抗风等设计要求。

2.9　产业化住宅建筑应用构配件的基本要求

2.9.1　装配整体式剪力墙结构的住宅建筑应满足如下要求：

1. 应用预制剪力墙外墙板，预制化率不低于50%；

2. 应用预制楼梯；

3. 应用预制（叠合）阳台板和空调板，预制化率不低于70%；

4. 宜采用预制（叠合）楼板和轻质内隔墙板。

2.9.2　当建筑高度大于等于60m或建筑层数大于等于21层时，主体结构可采用现浇钢筋混凝土剪力墙结构，但应满足如下要求：

1. 应用预制楼梯；

2. 应用预制（叠合）楼板、阳台板和空调板，且预制化率不低于70%；

3. 应用轻质内隔墙板；

4. 其他能够改善混凝土构件施工质量的各种类型的预制构配件，如预制混凝土门（窗）套、阳台栏板和分隔板、建筑装饰构件等。

2.9.3　装配整体式框架和框架-剪力墙结构的住宅建筑应满足如下要求：

1. 应用预制外挂墙板，且预制化率不低于50%；

2. 应用预制楼梯；

3. 应用预制（叠合）楼板、阳台板和空调板，且预制化率不低于70%；

4. 宜采用轻质内隔墙板。

2.9.4　现浇钢筋混凝土框架-剪力墙（筒体）结构的住宅建筑应满足如下要求：

1. 应用预制外挂墙板，且预制化率不低于80%；

2. 应用预制楼梯；

3. 应用预制（叠合）楼板、阳台板和空调板，且预制化率不低于70%；

4. 应用轻质内隔墙板。

2.10　提倡户内专用功能部位（厨房、卫生间等）实现部品集成化，采用整体式厨房和卫生间。卫生间宜采用同层排水技术。厨房家具与设备产品的选用应符合《住宅厨房家具及厨房设备模数系列》JG/T 219—2007的要求。

2.11　管线与设备的设计应充分考虑产业化住宅特点。厨房和卫生间的竖向管道宜集中设置在建筑公共区域的管井内。

3　产业化住宅项目的构件生产和施工

3.1　产业化住宅混凝土构配件的生产及现场施工安装应符合现行国家标准《混凝土结构施工质量验收规范》GB 50204—2002及相关标准规范的要求。

3.2　产业化住宅部品的使用监督管理应符合《北京市产业化住宅部品使用管理办法（试行）》（京建发〔2010〕566号）的规定。

3.3　预制构件的生产企业和施工企业应符合国家和北京市相关资质标准的要求。

3.4　预制构件的生产企业和施工企业，应对产业化住宅预制构配件的生产、运输、现场装配等环节分别制订专项技术方案，建立健全质量管理体系，做好构配件生产和施工阶段的质量控制和验收，形成和保留完整的质量控制资料。

3.5　预制构件的生产企业在预制构件加工前，应进行深化设计，并结合施工图纸以及施工、吊装、运输、存储等方案，确定预制构件的预留、预埋件，确保预制构件满足设计和施工安装的要求。

3.6　施工企业应对装配式结构专有的施工技术、设备和设施、施工工法等进行研究和总结，编制施工技术标准并按规定到市住房城乡建设委进行备案。

3.7　在保证施工安全的前提下，应采取合理措施，按照结构施工、设备安装及装修等工种和工序同步流水的作业方式施工，有效缩短施工周期。

3.8　在生产和施工过程中应采用工具化定型模板、专用支架和设备机具等，实现节能减排和绿色施工。

3.9　生产和施工企业应根据产业化住宅的技术特点，开展教育培训，提高作业人员的专业技能，确保生产和施工质量。

政策 25

关于印发《关于推进本市住宅产业化的 指导意见》的通知

京建发〔2010〕125 号

各区、县建委，各区、县规划、国土分局，各区、县发展改革委，各建设、设计、施工单位，各构件生产企业及各有关单位：

　　住宅产业化有利于实现节能减排、推进绿色安全施工、提高住宅工程质量、改善人居环境以及促进产业结构调整，是住宅建设发展的趋势。推进住宅产业化，对于实现建设繁荣、文明、和谐和宜居的世界城市目标具有重要意义。

　　为贯彻落实科学发展观，按照转变经济发展方式和建设资源节约型、环境友好型社会的要求，实现建设"人文住宅、科技住宅、绿色住宅"的目标，现将《关于推进本市住宅产业化的指导意见》印发给你们，请遵照执行。

　　特此通知。

北京市住房和城乡建设委员会　北京市规划委员会
北京市国土资源局　北京市发展和改革委员会
北京市科学技术委员会　北京市经济和信息化委员会
北京市质量技术监督局　北京市财政局
2010 年 3 月 8 日

关于推进本市住宅产业化的指导意见

　　住宅产业化有利于实现节能减排、推进绿色安全施工、提高住宅工程质量、改善人居环境以及促进产业结构调整，是住宅建设发展的趋势。推进住宅产业化，是建设领域贯彻落实建设"人文北京、科技北京、绿色北京"的重要内容，对于实现建设繁荣、文明、和谐和宜居的世界城市目标具有重要意义。根据《关于发展节能省地型住宅和公共建筑的指导意见》（建科〔2005〕78 号）、《国务院办公厅关于转发建设部等部门关于推进住宅产业现代化提高住宅质量的若干意见的通知》（国办发〔1999〕72 号）的要求，结合本市实际，现就推进本市住宅产业化提出以下指导意见：

一、指导思想、基本原则和目标任务

（一）指导思想

全面贯彻落实科学发展观，按照转变经济发展方式和建设资源节约型、环境友好型城市的要求，以建设"人文住宅、科技住宅、绿色住宅"为目标，依托科技进步，大力推进住宅产业现代化，实现我市住宅建设的可持续发展。

（二）基本原则

一是政府引导、市场主导。二是以人为本、提升品质。三是科技进步、产业升级。

（三）目标任务

1.2009 年至 2011 年，为住宅产业化试点期，3 年内住宅产业化试点项目建筑面积分别为 10 万 m²、50 万 m² 和 100 万 m²。从成熟和适用的预制部品入手，综合运用外墙、楼梯、叠合楼板、阳台板、空调板等预制部品，采用装修一次到位，推进先进部品、技术、工艺等的整合。

2.2012 年至 2013 年，为住宅产业化推广期。2012 年和 2013 年，住宅产业化项目比例分别达到 7％ 和 10％（按建筑面积计算）。

二、主要措施

（一）建立联席会议制度，加强组织协调

1. 建立市住宅产业化工作联席会议制度。由市政府分管副秘书长主持，市住房城乡建设委作为牵头单位，成员单位包括市规划、发展改革、国土、科技、经济信息化、质监和财政等部门。联席会议负责统筹规划、指导协调推进我市住宅产业化工作，研究制定推进我市住宅产业化发展的政策、发展目标和总体规划，建立联动机制，明确责任主体。联席会议办公室设在市住房城乡建设委，联席会议各成员单位在各自的职责范围内负责住宅产业化推进工作。

2. 市住房城乡建设委会同市规划、国土、发展改革和财政行政主管部门组织成立住宅产业化专家委员会。专家委员会由建筑规划、设计、施工、质量检测和建筑经济，以及建筑材料生产等领域的专家与相关行政部门的代表组成，主要负责住宅建筑设计、新技术和新工艺论证、部品认定、住宅性能认定、标准编制等住宅产业化相关技术服务指导工作。

（二）推广适用技术，完善标准体系

1. 推广应用 4 类产业化住宅结构体系。第一类为装配式钢筋混凝土结构，包括框架结构、剪力墙结构、框架剪力墙结构、框架筒体结构等；第二类为钢结构；第三类为轻型钢结构；第四类为其他符合产业化住宅标准的结构体系。鼓励以企业为主体的技术研发，充分发挥本市科研院所、高等院校的作用，积极开发对保证和提高产业化住宅品

质有利、符合可持续发展要求的技术和工艺体系。

2. 推广应用 6 类预制部品。第一类为非砌筑类型的建筑内、外墙板；第二类为满足建筑装饰用的制品；第三类为预制钢筋混凝土构件，包括楼梯、叠合楼板、阳台、雨蓬等；第四类为预制主体结构构件，包括框架柱、框架梁和次梁、抗震墙板、连梁等；第五类为钢结构和轻型钢结构用的构配件；第六类为其他符合标准化设计、工厂加工、现场安装条件的建筑部品。

3. 推广住宅一次性装修到位。一是对产业化住宅项目，100% 施行一次性装修到位。二是对实施产业化的保障性住房项目，装修应符合《北京市廉租房、经济适用房及两限房建设技术导则》要求；对非保障性住房项目，装修一次到位的基本原则是所有功能空间的固定面全部铺装或粉刷完成，厨房和卫生间的基本设备全部安装完成。三是提倡采用土建、装修设计施工一体化，在主体结构设计阶段统筹完成室内装修设计。四是建立和完善全装修质量技术标准，强化全装修住宅建设过程的质量监管，住宅装修必须由具有相关资质的专业装饰装修企业进行施工，并由第三方进行监理。五是提倡采用 SI 分离体系（内装与主体结构分离）。

4. 推广应用住宅产业化成套技术。成套技术包括节能及新能源利用技术、整体厨卫技术、生态环境保障技术、管网技术与智能化技术等。

5. 加强产业化住宅设计、审查和预制部品的管理。一是从事产业化住宅工程设计的单位，应严格按照国家、行业和北京市颁行的规范、规程、标准和规定执行，切实保证设计文件的质量。住宅产业化专家委员会对住宅产业化项目及超出现行规范标准的结构体系安全性等进行初步论证并提出论证意见。规划行政主管部门监督施工图审查机构根据住宅产业化专家委员会论证的初步意见和现行规范标准做好住宅产业化项目的施工图审查工作。二是对于建筑外墙挂板、非砌筑类型的建筑内墙板、建筑装饰构配件等各类预制构配件产品，生产企业应提供全套符合国家、行业和北京市规定的产品说明书和相关的技术参数、使用要求、适用条件等说明。对于在产业化住宅工程项目中使用效果良好的产品和企业，建设行政主管部门通过定期公布产品名录等方式予以公示和推介。对于不良产品和企业，在产业化住宅工程项目中应坚决予以取缔。

6. 完善产业化住宅标准体系。本着"成熟一部颁布一部"的原则，在试验和试点工程基础上，广泛吸收国内外已有成果，力争 3 年内初步形成产业化住宅地方标准体系，包括设计、部品生产、施工、物流和验收标准。对不具备编制标准条件的，由市住宅产业化专家委员会会同有关单位编制技术导则。

（三）发挥政策调控作用，开展试点示范

市国土局、市发展改革委、市规划委和市住房城乡建设委在 2009 年、2010 年和 2011 年度土地供应计划中安排建筑面积分别不少于 10 万 m^2、50 万 m^2 和 100 万 m^2 的土地用于产业化住宅建设。住宅产业化的有关内容和要求在土地出让交易文件中予以明确。对于无需通过招拍挂出让方式取得土地的政策性住房，由有关主管部门根据实际成本确定销售或租赁价格；对于需通过招拍挂出让方式取得土地的政策性住房和商品住房，政府相关部门在确定土地出让价格以及开发单位在投标和竞购土地过程中应综合考虑产业化成套技术应用和成本因素。

（四）实施激励政策，采取面积奖励措施

除了明确采用产业化建造方式的商品住房项目，若开发单位申请采用产业化建造方式，在通过市建设、发展改革、规划、国土和财政主管部门审批后，适用面积奖励政策。对奖励部分建筑面积，研究给予适当优惠政策。

除了明确采用产业化建造方式的政策性住房项目，若开发建设单位申请采用产业化建造方式，在通过市建设、发展改革、规划、国土和财政主管部门审批后，由有关主管部门根据实际成本确定销售或租赁价格。

（五）整合行业资源，培育实施主体

1. 调整产业布局，完善资源配置。一是在本市东、南、西、北 4 个区域扶持建设若干家预制部品生产企业，使生产能力适应产业化住宅建设需要。鼓励规模较大、技术能力较强的构件厂调整产品结构，更新生产线；扶持大型商品混凝土生产企业转型为预制部品生产企业；支持与建筑工程相关的大型企业投资预制部品生产。二是鼓励传统建材企业向以住宅产业化为特点的部品生产企业转型，形成 3 至 4 家大型骨干企业。

2. 整合行业资源，培育住宅产业集团。以市场为导向，整合产业链资源，鼓励开发、设计、部品生产、施工、物流企业和科研单位组成联合体，或形成优势互补、实力雄厚、信誉良好的大型产业集团。力争在 2015 年前，培育 4 至 5 家联合体和大型住宅产业集团。

3. 实施"引进"战略，加快住宅产业化进程。一是鼓励发达国家和地区有实力的住宅产业集团与北京市及其他省市有关企业开展合作，充分吸收其先进技术和管理经验，培育我市住宅产业化开发、设计、生产和施工力量。二是在产业化住宅项目招投标中，允许海外企业直接参与竞争，促进我市住宅产业化工作。

（六）施行市场准入制度，严格资质标准

为确保产业化住宅建设安全和质量，严格控制市场主体准入，在土地交易过程中明确投标或竞购主体必须为住宅产业集团或开发、设计、部品生产和施工企业联合体，其资质标准、业绩、技术力量、资信和财务状况必须满足实施产业化项目需要。

（七）强化质量安全监督管理，保证住宅质量和施工安全

1. 对产业化住宅项目，依据国家、住房和城乡建设部和北京市有关法律法规和规范规程实施质量安全监督。对于运用新技术、新工艺、新材料，可能影响建设工程质量和安全，又没有国家、行业和地方技术标准的，企业标准在通过市住宅产业化专家委员会专项审查后，可作为监督依据。

2. 根据产业化住宅特点，制订专项监督方案。通过试点工程，探索建设行政和质量监督部门对构配件质量监督的运作机制，建立职责清晰、运转流畅的监督机制。

3. 各类预制混凝土部品必须经市住宅产业化专家委员会认定，获市住房城乡建设委颁发的准入证后方可进场使用。市质量技术监督部门配合建设质量监督部门对部品生产过程实施延伸监督。

（八）加强科技研发，提供科技支撑

组织住宅产业化技术联盟，将住宅产业化技术研究列为科技重点攻关方向。科技经费重点支持以下研究方向：一是符合北京 8 度抗震设防和 65％以上节能要求的住宅建筑结构体系研究，设计标准化、部品模数化研究，新型部品设计、生产工艺研究，机械设备研究，以及信息管理平台开发等。二是产业化住宅相关技术标准和规范，包括标准户型设计图集，生产、施工和验收标准，以及住宅性能认定规程和部品认定制度等。三是国外先进技术和标准的引进吸收、转化应用和创新。

（九）开展技术培训，培养专业人才

一是加大企业人才培训支持力度，促进住宅产业企业与相关职业教育机构合作，培养实用技术人员。二是依托试点、示范工程，通过企业内部培训，培养具备建造相关专业技术及生产、操作经验的职业技术工人。三是加强劳务企业管理，建立用工与培训长效机制。

（十）加强宣传，提高社会认知度

采取多种形式，在报纸、电视、电台与网络等设置专栏或专题，并组织大型宣贯会议和论坛等，对政府管理部门、开发商、施工单位、生产企业以及消费者开展宣传教育，提高住宅产业化社会认知程度。

北京市住房和城乡建设委员会办公室
2010 年 3 月 8 日印发

北京市装配式建筑执行标准

北京已有装配式建筑地方标准、图集及技术文件 20 本，部分标准已经成为京津冀标准，在北京市装配式建筑发展与项目建设乃至京津冀地区协同发展中发挥了重要作用，清单详见表 2-3。国家标准和行业标准 12 余本，清单详见表 2-4。

表 2-3 北京市装配式建筑地方标准、图集、技术文件一览表

序号	名称	编号	发布时间	实施时间
1	《装配式建筑设备与电气工程施工质量及验收规程》	DB11/T 1709—2019	2019 年 12 月 25 日	2020 年 4 月 1 日
2	《居住建筑室内装配式装修工程技术规程》	DB11/T 1553—2018	2018 年 7 月 4 日	2018 年 10 月 1 日
3	《钢筋套筒灌浆连接技术规程》	DB11/T 1470—2017	2017 年 9 月 22 日	2018 年 1 月 1 日
4	《建筑预制构件接缝密封防水施工技术规程》	DB11/T 1447—2017	2017 年 6 月 29 日	2017 年 10 月 1 日
5	《北京市建设工程计价依据——消耗量定额（装配式房屋建筑工程）》	（京建发〔2017〕90 号）	2017 年 6 月 1 日	
6	《公共租赁住房建设与评价标准》	DB11/T 1365—2016	2016 年 10 月 20 日	2017 年 2 月 1 日
7	《预制混凝土构件质量控制标准》	DB11/T 1312—2015	2015 年 12 月 30 日	2016 年 4 月 1 日
8	《装配式框架及框架-剪力墙结构设计规程》	DB11/1310—2015	2015 年 12 月 30 日	2016 年 7 月 1 日
9	《公共租赁住房内装设计模数协调标准》	DB11/T 1196—2015	2015 年 4 月 30 日	2015 年 8 月 1 日
10	《住宅全装修设计标准》	DB11/T 1197—2015	2015 年 4 月 30 日	2015 年 8 月 1 日
11	《装配式混凝土结构工程施工与质量验收规程》	DB11/T 1030—2013	2013 年 11 月 1 日	2014 年 2 月 1 日
12	《装配式剪力墙结构设计规程》	DB11/1003—2013	2013 年 7 月 24 日	2014 年 2 月 1 日
13	《装配式剪力墙结构设计规程》配套图集 PT-1003			2015 年 4 月 1 日
14	《装配式剪力墙住宅建筑设计规程》	DB11/T 970—2013	2013 年 3 月 18 日	2013 年 7 月 1 日
15	《装配式剪力墙住宅建筑设计规程》配套图集 PT-970			2015 年 2 月 1 日
16	《预制混凝土构件质量检验标准》	DB11/T 968—2013	2013 年 3 月 18 日	2013 年 7 月 1 日
17	《北京市公共租赁住房标准设计图集（一）》	BJ-GZF/BS TJ1—2012	2012 年 7 月 30 日	2012 年 8 月 1 日
18	《北京市共有产权住房规划设计宜居建设导则（试行）》			

续表

序号	名称	编号	发布时间	实施时间
19	《北京市公共租赁住房建设技术导则（试行）》			2010 年 7 月 22 日
20	《清水混凝土预制构件生产与质量验收标准》	DB11/T 698—2009	2009 年 12 月 12 日	2010 年 4 月 1 日

表 2-4　国家装配式建筑标准一览表（部分）

序号	名称	编号	发布时间	实施时间
1	《钢筋连接用套筒灌浆料》	JG/T 408—2019	2019 年 10 月 28 日	2020 年 6 月 1 日
2	《装配式多层混凝土结构技术规程》	CECS 604—2019	2019 年 7 月 8 日	2020 年 1 月 1 日
3	《绿色建筑评价标准》	GB/T 50378—2019	2019 年 3 月 13 日	2019 年 8 月 1 日
4	《装配式建筑评价标准》	GB/T 51129—2017	2017 年 12 月 12 日	2018 年 2 月 1 日
5	《装配式混凝土建筑技术标准》	GB/T 51231—2016	2017 年 1 月 10 日	2017 年 6 月 1 日
6	《装配式钢结构建筑技术标准》	GB/T 51232—2016	2017 年 1 月 10 日	2017 年 6 月 1 日
7	《装配式木建筑技术标准》	GB/T 51233—2016	2017 年 1 月 10 日	2017 年 6 月 1 日
8	《建筑工程绿色施工规范》	GB/T 50905—2014	2014 年 1 月 29 日	2014 年 10 月 1 日
9	《绿色工业建筑评价标准》	GB/T 50878—2013	2013 年 8 月 8 日	2014 年 3 月 1 日
10	《装配式钢结构住宅建筑技术标准》	JGJ/T 469—2019	2019 年 6 月 18 日	2019 年 10 月 1 日
11	《装配式住宅建筑设计标准》	JGJ/T 398—2017	2017 年 10 月 30 日	2018 年 6 月 1 日
12	《预拌混凝土绿色生产及管理技术规程》	JGJ/T 328—2014	2014 年 4 月 16 日	2014 年 10 月 1 日
13	《装配式混凝土结构技术规程》	JGJ 1—2014	2014 年 2 月 10 日	2014 年 10 月 1 日
14	《钢筋连接用灌浆套筒》	JG/T 398—2012	2012 年 10 月 29 日	2013 年 1 月 1 日

第三篇

北京市装配式建筑

典型案例

2017 年以前，北京市纳入实施住宅产业化的累计超过 1800 万 m^2，其中采用装配式剪力墙结构的住宅约 300 万 m^2。2017—2020 年，北京市新建装配式建筑面积超过 5400 万 m^2，其中 2020 年全市新建装配式建筑占新建建筑比例达到 40%，装配式建筑规模创历史新高，超额完成 2020 年装配式建筑占新建建筑的比例 30% 的目标，装配式建筑已形成规模化发展趋势。

近年来，北京市项目获得国家和住建部的多个奖项，如通州马驹桥公租房和海淀温泉 C03 及郭公庄一期北区公租房 3 个装配式建筑项目获得 2017 年度中国人居环境范例奖，其中通州马驹桥公租房项目还获得了中国土木工程詹天佑奖优秀住宅小区金奖、全国优秀示范小区金奖。另外，北京市还有住建部的科技示范项目、《装配式建筑评价标准》示范项目和国家重点研发计划示范项目等，在全国装配式建筑发展中起到了一定的示范作用，部分项目获奖清单见表 3-1 至表 3-3。

表 3-1 住建部科技已立项示范项目

序号	年份	项目名称
1	2017 年	丰台区花乡榆树庄回迁房住宅及配套工程
2	2018 年	首钢铸造村 4 号、7 号钢结构住宅项目
3		朝阳区堡头地区焦化厂公租房项目
4		北京新机场生活保障基地首期人才公租房项目
5		6007 地块标段（顺义新城第 4 街区 SY00-0004-6002 等地块保障性住房项目）
6		平房乡新村建设（三期）B-7-1 地块产业化住宅楼项目
7		朝阳区百子湾保障房项目公租房地块
8		通州台湖公租房项目
9		北京城市副中心职工周转房装配式示范
10	2019 年	基于钢结构的装配式绿色居住建筑（北京冬季奥运村人才公租房项目）
11		朝阳区黑庄户定向安置房项目（北区）一标段 4 号住宅楼
12		北京城市副中心职工周转房项目施工总承包（A2 标段）
13		通州区丁各庄公租房项目
14	2020 年	丰台区张仪村路东侧棚户区安置房项目

表 3-2 住建部《装配式建筑评价标准》示范项目

序号	评价等级	项目名称
1	AAA 级	亚洲基础设施投资银行总部永久办公场所
2		通州台湖公共租赁住房项目 D1 地块 27 号楼
3	AA 级	新中原大厦
4		通州台湖公共租赁住房项目 B1 地块 1 号楼、3 号楼、4 号楼、14 号楼、16 号楼
5		百子湾保障房项目公租房地块第一标段 1 号楼、9 号楼、10-1 号楼、10-2 号楼、10-3 号楼
6	A 级	西北旺新村 C2 地块棚户区改造安置房 1～6 号楼、8 号楼
7		新机场生活保障基地首期人才公租房项目
8		经济技术开发区河西区 X13R2 地块公租房项目 1～5 号楼
9		回龙观住总万科金域华府 019 地块产业化项目 2 号楼

表3-3 国家重点研发计划"绿色建筑及建筑工业化"重点专项科技示范工程

序号	项目名称
1	成寿寺 B5 地块定向安置房项目
2	大兴新机场生活保障基地首期人才公租房项目
3	首都师范大学附属中学通州校区学生宿舍楼建设项目
4	昌平未来科学城第二小学工程
5	首都机场生活配套装配式模块化零能耗建筑
6	北京中西医结合医院项目

　　本章装配式建筑典型案例是根据北京市住宅产业化及装配式建筑项目发展历程，选取了20个典型项目案例，主要有住宅产业化研发试点时期的商品房开发项目；稳步推进期技术不断迭代更新的公租房项目；装配式建筑全面发展时期集多项新技术于一身的高标准商品住宅项目、钢结构住宅项目以及新型连接方式的工程总承包开发项目等，也有未在实施范围内按照高标准建设获得装配式建筑财政奖励的公共建筑项目，从一定程度上反映了北京市在住宅产业化及装配式建筑上的探索与发展，体现了装配式建筑设计、生产、施工、信息化应用等方面的技术革新与进步。因篇幅有限，以下概括介绍了项目的基本信息、装配式建筑技术应用、工程技术亮点、工程获奖情况等方面，具有一定的代表性，读者可以根据需求参考。

案例 1

丰台区中粮万科假日风景 B3B4 号楼

中粮万科假日风景项目（图 3-1-1）学习借鉴国外先进的住宅产业化理念，自主研发了"装配式剪力墙结构"。其中，B3B4 号工业化住宅楼作为"北京市住宅产业化试点工程"，在免维护外墙保温体系、外窗精确安装工艺、外墙防水、预制楼梯、全面家居解决方案、提高建造效率、节能降耗等方面站在学科前沿，引领了"住宅产业化"工程项目的设计研究及技术应用，开启了"装配整体式混凝土结构住宅"时代。

图 3-1-1　项目实景（一）

一、项目基本信息

项目名称：中粮万科假日风景 B3B4 号楼

设计时间：2008 年 4 月—2008 年 12 月

竣工时间：2009 年 12 月

项目地点：丰台区卢沟桥乡

建设单位：北京中粮万科假日风景房地产开发有限公司

设计单位：北京市建筑设计研究院有限公司

施工单位：上海建工七建集团有限公司

预制构件生产单位：榆树庄构件厂

该项目规划用地位于丰台区卢沟桥乡，用地四周为北至大瓦窑北路，南至农场中路，东至玉泉西路，西至小屯西路，B3B4 号工业化住宅楼建筑面积 8000m²，装配式剪力墙结构，主要应用"预制外墙保温装饰一体化"外墙（图 3-1-2）。

图 3-1-2 项目实景（二）

二、装配式建筑技术应用

项目（图 3-1-3）结合北京地区外墙保温痛点及三步节能要求，预制外墙首次采用了夹心保温工艺，即保温层和外装饰与墙体一起在工厂预制完成，从而达到了提升保温节能效果、延长保温寿命的目的，同时使外立面装修施工速度也大大加快。

项目首次应用了"预制外墙保温装饰一体化""外墙防水构造""外窗安装工艺"等多项住宅产业化新技术，预制构件应用比例达到 15%。

项目改变了以往的毛坯房交付模式，采用了全装修解决方案，购房者收房后可直接入住，免去了后期装修环节，从根本上杜绝了二次装修垃圾的产生。

图 3-1-3 项目实景（三）

三、工程技术亮点

1. 工程技术创新与新技术应用

（1）建筑预制技术应用：采用预制外墙、阳台板、空调板、楼梯，现场吊装。

（2）建筑外窗安装技术应用：建筑外窗安装采用在预制外墙板上直接预埋防腐木砖，然后将窗主框直接固定在防腐木砖上，有效避免了窗框处的冷桥现象的发生，最大限度地实现了建筑保温节能的目标。

（3）建筑外墙防水技术应用：预制外墙接缝的防水采用自防水、构造防水和材料防水相结合的多重防水措施。构造防水主要是墙板接缝处留置企口构造，材料防水是墙板接缝外部采用日本进口改性硅酮密封胶 MS2500 密封。该密封胶在日本的 PC 住宅中大量使用，不仅更换、维修很方便，而且耐污染、耐久性好，日本最早应用项目的实际服役年限已经超过 15 年。

（4）全装修：采用全面家居解决方案，各专业设计进行了协同配合，一体化设计。预制构件的制作充分考虑了机电管线，为内装实施界面预留了标准化的接口，起到了缩短工期、提高建筑质量的效果。

2. 经济效益

（1）在构件厂生产预制墙板，可以统一墙板品质，提升外墙质量。预制构件出厂就带有保温及防护底涂，提高安装效率。

（2）解决了外墙、外墙门窗渗漏问题，后期维护费用大大减少，居住品质得到提升。

（3）施工工期从首层装配到熟练后大幅缩短，为后期穿插施工提供了有利的条件。

（4）住宅产业化实施后，对钢模板等材料的重复利用率提高，建筑垃圾约减少83％，材料损耗约减少 60％，可回收材料约增加 66％，建筑节能 50％以上。

3. 社会效益

（1）以本项目为基础的预制技术展示宣传，让老百姓对产业化住宅有了基本的认识。

（2）将万科传统优势的精装修与结构的工业化建造方式相结合，提高了建筑质量，提升了居住品质。

四、工程获奖情况

2009 年被授予"北京市住宅产业化试点工程"称号

2010 年中国土木工程詹天佑金奖

2011 年北京市优秀工程设计奖二等奖

2011 年全国优秀工程勘察设计行业奖三等奖

案例 2

丰台区中粮万科假日风景 D1D8 号楼

在总结和归纳 B3B4 号工业化住宅设计和建造经验的基础上，中粮万科假日风景项目 D1D8 号工业化住宅楼（图 3-2-1）继续进行设计创新，全国首个采用"灌浆套筒"连接技术，初步形成了"装配整体式剪力墙结构体系"，实现了楼板、外墙板、飘窗、女儿墙、阳台、空调板、楼梯等混凝土构件的工厂预制和施工现场组装。项目以清水混凝土作为外立面装饰材料，并充分发挥预制优势，在外立面的创作中大量使用较为复杂的纹理。项目重点完善了保温装饰承重一体化外墙结构、外窗精确化安装工艺、外墙防水工艺、精装修家居全面解决方案，在推进预制装配技术进步的基础上，做到了简化施工工艺、提高成品质量、降低人工成本。

图 3-2-1　项目实景（一）

一、项目基本信息

项目名称：中粮万科假日风景 D1D8 号楼

设计时间：2009 年 5 月—2010 年 3 月

竣工时间：2011 年 11 月

项目地点：北京市丰台区卢沟桥乡

建设单位：北京中粮万科假日风景房地产开发有限公司

设计单位：北京市建筑设计研究院有限公司

施工单位：北京建工集团有限责任公司

预制构件生产单位：榆树庄构件厂

该项目规划用地位于丰台区卢沟桥乡，用地四周为北至丰台农校北围墙平齐，南至规划大瓦窑一号路，东至玉泉路南延，西至中建一局三公司。规划用地面积 273500m²，建筑面积 32500m²，结构形式为装配整体式剪力墙结构体系，结构预制化率[①] 17%。

二、装配式建筑技术应用

1. 标准化设计

建筑形式上主要体现出"塑造、装配、清水"三个方面的特征。预制外墙是结构的一部分，灵活度较差，它形成整体的凹凸关系，是立面形式的基础；阳台挂板和金属部品配置的灵活性较高，用它们搭配满足整体的需要；南立面全部用预制装配的方式构成，形式上凸显"浇筑"和"塑造"的特征。本工程（图 3-2-2）采用了混凝土的"清水"表现形式，在构件的"重复"中寻求材料新的表现力和形式美，尤其是利用混凝土"浇铸"出呈浮雕状的阳台挂板构件，与金属部品的"回字纹"共同"塑造"了虚实相映、细部丰富、光影变幻的建筑立面，暗示了"现代简约"框架下的"中国传统"（图 3-2-3）。

图 3-2-2　项目实景（二）

图 3-2-3　预制阳台细部照片

---

①　预制化率对于竖向外墙板是指应用预制建筑装饰-保温-墙体一体化的复合型承重外墙板的体积与全部竖向外墙板的体积比；预制化率对于预制阳台和空调板是指应用预制（叠合）阳台和空调板与全部阳台和空调板的面积比。——《关于在保障性住房建设中推进住宅产业化工作任务的通知》（京建发〔2012〕359 号）

通过 D1D8 号工业化住宅楼设计实践，本项目首次在国内住宅中采用了"套筒灌浆"连接技术，初步形成了较完整的"装配整体式剪力墙结构体系"。该体系是指预制的或部分预制的混凝土墙板，通过在水平和垂直方向节点部位外伸钢筋的有效连接，如钢筋灌浆套筒和现场浇筑的混凝土等方式，使之与所有剪力墙共同工作而形成的剪力墙结构，预制外墙参与抗震计算。

结构外墙、内墙、阳台板、空调板、楼板、楼梯、飘窗均采用预制构件，预制构件比例 17%。其中，外墙采用保温装饰一体化构造。

2. 工厂化生产

（1）预制构件（墙板、楼板）设计均考虑了模数协调，符合"少规格、多组合"的设计原则，减少了模板数量和种类，节约了造价。预制楼梯、阳台板和空调板，体现出工厂化预制的便捷、高效、优质、节约的特点。

（2）预制外墙为三明治构造，内叶板是结构受力层，中间是保温材料和玻璃纤维内外叶板拉结件，外叶板是 50mm 厚混凝土保护层，同时也是装饰层。结构保温装饰一体化外墙，充分考虑了门窗安装、防水、保温、装饰等因素，形成了较为完整的"系统"。

（3）采用预制飘窗，解决了飘窗结构复杂现场模板拼装和混凝土浇筑难题，充分体现了工业化生产的优势，提高了施工质量和效率。

（4）采用预制清水混凝土构件，具有表面光洁、几何尺寸精确、可塑造型等特点。用预制混凝土在工厂浇筑出呈浮雕状外装饰构件，丰富了建筑立面的多样性（图 3-2-4）。

图 3-2-4　项目施工过程

3. 装配化施工

项目施工主要为预制构件装配和现浇段的连接，通过科学化地施工组织，可实现 8d/层的工期。表 3-2-1 为工业化项目与传统项目的施工对比。

表 3-2-1　工业化项目与传统项目的施工对比

时间	工业化项目	传统项目
第 1 天	放线测量、灰饼制作、钢筋调整、吊装外墙、飘窗及楼梯（15min 一件）	绑扎墙体钢筋
第 2 天	绑扎墙体钢筋、校正墙板、灌浆（构件连接点及内墙连接需在吊装好构件后，钢筋才可绑扎）	墙体模板合模
第 3 天	墙体钢筋、水电安装门窗、入大模	浇筑混凝土及养护
第 4 天	内墙合模、现浇结构与预制构件节点部位支模	拆墙体模板及排脚手架
第 5 天	墙体模板验收	支楼面顶板
第 6 天	养护半天、下午拆墙模	楼面钢筋绑扎及调模
第 7 天	顶板支模	混凝土浇筑及养护
第 8 天	吊装预制阳台、叠合板、楼面下铁、楼面上铁、水电安装、混凝土浇筑	

4. 精装修

精装修的配置标准及设计配合：统一配置整体厨房及关键厨房电器（如灶具、油烟机等）；统一配置整体卫生间及卫浴设备；统一配置家庭收纳系统；固定家具工厂，提升品质并减少现场作业和污染。配合精装的水电设备点位一次预留到位，结构专业在预制构件图中做好预留预埋的设计。

总体而言，精装修考虑了装配化施工要求，建筑设计与装修设计相互配合，预制构件制作充分考虑了机电管线、装饰装修、建筑产品和部件的安装等要求，为缩短后期装修工期、提高建筑质量提供了条件。

三、工程技术亮点

1. 工程技术创新与新技术应用

（1）项目设计通过对预制外墙构件的拼接、组合，将立面划分为预制外墙、阳台挂板和金属部品三个部分。工厂预制的空调格栅和阳台栏杆等金属部品，通过预留孔洞或连接件的方式与混凝土构件装配在一起的，使得建筑外立面构成强烈的"装配"感，充分发挥了清水混凝土的建筑表现力。

（2）项目首次采用了"套筒灌浆"连接技术，为保温装饰一体化外墙的广泛应用奠定了基础。

（3）本项目将无外架施工与预制构件标准化安装技术结合，体现了"现场组装"的优势，极大地缩短了施工工期。

2. 经济效益

（1）本项目减少了 40.6% 的废钢筋，52.3% 的废木料，55.3% 的废砖块，同时，还减少了建造过程中 19.3% 的水耗和 2.9% 的电耗。

（2）本项目总工期比传统模式缩短了将近三个月。施工单位在缺少产业化工人的情况下，通过三个月简单培训就基本掌握了操作要领，证明了装配式建筑的强大生命力。

3. 社会效益

（1）通过本项目的实践，形成了以 12 层以下 90m² 三居室和 100m 以下两梯四标准户型为基础的商品住房工业化住宅体系。

（2）结合本项目初步形成的"装配整体式剪力墙结构体系"，开始在沈阳、长春、青岛、大连、天津等地全面推广本工业化住宅体系，引领北方地区住宅产业化的进程。

四、工程获奖情况

2007 年获得"北京市住宅产业化示范工程"称号

2012 年中国装饰混凝土设计大赛材料工艺创新奖

2013 年全国优秀工程勘察设计行业奖住宅与住宅小区二等奖

2013 年北京市第十七届优秀工程设计奖一等奖

2013 年北京市第十七届优秀工程设计奖、绿色建筑设计创新优秀奖

2013 年中国建筑学会建筑设计奖（建筑结构）银奖

案例 3

房山区长阳西站六号地 01-09-09 地块项目

　　房山区长阳西站六号地 01-09-09 地块项目（图 3-3-1）采用"装配整体式剪力墙结构体系"，是北京地区较早整项目全部采用装配式建筑的商品房住宅项目。项目实现了外墙板、内墙板、女儿墙、楼板、阳台、楼梯等混凝土构件的工厂预制和现场装配施工。项目严格采用标准化设计，精装修交房，土建与装修设计、施工一体化，保证了项目推进的速度与质量，节约了时间及人力成本。

图 3-3-1　项目实景

一、项目基本信息

　　项目名称：北京市房山区长阳西站六号地 01-09-09 地块项目

　　设计时间：2013 年 12 月—2014 年 12 月

　　竣工时间：2017 年 10 月

　　项目地点：北京市房山区长阳镇

　　建设单位：北京五和万科房地产开发有限公司

　　设计单位：北京市住宅建筑设计研究院有限公司

　　施工单位：中建一局集团建设发展公司

　　预制构件生产单位：北京华筑建筑构件有限公司

　　该项目位于房山区长阳镇，总建筑面积 101372.5m²，其中地上面积 70168.97m²，地下面积 31203.53m²，项目共有 12 栋住宅楼，均为装配整体式剪力墙结构。按照现行标准，1 号、2 号、3 号、4 号、8 号、12 号楼预制率 40.3%，装配率 52.4%；5 号、6 号、9 号、10 号、11 号楼预制率 55.9%，装配率 61.0%；7 号楼预制率 55.8%，装配率 61.0%。住宅楼层数分别为 10 号、11 层和 21 层，层高 2.8m。

二、装配式建筑技术应用

1. 标准化设计

10 层、11 层建筑从首层开始采用预制墙体，建筑外墙均采用预制构件，实现了外墙预制构件的全封闭。采用"少规格、多组合"的设计原则，最大限度地实现了预制构件的标准化，减少了模板的数量和种类，节约成本。

项目采用的预制构件包括：预制结构-保温-装饰一体化外墙、预制内墙、预制女儿墙、预制叠合楼板及屋面板、预制楼梯、预制休息平台、预制阳台板，其中预制外墙饰面采用瓷砖反打技术。

采用标准化设计，项目仅两种住宅单体平面，10～11 层为一种，21 层为一种；共三种住宅户型，分别为 80m² 两居、95m² 三居和 100m² 三居；核心筒规格为两种；阳台规格一种；卫生间采用整体卫浴厂家标准型号。

设计遵守模数协调原则，剪力墙开间进深尺寸、厨卫尺寸、楼梯尺寸以及门窗洞口尺寸等符合相关规范要求，并且实现了部分开间尺寸在不同户型上的共用。

立面上以外墙板、阳台等立面构配件组合为标准单元模块，应用于不同的户型，在减少预制构件规格的同时，使立面效果更加完整统一，富于工业化建筑特征。

2. 工厂化生产

（1）预制外墙板夹芯保温层为硬泡聚氨酯，预制外墙板结构、保温、装饰三合一，在工厂一次性加工完成；外饰面采用面砖反打技术，设计采用小规格面砖，95mm×45mm，方便在板缝、窗口处排砖，最大限度地减少了切砖的数量，降低了损耗。

（2）外墙防水工艺：外墙采用三道防水工艺，混凝土现浇节点将预制墙体连接为封闭整体形成的结构自防水；结构-保温-装饰一体化外墙在水平接缝处采用反槛构造设计，竖缝接缝设置水下流空腔，实现了构造性防水；外墙接缝均用耐候胶封堵，形成了材料防水。

（3）预制楼梯、预制休息平台板：带防滑条一次成型的清水混凝土预制楼梯，体现了工厂化预制的便捷、高效、优质的特点。预制楼梯和预制休息平台的应用，快速打通了施工现场的竖向交通。

（4）采用 FRP 高强玻璃纤维成品空调架，在预制外墙板上预留埋件，施工现场安装成品空调架，快捷高效，并且便于维修更换（图 3-3-2）。

图 3-3-2　瓷砖反打墙板、FRP 成品空调架、墙体拼缝打胶

3. 全装修

项目全装修一次到位，整体厨房以及主要厨房电器（如灶具、抽油烟机等）统一配置；整体卫生间及卫浴设备采用厂家标准产品，统一配置；家庭收纳系统统一配置并安装到位；固定家具由工厂生产，在提升品质的同时减少了现场作业和污染；地板和门等大宗精装部品统一配置和施工；配合精装的水、电设备点位一次预留到位，预制构件图中做好预留预埋设计。

室内隔墙采用轻集料空心混凝土隔墙板。隔墙板平面设计预先排板，优化了墙板布置，减少了裁切；与各专业协同，集成设计，根据空心隔墙板圆孔位置，准确定位预制叠合楼板线管甩出位置，确保了线管走在圆孔中，减少了隔墙板的剔凿。

4. BIM 技术应用

项目从方案到施工图设计，均采用 BIM 技术，避免了预制构件设计的错漏碰缺；建筑专业和结构专业协同进行预制构件设计，通过增加户内管线综合图设计、外墙板详图细排反打瓷砖布置方式等，加大设计深度以完善构件设计。

三、工程技术亮点

创新点及先进性

（1）项目以装配式建筑理念贯穿小区规划、建筑方案及施工图设计，最大限度地提高标准化水平，降低成本。

（2）本项目为北京地区较早实施的整项目全部采用装配式建筑的商品房住宅项目，小区规划以不同高度的装配式住宅单体灵活错动布置，形成有特色的空间变化与景观风貌，探索适合装配式建筑的居住小区规划形态。

（3）项目从标准化的设计入手，实现了高预制率和装配率。本项目1号、2号、3号、4号、8号、12号楼预制率40.3%，装配率52.4%；5号、6号、9号、10号、11号楼预制率55.9%，装配率61.0%；7号楼预制率55.8%，装配率61.0%，用现阶段实施标准衡量也能满足要求，是高水平装配式建筑的体现。其中，10层和11层单体从首层开始采用预制墙板。

（4）充分发挥装配式建筑特点，提升住宅品质。采用 FRP 成品空调架，现场安装，施工操作简单，重量轻；优化隔墙板布置，利用隔墙板空心圆孔穿线管，避免剔凿等。

（5）飘窗优化设计。飘窗采用三面开窗，提高了舒适度，立面效果更丰富，同时降低了构件加工难度。

（6）采用厂家标准整体卫浴产品，叠合楼板局部降板，满足了同层排水技术要求；外窗做法与整体卫浴产品协调。

（7）外墙板饰面首次采用瓷砖反打技术，提高了粘贴质量，避免了瓷砖脱落。预制楼梯的施工图做法，成为装配式建筑国家标准图集《预制钢筋混凝土板式楼梯》（15G367-1）编制时的基础做法（图3-3-3）。

图 3-3-3　项目细部效果

四、工程获奖情况

2015 年取得"三星级绿色建筑设计标识证书"

2019 年北京市优秀建筑工程设计（装配式专项）一等奖

2019 年北京市优秀建筑工程设计（住宅与住宅小区综合类）二等奖

2019 年北京市优秀建筑工程设计（绿色建筑专项）二等奖

2020 年全国绿色建筑创新奖

案例 4

昌平区住总万科金域华府产业化住宅 2 号楼

昌平区住总万科金域华府产业化住宅 2 号楼（图 3-4-1）是北京市首个高 80m 装配整体式剪力墙结构住宅项目，首个从地下到地上全楼栋采用水平预制构件项目。该项目也是首个应用铝模和爬架施工、引进日式管理并将工序穿插提效与工业化结合的试点项目，实现提效 4 个月。项目采用管线分离，降低了结构层施工难度，使叠合楼板施工更加简单、可行，提高了施工速度，为实施装配式装修提供了良好的基础条件。清水混凝土构件的使用，有效地减少了后期工程装修的时间，整体工期得到缩短，施工效率得到较大提升。结构保温一体化外墙板、内墙板、叠合楼板等预制构件的使用，使得外立面及内表面的表观质量得到较大提高，既提高了结构质量，又获得了较好的经济利益。该项目取得的经验和技术方法，在万科后续装配式建筑项目中得到普遍推广应用。

图 3-4-1 项目实景

一、项目基本信息

项目名称：住总万科金域华府产业化住宅 2 号楼

设计时间：2011 年 12 月—2013 年 8 月

竣工时间：2015 年 12 月

项目地点：昌平区回龙观

建设单位：北京住总万科房地产开发有限公司

设计单位：北京市建筑设计研究院有限公司

施工单位：北京住总第三开发建设有限公司

预制构件生产单位：北京榆构有限公司

该项目规划用地位于昌平区回龙观，用地四周为北至京包铁路，南至回龙观村中街，东至昌平路，西至1818-008、1818-027地块东边界。规划用地面积33591m²，建筑面积11838m²。结构形式为装配混凝土剪力墙结构，结构预制化率45%。

二、装配式建筑技术应用情况

1. 标准化设计

本项目在原有现浇户型基础上对户型设计、结构设计、设备设计、电气设计、构件设计等进行了总体方案策划。将工业化住宅的立面与其他传统现浇方式的楼栋进行统一，通过楼板异形构件、外墙装饰板等手段实现了非对称的立面设计，完美呈现了立面效果，是对工业化住宅立面多样性较好的实践。

该项目2号楼为8度地震区首个建筑高度达到80m的装配整体式剪力墙结构，结构外墙、内墙、楼板、空调板、楼梯、阳台板、隔墙板、PCF外墙板、女儿墙、装饰挂板均采用预制构件，预制化率45%。同时，首次引入墙板及楼板异型构件设计，更大程度满足了建筑使用功能的舒适性；本项目形成了较为完整的装配整体式剪力墙结构部品体系；实现外墙全预制和装配层无外架施工；尝试结合设备需要，设计异型楼板，实现同层排水。整体工程实现了建筑、结构及节能一体化，达到了环保、绿色、节能减排的目的。预制构件较大程度提高了外立面及内表面的表观质量，提高了建筑立面效果及精装修的准确性，获得了较好的经济效益（图3-4-2）。

图3-4-2　外立面细部实景

2. 装配化施工

通过外墙全预制，以及外墙门窗封闭、设备管线安装与室内装修穿插施工，有效地减少了施工工序和现场用工，缩短了后期装修时间和整体施工工期。2号住宅楼单层用工人数 28 人，同面积的现浇住宅楼用工人数 42 人，可节省用工量 33.3％（表 3-4-1）。本项目结构工程施工工期为 6 天一层。

表 3-4-1　用工人数对比

工种	2 号工业化住宅	现浇住宅楼	降低率
钢筋工	7	15	53.3％
混凝土工	8	12	33.3％
灌浆工	4	—	-100％
模板工（吊装工）	6	12	50％
测量工	3	3	—
合计	28	42	33.3％

三、工程技术亮点

1. 工程技术创新与新技术应用

为了实现较高得房率和预制化率、解决管线交叉问题，该项目采取了多项创新技术：

（1）户型优化：在基本满足装配式住宅要求的前提下，进行户型优化设计，使项目标准化程度及可重复性达到较高的程度，使建筑外立面与整体规划相统一。作为北京万科 2T4 户型首栋试点住宅，基本达到了预期的要求和经济指标。

（2）使用清水构件：楼梯采用预制构件，保证较好的清水混凝土外观，体现了较好的施工便利性。

（3）管线分离：入户管线与主体结构分离，解决了管线和主体结构寿命不同的问题，避免了二次装修对结构的破坏，延长了建筑寿命，同时降低了施工难度，提高了施工效率（图 3-4-3）。

（4）公共区域应用水平预制构件，体现了装配式建筑的设计引领思维，通过设计的源头控制解决生产难题、施工难题，并实现了提高建筑产品寿命和可持续绿色发展。

图 3-4-3　管线分离施工

2. 经济效益

该项目经济效益见表 3-4-2。

表 3-4-2　经济效益

序号	项目	说明	效果
1	用水量	养护用水减少	节约 334 吨
2	木材	使用预制构件降低顶板木材的使用	节约 177493 元
3	工期	采用整体穿插	节约 2 个月
4	模板	墙体采用预制构件，减少墙体模板面积	节约 349102 元

四、工程获奖情况

北京市产业化住宅试点项目

2017 年度全国优秀工程勘察设计行业优秀住宅与住宅小区三等奖

2017 年"北京市优秀工程勘察设计奖"综合奖（居住建筑）二等奖

2017 年"北京市优秀工程勘察设计奖"专项奖（建筑结构）三等奖

2019 年"北京市优秀工程勘察设计奖"装配式建筑设计优秀奖（居住）一等奖

案例 5

通州区马驹桥物流 B 东公租房项目
（C-02、C-03、C-05 地块）

通州区马驹桥物流 B 东公租房项目（C-02、C-03、C-05 地块）（图 3-5-1）是北京市首批采用设计-施工一体化招标的项目之一，在完成现浇方案施工图设计后进行装配式设计修改，是北京市装配式建筑的大胆尝试。作为北京市公租房全面采用装配整体式剪力墙结构的第一个项目，项目取得了多项创新，包括：国内首个"装配式剪力墙结构＋装配式装修"的规模化保障房小区；国内首次在装配式建筑预制构件内植入 RFID 芯片进行装配式构件信息化管理，做到预制构件生产、储存、运输和安装施工全过程管理，显著提高了装配式建筑施工效率；国内首次在夹心保温外墙板中采用燃烧性能 B1 级的硬泡聚氨酯板作为保温材料；北京市首批实施 75％居住建筑节能设计标准的装配式住宅；北京市首个整体项目全部采用清水混凝土外立面的住宅小区，同时外墙板接缝采用日本原装进口 MS2500 改性硅酮密封胶。

图 3-5-1　项目实景（一）

一、项目基本信息

项目名称：通州马驹桥物流 B 东（C-02、C-03、C-05 地块）

设计时间：2013 年

竣工时间：2016 年 9 月

项目地点：通州区台湖镇水南村

建设单位：北京市保障性住房建设投资中心

设计单位：北京市建筑工程设计有限责任公司

设计咨询单位：北京市建筑设计研究院有限公司

施工单位：北京建工集团有限责任公司

北京六建集团有限责任公司

预制构件生产单位：北京市燕通建筑构件有限公司

监理单位：北京市潞运建设工程监理服务中心

该项目（图 3-5-2）规划用地位于通州区台湖镇水南村，用地四至为：北至凉水河南侧路，南至兴贸二街，东至规划 C-01 地块东边界，西至融商一路。规划用地面积为 153822m²，其中建设用地面积 81437m²。项目由 10 栋住宅楼、地下车库、托老所、幼儿园、中小学、垃圾楼、社区卫生站及配套公共服务设施组成，总建筑面积 210811.32m²，其中住宅建筑面积 150500.15m²，地上 16 层，地下 1~2 层。小区住宅容积率为 2.3，绿地率为 30%，建筑密度为 30%。住房总户数 3004 户，停车位 1569 个，非机动车停车位 6542 个。项目为装配整体式剪力墙结构，按现行标准计算装配率达到 85%。

图 3-5-2　项目实景（二）

二、装配式建筑技术应用

1. 标准化设计

10 栋住宅为装配整体式剪力墙结构，预制化率约为 60%，室内采用 SCI 装配式装修体系。幼儿园采用装配式保温结构一体化网格墙体系，符合整个小区的装配式建筑设计理念。

住宅采用单元式板楼，建筑户型为 29~57m² 的零居、一居、两居，以一居为主，共 6 种户型。B 户型占总套数比重约为 53.3%。A 户型 40.31m² 有 720 户；B 户型 29.52m² 有 1664 户；C 户型 20.88m² 有 288 户；D 户型 28.92m²、E 户型 24.62m²、F 户型 39.88m² 各有 112 户。

（1）建筑模数：规划指标不能做大的调整，开间、进深采用二模；

（2）外墙门窗：洞口尺寸和位置居中，满足功能条件下适合预制墙板生产；

（3）剪力墙厚度：取消 180mm 内墙，统一采用 200mm，便于预制墙板生产和装配式装修；

（4）公共管井：位置调整、尺寸优化，与楼盖结构相协调；

（5）剪力墙布置及楼板分割：考虑现浇和预制内墙、叠合楼板标准化；

（6）空调板尺寸和位置：考虑预制构件标准化。

2. 工厂化生产

10 栋住宅楼（1～10 号楼）建筑高度 45m，采用装配整体式混凝土结构，结构外墙、内墙、楼板、楼梯、阳台、空调板及女儿墙均采用预制构件，总体积 23000m³，工厂预制现场拼装。楼电梯间部位采用现浇施工。

（1）预制墙板：预制外墙板为夹心保温剪力墙板，预制内墙板为组合受力墙板，墙板竖向连接采用半灌浆套筒钢筋连接技术，水平连接采用钢筋搭接连接加竖向后浇段方式。预制外墙板采用了"外叶板（60mm）＋硬泡聚氨酯保温板（50mm）＋内叶板（200mm）"的三明治结构，设计传热系数为 0.45kW/（m² · K）。

（2）预制楼板构件：本工程除电梯前室及公共走道区域为现浇板，其他楼板均为混凝土叠合楼板，预制板及现浇层厚度大部分为 50mm＋70mm，个别大尺寸预制板及现浇层厚度为 60mm＋60mm（图 3-5-3～图 3-5-5）。

图 3-5-3　施工现场（一）

图 3-5-4　施工现场（二）

图 3-5-5　叠合板湿接头连接

3. 装配化施工

本工程是装配式结构和装配式装修同时实施的试验工程，因经验不足，施工工期有所延误。现浇预制转换层施工工期较长，约为 15d，装配层最初几层的平均工期约为 10d/层，施工熟练后最快可做到 7d/层。

根据同规模项目施工经验，采用现浇结构及普通装修的综合用工为 5.5 人/m²；采用装配式结构及装配式装修的综合用工为 4.5 人/m²。

外墙板接缝采用日本 MS2500 改性硅酮密封胶，并且选用有丰富经验的施工队伍进行施工。

4. 一体化装修

该项目为住建部装配式建筑科技示范项目，北京市首批住宅室内采用全屋装配式装修的项目，实现了设计一体化、生产工业化，土建及精装交叉施工，施工管理信息化。内装修管线与主体结构分离，采用了装配式墙面、顶面、地面、厨房、卫生间系统。现场施工采用了快装干法组装，整个过程整洁安静无噪声。

（1）集成厨房工艺做法：厨房采用了集成吊顶系统、集成隔墙系统、集成墙面系统、集成地面系统（图 3-5-6）。

图 3-5-6　集成厨房效果及做法

（2）集成卫生间工艺做法：卫生间采用了集成吊顶、集成隔墙、集成墙面、集成地面、快装给水几大系统。同时，本项目首次采用了卫生间淋浴区防水底盘（图 3-5-7）。

图 3-5-7　集成卫生间效果及做法

（3）居室集成墙地工艺做法：居室采用了集成墙面、集成地面系统（含地暖）（图 3-5-8）。

图 3-5-8　居室效果及做法

5. 信息化管理

（1）BIM 应用技术。本工程采用 BIM 技术搭建土建模型，完成特定预制构件族 151 个，其中水平构件 53 个，垂直构件 98 个。通过 BIM 模型，依据塔吊工作半径范围，统计构件型号，模拟验证构件码放位置的合理性，模拟构件吊装顺序，合理布置构件码放区的放置顺序。通过三维可视化模拟构件拼装，确定同类构件不同公差的安装方案，还原实际构件条件，指导工人安装，减少返工。

（2）预制构件生产信息化管理技术。国内首创"装配式构件信息化管理系统（V1.0）"，探讨在构件内植入 RFID 芯片，进行预制构件生产、存储、运输、安装施工全程管理，显著提高了装配式建筑施工效率。

三、工程技术亮点

1. 设计技术创新

（1）户型基本单元及基本开间的模数化、标准化和系列化。采用以二模为基准、以三模为补充的建筑基准模数体系。南向开间尺寸为 5500mm＋4300mm＋2800mm，北向开间尺寸为 1800mm＋2800mm＋3400mm＋2400mm＋3300mm，预制墙板的模板类型得以大量优化。

（2）结构布置时为了与北侧集中布置的现浇剪力墙进行平衡，在结构南侧靠近外纵墙的内横墙也设置了一定数量的现浇剪力墙。此做法不但可以为预制剪力墙板连接提供足够的操作空间，而且可以使现浇墙体和预制内墙板均实现标准化，有助于提高模板模具的通用性。

2. 新型材料应用

（1）全部住宅的预制外墙板采用清水混凝土外立面，采用国产清水混凝土防护剂。

（2）预制夹心保温外墙板按照 75％居住建筑节能设计标准进行设计，在国内首次采用 50mm 厚带水泥皮的硬泡聚氨酯板作为保温层，燃烧性能 B1 级，导热系数为 0.024W/（m·K）。

四、工程获奖情况

2014 年度北京市绿色安全样板工地
2015 年度北京市结构长城杯

2017—2018 年度北京市竣工长城杯

2016 年度北京市青年文明号

2015 年全国工人先锋号

2014 年通州区"创城文明示范"工程

2016 年住房城乡建设部"装配式建筑科技示范项目"

2014 年 BIM 技术在 CSI 住宅产业化工程中的应用

2015 年"BIM 技术在通州马驹桥产业化公租房项目中的应用"获"创新杯"建筑信息模型（BIM）设计大赛最佳 BIM 普及应用奖

2017 年北京市建设工程项目管理成果一等奖

2017 年全国建设工程项目管理成果一等奖

2017 年全国优秀示范小区

2017 年中国土木工程詹天佑奖优秀住宅小区金奖

2017 年中国人居环境奖

案例 6

丰台区郭公庄车辆段一期公共租赁住房项目

郭公庄车辆段一期公共租赁住房项目（图 3-6-1）是国内首个采用"开放街区"的公租房项目，也是当时北京市面积最大的装配式建筑小区。项目包括 20 栋住宅楼，全部采用装配式剪力墙结构和装配式装修 2.0 版技术。该项目采用了清水混凝土饰面，建筑立面造型丰富多样，充分表现了装配式建筑的韵律美和工业美。本项目在装配式建筑技术上进行了充分的研究和探索，应用多种装配式混凝土建筑技术，其中，结构预制构件采用了三明治构件，外饰面采用了 PCF 和混凝土装饰构件，构件种类和型号较多，预制构件共 14 类，638 种规格，总计 13550 块，混凝土总体积 9000m³。本项目在设计、构件生产、施工组织管理上实施难度大，通过该项目的实践，为后续公租房项目实施装配式建筑设计、生产、施工一体化提供了重要借鉴。

图 3-6-1 项目外景（一）

一、项目基本信息

项目名称：丰台区郭公庄车辆段一期公共租赁住房项目

设计时间：2014 年 3 月

竣工时间：2017 年 10 月

项目地点：北京市丰台区郭公庄

建设单位：北京市保障性住房建设投资中心

设计单位：中国建筑设计研究院有限公司

深化设计单位：上海兴邦建筑技术有限公司

施工单位：北京城建建设工程有限公司

预制构件生产单位：北京市燕通建筑构件有限公司

该项目位于北京市丰台区花乡郭公庄村，用地北至郭公庄一号路，南至六圈南路，东至樊羊路，西至规划小学用地红线，用地总面积 58786.02m²，规划容积率为 2.50，总建筑面积 211657.11m²，建筑最大高度 58.6m。住宅结构形式为装配整体式剪力墙结构，基础为筏板基础；配套商业和地下车库结构形式为现浇框架结构。1～12 号住宅楼预制化程度大于 30%，装配化程度大于 50%，也可满足现行装配率的要求（图 3-6-2）。

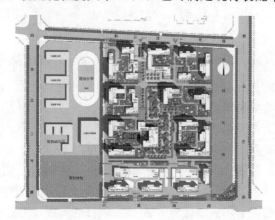

图 3-6-2　总平面图

二、装配式建筑技术应用

1. 标准化设计

本项目采用标准化设计方法，贯穿设计、构件生产和装饰装修全过程，主要内容包含以下几点。

（1）采用模块化的设计思路，控制户型的种类，减少非标设计，在最终定型的 5 个户型中，70% 的户型采用了 A1 户型（图 3-6-3、图 3-6-4）。

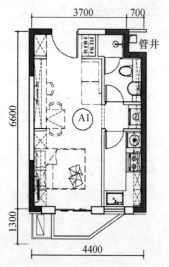

A1户型，套内面积28.60m²，阳台面积1.01m²，
套型面积40.01m² (按得房率0.74计)

图 3-6-3　A1 户型图初始方案

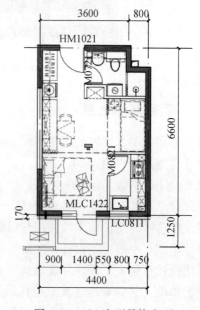

图 3-6-4　A1 户型最终户型

（2）厨房和卫生间高度标准化，总户数中90％的厨房和卫生间采用同一种模块。

（3）对管井进行标准化设计，所有户型的卫生间管道井均设在户外，检修门设在走廊，管井采用标准化布置方式。

2. 工厂化生产

住宅楼层数为6～20层，主体结构采用装配式剪力墙结构，底部加强区为PCF体系。采用预制混凝土构件（图3-6-5）的部位包括外墙、楼板、楼梯、阳台板、空调板及装饰梁柱，预制化率为35％～40％。楼板、阳台板和空调板均采用叠合方式，楼梯采用了预制混凝土楼梯段。外墙采用"三明治"复合墙体，由外叶墙（50mm厚）、保温层（70mm厚）和内叶墙（200mm厚）组成，内外叶板采用GFRP拉结件（Thermomass）进行连接。

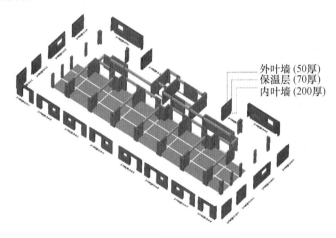

图3-6-5　预制构件分布图

3. 装配化施工

该项目套筒灌浆施工由预制构件生产企业完成，专业灌浆团队确保了灌浆质量，实际应用直径12～16mm组合式半灌浆套筒5.8万个和常温灌浆料160t。结合套筒灌浆施工，在国内首次开展了非破损法套筒灌浆饱满度检测技术研究，对阻尼振动法套筒灌浆饱满性检测新技术、检测仪和微型传感器的有效性进行了验证（图3-6-6）。

图3-6-6　预制构件分布图

4. 一体化装修

项目全部采用装配式装修，采用结构与内装分离的原则进行设计，干法作业，样板间装修实现了3个工人10d完成的目标。考虑到公租房租户更换的特点，为方便运维，并适应不同寿命相对较短的管线更换和拆改，除了居室顶棚因层高限制没有采用干法作业，其他的地面、墙面、卫生间、厨房均采用干式工法进行施工。地面采用架空采暖地面；内隔墙采用了轻钢龙骨隔墙，墙面板采用带饰面硅酸钙板；卫生间采用防水托盘的干式防水做法，同层排水；厨卫的顶棚采用无龙骨的干式吊顶。利用地面垫层和家具、橱柜的后背设计了管线夹层，对设备末端点进行综合设计。精细化设计与内装修部品结合，提高了住宅的居住品质。高度的标准化，为项目实施装配式建筑打下了良好的基础（图 3-6-7～图 3-6-9）。

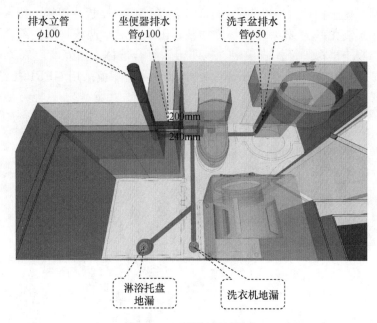

图 3-6-7　不降板同层排水

图 3-6-8　装配式厨房

图 3-6-9　装配式卫生间

在本项目中采用了管线分离技术，不需要预埋，管线布置在架空层，并且接口位置集中，利于检修。

在快装给水系统（图 3-6-10）中，将即插水管通过专用连接件连接，实现快装即插，卡接牢固。接口集中布置在吊顶，利于后期检测维修。在薄法排水系统（图 3-6-11）中，架空地面下布置排水管，所用 PP 排水管胶圈承插，使用专用支撑件在结构地面上按要求排至公区管井，维修便利且不干扰邻里，经装配式装修的优化设计，卫生间无需降板。

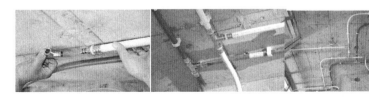

图 3-6-10　快装给水系统

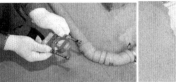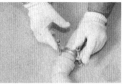

图 3-6-11　薄法排水系统

本项目采用了架空地脚支撑定制模块，地脚螺栓调平，架空层内布置水暖电管，用可拆卸的高密度平衡板进行保护，铺设超耐磨集成仿木纹免胶地板，快速企口拼装完成。地暖模块的保护层热效应利用率提高，整套集成地面系统（图 3-6-12）重量仅为 $40kg/m^2$，大幅度减轻了楼板荷载。

图 3-6-12　集成地面系统

本项目吊顶（图 3-6-13）采用工厂生产的吊顶板通过专用龙骨与墙板顺势搭接，专用龙骨承插加固吊顶板，顶板基材为硅酸钙板，表面集成覆膜效果增强美观性。

图 3-6-13　集成吊顶系统

本项目运用装配式装修手段对特殊功能区进行处理。例如，集成卫浴系统，重视防水防潮的处理。墙面用柔性防潮隔膜材料，将冷凝水引流到整体防水地面，以防止潮气渗透到墙体空腔；在墙板留缝打胶处理，实现墙面整体防水；地面安装柔性化生产的整体防水底盘，通过专用快排地漏排出，整体密封不外流；浴室柜柜体采用防水材质，匹配胶衣台面及台盆；集成厨房系统，重视防水防油污。厨房装修材料采用涂装材料，定制胶衣台面，防水防油污且耐磨；排烟管道暗设吊顶内，采用定制的油烟分离烟机，直排、环保，排烟更彻底。

三、工程技术亮点

1. 工程技术创新

项目采用装配式整体式混凝土剪力墙技术，预制外墙板采用套筒灌浆连接的三明治结构，外观为清水，实现了结构与装饰的一体化。外立面采用了装饰混凝土梁、柱，主体结构之间采用灌浆连接技术，既保证了安全，又达到了立面的耐久性要求，并形成了工业化的美学效果。

装配式内装修采用了不降板同层排水的技术，采用后（侧）出水马桶、双层水封地漏的创新技术，实现了在 120mm 架空层内完成同层排水。卫生间的排水立管与风道设于户外走廊两侧的公共管井，便于管理和维护，并为运行期间不因维修更新影响相邻用户创造了条件。

本项目利用 BIM 模型对施工图进行深化设计，将连续的模型构件进行进一步划分和设计。由于是基于三维 BIM 模型的划分，因此可非常直观地看到各构件间的连接关系，在同一个模型中进行的深化，避免了数据丢失，实现了设计数据的有效传递。

本项目运用了建筑与装修一体化设计的工作模式，装配式装修的设计理念从项目的建筑设计阶段便开始植入，形成建筑与内装的无缝对接，便于交叉施工、提高效率。以厨房和卫浴为例：一是整体模块化的影响。由于装配式装修中厨卫的模块化，在建筑设计阶段需要将厨卫的模块化数据作为重要参考融入建筑结构。二是墙面的调整。考虑到架空层，墙面厚度在设计时会相应调整。三是吊顶部分的调整。装配式装修采用集成吊顶系统，在建筑设计阶段厨卫部分排风排烟的高度将集成吊顶系统进行综合考虑，预留排风排烟口应高于吊顶位置。四是地面的调整。在薄法排水系统中，同层排水地面厚度要求达到 120mm 以上，且孔洞预留要与同层排水马桶相匹配。五是管线的调整。水暖电的预留预埋设计与传统装修不同，装配式装修的管线分离导致工作界面调整，无需预埋，预留部分需要进一步优化设计。此外，在装配式装修设计中还要充分考虑后期维修的便利性，贯彻标准化的产品设计理念。

2. 新材料的应用

本项目预制外墙板主断面采用了"外叶板（50mm）＋保温板（70mm）＋内叶板（200mm）"的三明治结构，设计传热系数为 $0.45kW/(m^2 \cdot K)$。硬泡聚氨酯保温板保温板导热系数为 $0.024W/(m \cdot K)$。

本项目的现浇加强层，整层外墙板采用 PCF 技术，保温板采用 30mm 厚，导热系数为 $0.008W/(m \cdot K)$ 的真空绝热板。这是国内首次在预制外墙板中采用真空绝热板作为保温材料。

本项目除电梯井之外的住宅外墙全部采用预制混凝土构件，预制外墙涂刷清水混凝土保护剂，以达到外墙清水混凝土效果。构件与构件之间设计了 20mm 的接缝，20mm 接缝采用企鹅牌 MS2500 双组分改性硅酮密封胶填充，一栋楼采用了国产单组分改性硅酮密封胶填充。

四、工程获奖情况

2014 年度北京市绿色安全样板工地

2015 年中国工程建设标准化协会贯彻实施建筑施工安全标准"示范单位"

2015 年全国总工会、国家安全生产监督管理总局全国"安康杯"竞赛优胜班组

2015 年《提高预制混凝土外墙 PCF 板安装质量合格率》获北京市工程建设优秀质量管理小组活动成果一等奖

2016 年北京市结构长城杯工程金质奖

2016 年《提高装配整体式剪力墙结构现浇节点施工质量合格率》获北京市工程建设优秀质量管理小组活动成果一等奖

2016 年《装配整体式剪力墙结构工程综合施工技术研究》获集团 2015 年度科技进步二等奖

2017 年中国人居环境奖

2019 年北京市优秀工程设计装配式建筑一等奖

案例 7

海淀区实创青棠湾公共租赁住房项目

海淀区实创青棠湾公共租赁住房项目（图 3-7-1）以国际先进的绿色可持续住宅产业化建设理念，研发实现了新型建筑支撑体与填充体建筑工业化通用体系，并系统落地了建筑主体装配和建筑内装修装配的集成技术等。项目提升了公共租赁住房全寿命期内资产价值和使用价值，实现了标准化大规模部品成批量生产与供应，通过产业链集成协同模式创新，以设计标准化、部品工厂化、建造装配化实现了技术市场化落地，具有良好的产业化前景和广阔的推广价值，科技创新推动促进作用明显。作为北京市规模大、全面实施装配式建筑体系及集成技术的公共租房住房试点项目之一，取得了良好的经济效益、社会效益和环境效益。

图 3-7-1　项目实景

一、项目基本信息

项目名称：北京市海淀区实创青棠湾公共租赁住房项目

设计时间：2014 年 5 月

竣工时间：2019 年 3 月

项目地点：北京市海淀区西北旺永丰产业基地

开发单位：北京实创高科技发展有限责任公司

设计单位：中国建筑标准设计研究院有限公司

施工单位：北京市第三建筑工程有限公司

　　　　　中国建筑第七工程局有限公司

装配式装修单位：北京国标建筑科技有限责任公司

　　　　　　　　北京宏美特艺建筑装饰工程有限公司

　　　　　　　　苏州科逸住宅设备股份有限公司

青棠湾项目位于北京市海淀区西北旺镇永丰产业基地，总占地 10.9 公顷，总建筑面积 32 万 m²，共计 25 栋住宅楼，其中地下面积 10.4 万 m²，地上面积 21.6 万 m²，地下 2 层，地上 12 层，容积率达 2.0，绿地率 30%，居住套数 3790 套（图 3-7-2）。项目建筑主体采用装配式剪力墙结构体系，地上部分预制率达 43%～45%。

图 3-7-2　总平面图

二、装配式建筑技术应用

1. 标准化设计

项目从建筑设计源头制定实施住宅产业化路线，采用装配式主体与内装，并整合大量集成技术和部品。住宅楼栋、住宅套型以及住宅部品均采用标准化设计。该项目共 3790 户，只有 5 种基本户型、1 种型号整体卫浴。由于采用标准化设计理念及叠加精细化设计，5 个户型可以实现一梯三户、一梯四户、一梯多户以及转角户型（图 3-7-3）。通过标准化设计和工业化建造技术，解决了在快速大量建设的同时，实施合理控制成本的技术整体解决方案；通过适应可变性和功能精细化设计，解决既满足对居住的更高品质需求，又适应住户家庭全生命周期需要的问题；通过 SI 住宅建设供给侧转变建设方式，提供全新的建筑长寿命化且保障长期优良性能的全新公共租赁住房产品。

2. 工厂化生产

该项目外墙采用预制夹心保温墙板兼做施工模板，外叶板为 60mm 厚钢筋混凝土，保温层为 80mm 厚挤塑板，内叶板为 200mm 厚钢筋混凝土；内墙主要采用加气混凝土条板墙和轻钢龙骨隔墙，前者用于底层商业，后者用于住宅户内隔墙；地上所有楼层均采用预制混凝土叠合楼板，由下部预制混凝土底板和上部现浇层组成。预制板表面做成凹凸差不小于 4mm 的粗糙面，在预制板内设置桁架钢筋，可以增加预制板的整体刚度和水平界面抗剪性能。其他预制构件包括预制楼梯、空调板、阳台板、女儿墙等（图 3-7-4）。

3. 装配化施工

该项目采用装配式施工方式（图 3-7-5），减少了现场的湿作业，并减少了施工用水、周转材料浪费等。整个施工过程有效控制了现场扬尘，同时降低了现场环境污染。现场机械化、工序化的建造方式，实现了装配式建筑工程整体质量和效率提升。

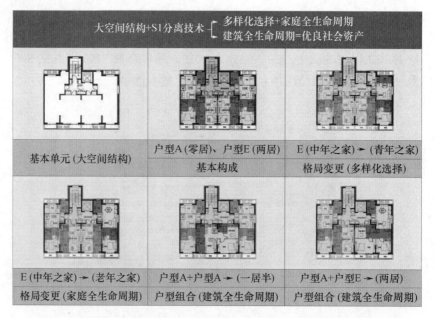

图 3-7-3　基于大空间结构与 SI 住宅体系的家庭全生命周期适应性户型设计

图 3-7-4　预制构件运输

图 3-7-5　施工现场

4. 一体化装修

该项目通过主体结构与装修一体化建造，实现建筑装修环节的一体化、装配化和集约化。采用装配式内装部品系统，工厂预制、现场装配的部品可以最大限度地保证产品质量和性能，有效地解决了施工生产中的尺寸误差和模数接口问题（图 3-7-6）。同时，降低了公共租赁住房后期的运营维护难度，方便今后检查、更换和增设新的设备，还能使内装建筑材料和部品更便于回收与再利用，在一定程度上促进了绿色可持续发展。

图 3-7-6　装配式内装

三、工程技术亮点

该项目以 SI 支撑体和填充体分离体系为核心，形成主体结构系统、外围护系统、设备管线系统和内装系统的集成，全面实施主体工业化及内装工业化，从而提高了建筑安全性能与耐久，改善了公共租赁住房的居住适应性，提高了其全寿命期内的综合价值。主体工业化包括大开间结构设计技术，采用预制剪力墙、预制叠合板、预制阳台板、预制空调板、预制楼梯的结构构件；内装工业化实施了内装分离、分集水器、整体厨卫、负压新风、烟气直排、检修维护、整体收纳等技术。

1. 局部吊顶、双层墙面系统

水、电管线不埋在结构主体内，而是利用局部吊顶及局部双层墙面系统敷设，该系统的关键在于"局部"，因为在面积 40m²、50m²、60m² 的保障性住房中，如果设过多的双层墙，居住空间就会被占用很多，而且装修成本是每套 4 万元、5 万元、6 万元，如果大面积使用吊顶，成本肯定难以控制。该项目最大的挑战就是在全面实施装配式内装干式隔墙系统的情况下，还要把成本控制在 1000 元以下，在设计初期，内装和建筑就多次协调进行成本核算，最终达到了成本控制要求。

2. 卫生间同层排水系统

仅在卫生间集中降板做架空处理，有效减少了结构墙体与内装部品之间的安装误差，实现了内装整体部品定制生产。

3. 冷水分集水器和检修系统

冷水分集水器的特点是水压均衡提高生活品质、无隐蔽接头便于检修；检修系统配合管线分离系统设置检修口，使用过程中方便检修和更替。

4. 负压式新风系统和烟气直排系统

负压式新风系统可不开窗实现室内外空气交换，提高生活品质。即使因为成本问题不能安装除霾系统，也要为后期改造预留条件，这也是设计时预留新风口的价值之一。烟气直排系统节约空间、避免户间串味、方便后期维护、方便施工、位置可变，为后期改造预留了条件。

5. 整体卫浴系统和整体厨房系统

整体卫浴系统具有防水性能好、质量可靠的特点；整体厨房系统需要在前期介入、统一设计、集体采购降低成本。二者都具有干法施工、安装方便快捷、环保安全的优点。

6. 整体收纳系统

收纳对于小空间来说至关重要，目前该项目收纳率达到了户型面积的 6%～10%，包括玄关鞋柜、餐具厨具柜、洗面台、被褥衣物收纳，日常用品收纳等。

四、工程获奖情况

2017 年中国百年住宅试点项目

2017 年国家住宅性能标准 3A 级项目

2018 年国际 LEED-ND 金级认证

2018 年健康建筑认证项目

2020 年绿色建筑三星级认证项目

2017 年作为保障性住房建设唯一样板入选"砥砺奋进的五年"大型成就展

2018 年入选"伟大的变革——庆祝改革开放四十周年大型展览"

案例 8

通州台湖公租房项目（B1、D1 地块）

　　通州台湖公租房项目（B1、D1 地块）（图 3-8-1）是一个通过提高建筑的标准化程度降低装配式建筑增量成本的成功尝试。该项目通过楼栋、户型、厨卫模块、核心筒模块、部品构件、立面六个方面进行标准化设计，大大降低了预制构件生产难度，提高了生产和安装施工的效率，实现了施工速度达到 5 天半一层，超过了许多同类型现浇结构的施工速度。一次结构施工至地上 10 层验收完毕后，即进场实施装配式装修，与建筑结构、设备安装同步穿插施工，进一步提高了整体项目进度。其充分体现了装配式建筑"标准化设计、工厂化生产、装配化施工、一体化装修、信息化管理"的特点。

图 3-8-1　项目实景

一、项目基本信息

项目名称：通州台湖公租房项目（B1、D1 地块）

设计时间：2015 年

竣工时间：2020 年 3 季度

项目地点：北京市通州区

建设单位：北京市保障性住房建设投资中心

设计单位：中国建筑设计研究院有限公司（B1 地块）

　　　　　北京市建筑设计研究院有限公司（D1 地块）

施工单位：北京城乡建设集团有限责任公司

　　　　　北京城建集团有限责任公司

预制构件生产单位：北京市燕通建筑构件有限公司

该项目规划用地位于北京亦庄新城站前区，分为B1、D1两个地块。B1地块用地四至为：东北至荣海大街，东南至东三路，西南至站前街南三街，西北至通马路，规划用地面积8.15公顷，总建筑面积约34万m²。D1地块位于B1地块东南2千米处，规划用地面积8.43公顷，总建筑面积约24万m²。项目总建筑面积约57.8万m²，其中地上公租房建筑面积约28万m²，共建设5058套公租房，分为60m²和35m²两种户型（图3-8-2）。该项目采用了装配式整体式剪力墙结构，户内全部实施装配式装修。

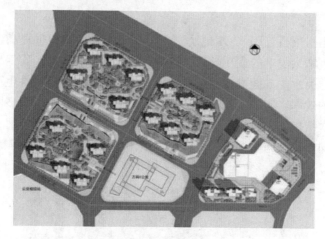

图3-8-2　总平面图

二、装配式建筑技术应用

1. 标准化设计

项目共有34栋公租房，经过优化设计，楼栋类型精简到2种，分别为T6楼型（共24栋）和T7楼型（共10栋）。公租房楼层高度分别为14层到28层之间，为4种户型：A、B、C户型为60m²，D户型为35m²。T6、T7楼均由这4种户型组合而成。

A、B、C户型由于所处楼型的位置不同而有所区别，但其"开间×进深"尺寸相同，均为5.4m×7.2m；D户型"开间×进深"尺寸为3.6m×6.6m。

4种户型均采用统一的卫生间模块，净尺寸为1.5m×1.8m。A、B、C户型采用统一的燃气厨房模块A，净尺寸为1.5m×2.1m；D户型采用电厨房模块B。统一的厨卫模块提高了建筑的标准化程度，减少了装配式装修的部品部件种类与规格，大大提高了设计、生产和施工的效率。

在建筑立面设计方面，本项目采用"少规格、多组合"的方式，合理控制外立面装饰构件的种类和规格，将有限的构件进行多种排列组合，形成外立面丰富的韵律与变化。以B1地块公租房为例，南立面设计采用在结构主体外侧挂设装饰构件，将阳台和装饰构件统一起来。为了提升标准化程度，外挂装饰构件种类最终精简至3种，通过3种构件的组合和排列形成了立面的错动与变化。

东、西立面考虑到实墙面较大，为避免单调乏味，通过在外叶板上刻出竖向分缝的方法进行处理。竖向分缝间距以900为模数，分缝图式分为两种，每两层图式错动变化，形成立面韵律感（图3-8-3～图3-8-5）。

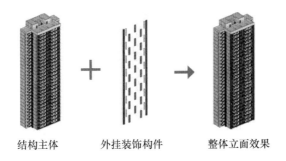

结构主体　　　　外挂装饰构件　　　整体立面效果

图 3-8-3 外立面装饰构成的整体效果

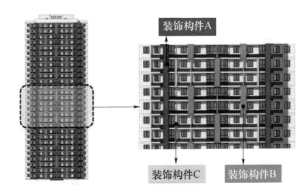

图 3-8-4 外立面装饰构件拆分示意

图 3-8-5 室外实景

2. 工厂化生产

项目的主体结构采用了预制三明治外墙、预制内墙、叠合楼板、预制阳台板、预制空调板和预制楼梯 6 类预制混凝土构件。在构件设计时，通过减少构件种类，提高单一构件的复用次数，极大地提高了构件的标准化程度。以 B1 地块 18 栋公租房为例，构件总数 17404 块，通过优化，将构件种类减少到 40 种，大大提高了模板的复用次数，其中重复使用最少的达到 135 次，最多可达 1860 次（图 3-8-6）。

项目采用"装配式构件信息化管理系统（V2.0）"，通过身份识别技术（RFID 芯片＋二维码），实现了预制构件原材料和配件质量检验、隐检记录和产品质量检验、存储、运输和套筒灌浆连接全程的信息化管理，显著提高了装配式建筑施工效率。

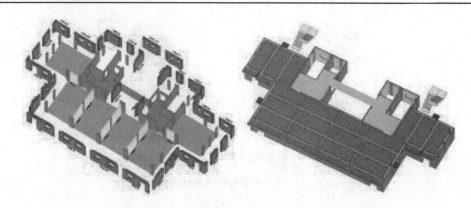

图 3-8-6　T6 楼型竖向与水平构件拆分示意

由于标准化程度较高，一组模具可以在工厂内生产多栋公租房的预制构件，重复次数大大提高，成本降低 5%～10%，效益提高 2～3 倍。

3. 装配化施工

本项目全部住宅外立面设计为清水混凝土。为提高清水混凝土防护效果，清水混凝土施工由外墙接缝密封胶施工队伍同步完成，采用日本菊水清水混凝土保护工法（SA工法）和菊水水性环保型防护剂。防护剂涂装分为底涂、无机着色（3 遍）、面涂、高耐候面漆和纳米防尘防污面漆 5 个涂层。底涂层采用特殊树脂系混合液 SA BOND；无机着色层采用特殊树脂系混合液 SA BOND＋ART POWDER，根据设计院确认的外墙颜色，调配出相应的着色材料，施工时保留混凝土本身的自然肌理纹路，滚涂施工 2遍，均匀拍花施工 1 遍；高耐候面漆为改性硅丙 AQUA VEIL 1500；防尘防污纳米面漆为 NANO VEIL。

在国内率先大面积推广滚压式全灌浆套筒技术（图 3-8-7），并在套筒灌浆施工中推广应用北京市住宅产业化集团等单位研发的"阻尼振动法套筒灌浆饱满性技术"（图 3-8-8）。该技术为国际首创，并纳入行业标准和上海市、安徽省、山东省等地方标准，对保障套筒灌浆施工质量、确保工程结构安全意义重大。

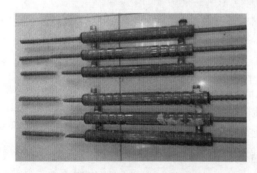

图 3-8-7　滚压式全灌浆套筒

图 3-8-8　对阻尼振动法套筒灌浆饱满性的监测

4. 一体化装修

本项目采用装配式装修，并通过设计提高厨房和卫生间标准化程度；在深化设计时，对装饰面板材料的规格进行优化，提高板材的利用效率，出材率达到 90% 以上，生产效率提升 20%，既节省了材料，又提高了经济效益。

地面采用架空采暖地面；墙体采用装配式隔墙及墙面；卫生间采用防水托盘的干式防水做法，实现同层排水；厨卫的顶棚采用无龙骨的干式吊顶。本项目基本实现了管线与主体结构的分离（图3-8-9）。

图 3-8-9　室内实景

轻质快装隔墙有 86mm 和 200mm 两种厚度规格：200mm 厚轻质快装隔墙用于有隔声要求的房间；轻质快装隔墙主要由竖向龙骨、横向龙骨、岩棉和硅酸钙板＋涂装板构成。同时，本项目首次将装配式隔墙系统与设备模块（如电箱、分集水器）相结合，节省了空间面积，实现了管线分离（图3-8-10）。

图 3-8-10　室内管线分离实景

本项目采用干式地暖设计（图 3-8-11），主要结构从下到上依次为地脚螺栓—架空层—地暖模块—硅酸钙板平衡层—地板饰面层。

图 3-8-11　干式地暖设计

三、工程技术亮点

1. 工程技术创新与新技术应用

项目的商业配套屋顶与地面连通形成小区的健身和交往空间，充分利用屋顶的同时也丰富了建筑的第五立面。同时，在居住组团的首层设置共享空间，更大限度地实现了住户的休闲、娱乐、交友等需求；在首层门厅增加快递收发、洗衣等功能，提供了多种便捷服务。

项目实现了多设计单位间的设计协同，通过标准化设计技术，整个项目两个地块仅采用 35m^2 和 60m^2 两种标准户型，使每一标准户型均可以拆分成为标准构件，有利于工业化生产与安装；在建筑外立面设计中对装配式美学进行了大量的探索，两个设计单位采用了不同的外立面表达形式，实现了标准户型的立面多样化表达。

项目地块内整体地势抬高 1.5m，中心建设雨水花园，用收集、净化住区内的雨水，反补住区内绿化用水等，成为低碳节能的海绵社区。

2. 效益分析

根据对现有装配式混凝土结构项目的测算，与传统现浇方式相比，采用装配式方式安装施工的人工费可以减少 40%。该项目大幅度提高了标准化设计程度，有效减少了预制构件的尺寸种类，实现了节点标准化安装，极大地提高了的施工效率，人工费进一步减少约 7%。

四、工程获奖情况

2017 年北京市绿色安全样板工地

2017—2018 年度结构长城杯金质奖工程

2018 年全国建设工程项目施工安全生产标准化工地

2019 年住房城乡建设部绿色施工科技示范工程

2020 年住房城乡建设部科技与产业化发展中心认定的《装配式建筑评价标准》AA级装配式建筑范例项目

案例 9

朝阳区百子湾保障房项目公租房地块

朝阳区百子湾保障房项目公租房地块（图 3-9-1）是集结构工业化、精装工业化、超低能耗被动房、高挑钢结构走廊等新技术和复杂工艺于一身的超大规模化保障房小区。其由多个 Y 形结构组成，形成了高低错落的"山"形建筑形体。其共采用了 300 余种竖向构件和 35 种水平构件，总计 18002 块装配式混凝土预制构件，室内全部采用装配式装修。该项目是国际著名建筑大师马岩松与建设者共守的初心，是审美与文化精神的巧妙融合，是一座城市的时代记忆。建设者用精湛的建造艺术，淋漓尽致地诠释着最为前沿的建筑理念，以装配式建筑技术完美呈现出城市中的山水人居。

图 3-9-1　项目实景（一）

一、项目基本信息

项目名称：朝阳区百子湾保障房项目公租房地块

设计时间：2015 年 8 月—2016 年 10 月

竣工时间：2019 年 12 月

项目地点：朝阳区百子湾地区

建设单位：北京市保障性住房建设投资中心

设计单位：中国 MAD（马岩松）建筑设计咨询有限公司

　　　　　北京市建筑设计研究院有限公司

施工单位：北京住总集团有限责任公司

　　　　　北京建工集团有限责任公司

预制构件生产单位：北京市燕通建筑构件有限公司

该项目（图 3-9-2）规划用地位于朝阳区百子湾地区，用地四至为：北至广渠路，南至 7 号线化工地铁站，东至旺达路，西至化二路。规划用地面积 93940m²，建筑面积 473346m²，其中地上建筑面积为 303351m²，地下建筑面积为 169995m²，地下 3 层，地上最高 27 层。2 号楼、4 号楼为现浇剪力墙结构超低能耗被动房，其他建筑的结构形式全部为装配整体式剪力墙结构，预制化率 43%，装配化率约 65%。

图 3-9-2　项目实景（二）

二、装配式建筑技术应用

1. 标准化设计

本项目为保障性住房中的公租房，从住宅楼二层开始为住户，一层为功能性用房，包括社区综合服务、市政公用、医疗卫生、商业服务、自行车存车处、公共空间等房间。地下车库除大部分为停车位外，其余为换热站、进排风机房等功能性房间。

建筑形体方面，建筑 Y 形基本平面相互联系，形成富于变化的建筑形体，点状的塔楼和线形展开的低层住宅结合，形成了手拉手的建筑形体，象征整个社区的团结，并通过退台的造型处理，形成高低错落的"山"的形象。所有户型均为南向或偏南向，所有房间都有好的采光。低层是花园入户的小跃层户型，通过通廊横向相连，创造亲切的邻里关系。底层住宅线形展开，在中央形成具有围合感的空间，带给住户归属感（图 3-9-3）。

本公租房项目建设规模 4000 户，尽管外立面异常复杂，但通过标准化设计优化，归为 A1、A2、C、Y1、Y2、E、D1、D2、D3 共计 9 个户型（镜像未计入），其中 A1 户型 2000 户、A2 户型 910 户、C 户型 574 户、Y1 户型 92 户、Y2 户型 168 户、E 户型 198 户、D1 户型 20 户、D2 户型 20 户、D3 户型 18 户。

2. 工厂化生产

本项目抗震设防烈度为 8 度。装配式结构的四层以下为全现浇剪力墙结构，四层以上为套筒灌浆装配整体式剪力墙结构。预制构件分为外墙板、内墙板、女儿墙板、PCF 板、UHPC 板、叠合楼板、预制阳台板、预制空调板、预制梁、预制楼梯 10 类，其中竖向构件 300 余种、水平构件 35 种。

3. 装配化施工

本项目在施工准备阶段和施工过程中运用了 BIM 技术，从模拟场地布置、施工顺序模拟、搭建预制构件库、管线碰撞检查等方面入手，从而更好地推动了工程进度并保证了工程质量。

装配式结
构住宅层

社区配
套层

组团层——住宅楼

社区层——架空层

城市层——配套商业

地下车库

下沉广场

图 3-9-3　建造功能划分

本项目全部住宅外立面设计为清水混凝土。为提高清水混凝土防护效果，清水混凝土施工由外墙接缝密封胶施工队伍同步完成，采用日本菊水清水混凝土保护工法（SA工法）和菊水水性环保型防护剂。

本项目规模化推广应用了－5℃套筒灌浆冬期低温施工技术（图 3-9-4）。北京地区实施套筒灌浆冬期施工，可延长施工工期 2 个月以上，平均装配速度约 10d/层，可完成主体结构装配施工 6 层以上，可有效避免冬期停工、工期延长造成的资金占用成本增加，减少了大量工人放假造成的管理费增加等弊端，充分发挥了装配式建筑节能环保的优势。

图 3-9-4　套筒灌浆冬期施工专家论证会

4. 一体化装修

本项目（图3-9-5）室内住宅为精装修交付，采用了装配式装修技术、建筑装饰一体化设计，是北京市首个将LOFT户型和装配式装修相结合的公租房项目，装配式装修技术体系从平层做法发展到了两层做法。对装配式地面的做法及其设备管线以及一体化设计，主体给精装预留的界面都有了更进一步的提升。

图3-9-5 内装施工及完成图

本项目地采暖方案较之前方案有所升级，即整个采暖从管线到模板都是装配式模块化安装而成，采暖均匀稳定，向上热传导率在80%以上，并且在房间里不设置暖气片，有效节省了室内空间（图3-9-6）。

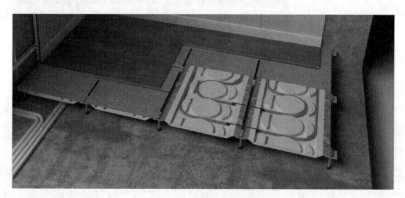

图3-9-6 内装施工工艺剖面图

三、工程技术亮点

1. "城市花园"设计理念

打破传统社区与城市间的壁垒，将社区街道完全向城市开放。城市公园位于首层屋顶之上，使人员活动空间和车辆行驶空间上下分开；空中开放层是连接横向连接层和竖向塔楼之间的转换介质，促进社区组团内的居民交流。

屋顶架空层为社区提供文化与体育空间（图3-9-7）。通过架空层大面积的覆土绿化，塔楼的退台花园，屋顶空间，实现整个地块100%的绿化覆盖，最终形成漂浮的城市公园。

建筑形体方面，建筑Y形基本平面相互联系，形成富于变化的建筑形体，点状的塔楼和线形展开的低层住宅结合，形成手拉手的建筑形体，象征整个社区的团结，并通过退台的造型处理，形成高低错落的"山"的形象（图3-9-8）。

图 3-9-7　"城市花园"的效果

图 3-9-8　项目实景（三）

　　提出"三重城市与两层公共空间"的新社区架构（图 3-9-9），以疏密有致的建筑肌理，营造山水自然意境，让社会住宅成为宜人居所（图 3-9-10）。

　　2. 超低能耗建筑设计

　　2 号、4 号住宅楼采用被动式超低能耗建筑设计。地上 6 层，地下 3 层。由 D1、D2、D3、D4 户型构成，共 29 户，建筑面积 2701.77m²。2 号楼东侧、西侧、南侧外窗设置电动外遮阳系统。2 号楼通风及采暖功能由新风系统提供。

　　住宅楼 2～6 层中间设置中庭，中庭顶部设置气密天窗。除楼梯间、电梯、电梯厅以外，具有包绕整个采暖体积的、连续完整的气密圈。所有外窗皆为气密窗，楼梯间与走廊之间的防火门为防火气密门。

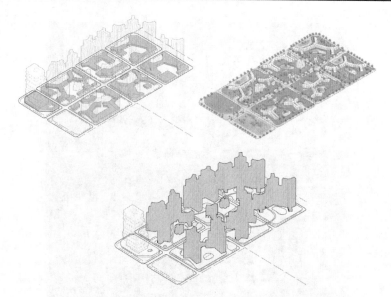

图 3-9-9　"三重城市"——城市层、社区层、组团层

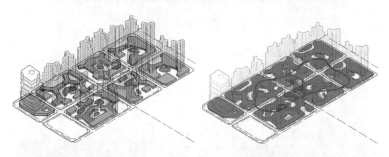

图 3-9-10　"两层公共空间"——商业街区、空中连廊

3. 工程技术创新与新技术应用

自主创新技术和关键技术见表3-9-1。

表 3-9-1　自主创新技术和关键技术表

自主创新技术	装配式结构座浆工具
	装配整体式剪力墙结构转换层钢筋定位方法
	装配式工程现浇圈梁的模板体系及施工方法
	基于智慧工地的创新应用
	结构墙体洞口的临时防护装置
	一种预制墙体临时斜向固定支撑
	女儿墙墙顶临时防护结构
	一种无卸荷产业化安全防护专用悬挑托架及防护架体
	悬挑楼承板支撑结构
	一种悬挑式的卸料平台
	一种剪力墙结构塔吊锚固装置
	装配式混凝土结构外墙组合型钢悬挂防护架施工工法

续表

关键技术	被动式超低能耗技术的应用
	钢结构架空廊优化
	BIM 技术的应用
	SWP-01 爬升式施工平台
	装配式混凝土结构技术
	装配式装修技术

四、工程获奖情况

2017 年北京市绿色安全样板工地

2018 年全国建设工程项目施工安全生产标准化工地

2018 年"BIM 技术在百子湾项目中的应用"获北京市建设单项应用成果类一等奖

2019 年北京市结构长城杯金质奖工程

2019 年结构"朝阳杯"金奖工程

2019 年"共创杯"首届智能建造技术创新大赛一等奖

2020 年荣获北京市 BIM 技术应用示范工程称号

2020 年荣获北京市建筑长城金杯

案例 10

朝阳区堡头地区焦化厂公租房项目

朝阳区堡头地区焦化厂公租房（图 3-10-1）是继北京市郭公庄一期公租房项目之后，另一个采用"开放街区"设计理念的大型公租房项目，也是规模化实施"装配整体式剪力墙结构＋装配式装修"的公租房小区。小区配套设施齐全，地下一层、二层及地上配套建筑设置配套商业，利用焦化厂土壤治理后留下的深坑设计了地下商业，并用地下商业街的方式改善地下商业环境，解决消防疏散问题。商业部分业态齐全，并配有幼儿园、养老院，为居民提供了全方位便利生活的条件。小区设计了蓄水 $60000m^3$ 城市蓄洪池，雨季可蓄水，缓解市政管网泄洪压力，旱季可用于绿化用水，符合绿色环保的要求。

本项目住宅主体结构采用套筒灌浆装配式剪力墙结构，内装修采用装配式装修，装配化率高达 90%。外立面采用 UHPC（超高性能混凝土）挂板及预制阳台板，外立面造型丰富。小区中化工厂路中部的钢结构展览馆是社区的标志性建筑，结构悬挑达 18m，内部设计了大空间展览馆，最大净空高度 8m，外立面采用带格栅遮阳的玻璃幕墙系统。

图 3-10-1 项目实景（一）

该项目 17 号楼采用了装配式混凝土建筑技术与超低能耗被动式技术，是国际上将两种技术成功结合的首例，实现在 8 度地震区"高层装配式剪力墙结构＋装配式装修＋超低能耗"的成功应用。其预制三明治外墙板的保温层厚度仅 90mm，"厚度 30mm 真空绝热板＋60mm 聚氨酯板复合保温体系"为国际首创，复合板传热系数为 0.15W/（m²·K）。在 21 号、22 号两栋现浇高层混凝土结构超低能耗住宅中，率先采用"厚度 20mm 真空绝热板＋120mm 岩棉板复合保温体系"，复合板传热系数为 0.17W/（m²·K）。该项目在国内首次将 BIM 运维技术应用超低能耗住宅，为北京市首批超低能耗示范项目。

一、项目基本信息

项目名称：朝阳区垡头地区焦化厂公租房项目

设计时间：2016 年 6 月

竣工时间：2019 年 6 月

项目地点：北京市朝阳区垡头地区焦化厂原址

建设单位：北京市保障性住房建设投资中心

设计单位：中国建筑设计研究院有限公司

监理单位：北京逸群工程咨询有限公司

施工单位：中国新兴建筑工程总公司（1 标）

　　　　　北京城乡建设集团有限责任公司（2 标）

　　　　　北京城建建设工程有限公司（3 标）

预制构件生产单位：北京市燕通建筑构件有限公司

该项目位于北京市朝阳区垡头地区化工路北侧原北京焦化厂院内，用地北至规划焦化厂二街，南至规划化工路，东至规划焦化厂东五路，西至焦化厂棚户区改造安置房项目。规划用地面积 184735.64m²，建筑面积 552774.80m²，公租房为装配式剪力墙结构，公建、养老院及幼儿园为框架-剪力墙结构。

二、装配式建筑技术应用

1. 标准化设计

户型模块：共有 7 种户型设计。户型各功能区的基本尺寸与结构、机电和精装修等协调。墙体窗洞口开设位置与结构协调，预制构件设计尽量减少非标构件，以利于在各栋号中实现互通，降低建造成本。

基于标准化原则，通过标准化套型构成了多样化的套型产品系列，包括门窗、厨卫、内装部品等，使得套型功能空间集约合理。通过标准户型模块布置的调整，结合核心筒模块、可变模块的多种变化，形成了多样化的楼栋标准组合平面，满足了不同的套型和规划要求。地上各层采用预制水平构件，底部加强区以上采取预制外墙板及预制水平构件。此外，在平面、立面设计标准化的前提下，进行建筑主导的预制构件设计，遵循工业化设计逻辑，实现构件的"少规格、多组合"。预制构件设计尽量减少非标构件，以利于在各栋号中实现互通，降低建造成本（图 3-10-2）。

2. 工厂化生产

装配式剪力墙结构住宅从首层开始使用水平预制构件，建筑高度大于 60m 的住宅仅采用水平预制构件和装饰构件，包括叠合板、楼梯、空调板、阳台板、预制栏板、

UHPC 装饰板，建筑高度低于 60m 的住宅从第 2 层或第 4 层开始采用预制外墙。住宅预制率为 17.8%～47.8%，装配率为 60.3%～90.5%。本项目 17 号住宅楼建筑层数 19 层，建筑高度 55.12m，是国内最高的装配整体式剪力墙结构超低能耗建筑住宅，开发的超低能耗建筑用超薄绝热保温预制墙板为国内外首创，也填补了国内外空白。通过有限元分析和应力试验，设计并优化外叶板、结构层、门窗洞口的配筋及构造，开发了保温层为"30mm 聚氨酯（PU）+30mm 真空绝热板（VIP）+30mm 聚氨酯（PU）"组合式高效保温预制墙板，传热系数≤0.14W/（m²·K）。开发了保温拉结件布板软件，通过力学模型分析，设计并优化了预制墙板连接器的材质、构造及连接技术，实现了结构保温一体化。

图 3-10-2　鸟瞰图

本项目基于超高性能混凝土（UHPC）设计研发了外墙立面空心装饰板及其连接节点。应用的超高性能混凝土抗压强度≥150MPa，抗折强度≥25MPa，坍落扩展度≥650mm，氯离子扩散系数 DCl≤5.0×（10～14）m²/s。空心装饰板壁厚只有 30mm，与实心钢筋混凝土装饰板相比，减重率≥50%（图 3-10-3 至图 3-10-6）。

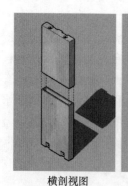

横剖视图　　　竖剖视图

图 3-10-3　UHPC 空心装饰板断面

图 3-10-4　UHPC 空心装饰板

图 3-10-5 UHPC 空心装饰板承载力试验

图 3-10-6 UHPC 空心装饰板安装效果

3. 装配化施工

本项目 21 号、22 号住宅楼建筑层数为 27 层，建筑高度 77.4m，为目前国内最高的超低能耗住宅。其充分利用了真空绝热板（VIP）和岩棉板的性能特点，采用"20mm真空绝热板（VIP）＋120mm 岩棉"的国内外最薄的 A 级薄抹灰外保温系统。通过预排板设计、精确定位和精细化施工，攻克了 80m 高层建筑兼具防火、安全和高效节能的技术难题，并在国内首次编制了施工技术规程。

4. 一体化装修

项目将设备管线及末端点位移到装修层或内隔墙中，卫生间采用同层排水集成技术，对排水管线、地漏、洁具、管井等进行精细设计，避免管线穿户，对外墙气密层的完整性起到了较好的保护作用，并且更利于维修维护。采用同层排水集成技术，通过本层内的管道合理布局，更加有效地利用了空间，避免了由于排水横管侵占下层空间，有利于维修和清理。装配式装修材料做法见表 3-10-1。

表 3-10-1 装配式装修材料做法

户型	区域	墙面	顶面	地面	踢脚	门窗
A1/B1/B2-1/B2-2/B3/AQ01/AQ02/AQ03/BQ01 户型	起居室	饰面板（硅酸钙板、含龙骨）	乳胶漆饰面（水性耐擦洗环保涂料、腻子、底层找平石膏）	四合一多功能架空地面	木塑/PVC踢脚线	—
	主卧	饰面板（硅酸钙板、含龙骨）	乳胶漆饰面（水性耐擦洗环保涂料、腻子、底层找平石膏）	四合一多功能架空地面	木塑/PVC踢脚线	钢制覆膜门框复合木门扇
	次卧	饰面板（硅酸钙板、含龙骨）	乳胶漆饰面（水性耐擦洗环保涂料、腻子、底层找平石膏）	四合一多功能架空地面	木塑/PVC踢脚线	钢制覆膜门框复合木门扇
	阳台	外墙涂料	外墙涂料	瓷砖（含防水及找平）	—	—
	厨房	饰面板（硅酸钙板、含龙骨）	集成硅酸钙板吊顶	四合一多功能架空地面	—	钢制覆膜门框复合门扇
	卫生间	饰面板（硅酸钙板、含龙骨）	集成硅酸钙板吊顶	ABS-PC 整体卫生间地面（含四合一多功能架空地面、防水）	—	钢制覆膜门框复合门扇

注：本项目为开敞阳台，故做法为外墙做法。

三、工程技术亮点

1. 超低能耗建筑设计

超低能耗建筑工程位于项目东区的北侧,共三栋住宅楼,560 户,分别为 17 号、21 号、22 号公租房,总建筑面积 34196m²,其中地上建筑面积 28613m²,地下建筑面积 5583m²,实施超低能耗建筑面积 29026m²。其中,17 号公租房为装配整体式混凝土结构的超低能耗建筑,其预制外墙采用夹心保温设计技术,结构保温装饰一体化提高了保温系统耐久性能和防火安全性,在超低能耗设计和预制混凝土构件设计两方面取得了同类项目的突破。21 号、22 号超低能耗建筑公租房建筑高度为 77m,在国内相同气候区的高层建筑中还未有先例。本项目结合一类高层建筑的超低能耗应用系统进行了抗风压、气密性等方面研究。建筑平面造型方正,避免了平面凹凸和过多装饰性构件,开敞阳台成为天然的遮阳措施。体形系数及窗墙比设计合理,充分考虑了夏季制冷需求以及冬季采暖需求。

2. BIM 技术应用

该项目在国内首次将 BIM 运维技术应用于超低能耗住宅(图 3-10-7、图 3-10-8)。

图 3-10-7　超低能耗住宅实景

图 3-10-8　项目实景(二)

四、工程获奖情况

2019 年一标段荣获结构长城杯银奖、结构朝阳杯银奖

2019 年二标段荣获结构长城杯金奖、结构朝阳杯金奖

2019 年三标段荣获结构长城杯银奖、结构朝阳杯金奖

2018 年"超低能耗建筑创新型外保温材料的研制"获中施企协 QC 二等奖

2018 年"整体装配式、现浇式、被动式多种不同体系下 BIM 应用与研发"获"龙图杯"全国 BIM 大赛施工组三等奖

2017 年《焦化厂公租房项目第二标段装配式项目 BIM 技术应用与创新》获"科创杯"中国 BIM 技术交流暨优秀案例作品展示会大赛一等奖

2020 年北京市建筑信息模型（BIM）技术应用示范工程

超低能耗建筑施工和 BIM 全寿命周期管理技术参编地标 2 项，申请专利 3 项，发表论文 2 篇，形成工法 1 项

案例 11

北京城市副中心职工宿舍项目（北区）

北京城市副中心职工宿舍项目（北区）（图 3-11-1）为装配式混凝土建筑，主体结构采用预制外墙板、内墙板、叠合板楼板、楼梯板。内装采用装配式装修，室内填充与主体结构分离，实现管线分离，消除湿作业，摆脱对传统手工艺的依赖，节能环保特征更突出。外立面采用免维护瓷板反打技术和硅胶模仿砖反打技术，后期维护翻新更方便。采用海绵城市设计、地源热泵系统、户内中水处理、厨余垃圾"三化"处理、无动力集中热水系统，集多项创新技术于一身。

图 3-11-1　项目实景

一、项目基本信息

项目名称：北京城市副中心职工宿舍项目（北区）

设计时间：2017 年 4 月

竣工时间：2020 年 9 月

项目地点：北京市通州区

建设单位：北京市保障性住房建设投资中心

设计单位：中国建筑设计研究院有限公司

施工单位：北京城乡建设集团有限责任公司

　　　　　北京住总集团有限公司

　　　　　北京建工集团有限责任公司

　　　　　北京城建集团有限公司

预制构件生产单位：北京市燕通建筑构件有限公司

监理单位：北京光华建设监理有限公司

该项目位于北京市通州区城市副中心行政办公区东北角，四至范围为：东至宋梁路，南侧为玉带河大街，西至规划胡各庄西路，北侧为通胡路。规划总用地面积231679.78m²，总建筑面积926625.33m²，其中地上面积521333.24m²，地下面积405292.09m²。规划建设约8000套职工周转房及相关配套设施，共分十二组团，分为四个标段进行施工（图3-11-2）：1号标为北京城乡建设集团有限公司；2号标为北京住总集团有限公司；3号标为北京建工集团有限公司；4号标为北京城建集团有限公司。住宅楼采用装配整体式剪力墙结构和装配式精装修，预制率约41%，装配率约82%。除4号标第9和第10组团住宅外立面采用硅胶模仿砖反打技术外，其他组团住宅外立面全部采用瓷板反打技术。

图3-11-2　总平面图

二、装配式建筑技术应用

1. 标准化设计

根据装配式建筑的标准化设计理念进行户型设计，形成系列化楼栋。考虑到面积、户数以及周转房要求，本项目设计了35m²、40m²、50m²共3种户型单元，组合成56栋周转房。户内均采用标准化设计。

2. 工厂化生产

（1）预制外墙板瓷板反打饰面技术。

为了保证外立面装饰效果与结构同寿命，创新性研发应用了瓷板反打饰面技术。与干挂瓷板或石材饰面相比，反打瓷板饰面一旦有修改或者损毁，不仅更换麻烦，而且代价很大。因此，预制外墙板生产前，不仅设计院的建筑、结构、水电专业要进行一体化技术策划，而且要与预制构件生产和安装企业密切合作，进行标准化、精细化设计。本周转房项目的平面功能较为复杂，经过多次比选，确定了以450为横向模数，630为竖向模数的基本原则，订购标准尺寸630mm×900mm的瓷板，保证瓷板利用率最大化。转角构件短边尺寸统一为900，做到一块瓷板可恰好铺满（图3-11-3）。

图 3-11-3 立面效果

瓷板反打饰面关键工艺控制要点如下：

① 瓷板应严格按照瓷板排布的尺寸、数量切割，进行精确下料，其尺寸误差应≤1mm，板边倒角应取 45°。

② 为实现瓷板与混凝土表面结合面可靠连接，瓷板背部应钻孔设置不锈钢卡钩，且每块板不应少于 4 个。为增强卡钩与瓷板和混凝土的锚固性能，采用燕尾形卡钩，并在瓷板背面钻出 45°斜安装孔，其深度≥15mm，且不打穿瓷板，再将卡钩固定在安装孔内，并用专用胶填充空隙。

③ 瓷板铺设应按照瓷板排布要求进行，铺设后表面平整，接缝顺直、宽度符合设计要求。

④ 为防止浇筑时漏浆污染饰面，需要进行勾缝。瓷板与侧模、瓷板间细缝采用普通硅酮胶勾缝，填充密实、不漏缝；瓷板间宽缝可在保证板缝深度的条件下先用同宽度木板（缠绕一层胶带或刷脱模剂）填缝，再用砂浆勾填，且砂浆需按压密实（图 3-11-4）。

图 3-11-4 瓷板卡钩定位、安装

（2）预制外墙板硅胶模饰面反打技术。

硅胶模饰面反打混凝土是清水装饰混凝土的一种，利用混凝土的拓印特性在混凝土表面形成各种肌理图案，使清水混凝土有了更深层次的表达，具有良好的装饰效果（图 3-11-5）。

图 3-11-5　硅胶模仿砖饰面效果

硅胶模制作关键工艺控制要点：

① 饰面排板和阳模制作。为提高生产精度和效率，阳模应严格按照设计完成的饰面排板图，采用雕刻机制作成型，雕刻机尺寸受限时，可分块生产进行品质把控，并应严格控制拼接精度。

② 硅胶模配料。应根据温度、天气情况，经试验确定硅胶及固化剂比例，应充分搅拌以达到均匀一致，宜将胶料倒入另一搅拌容器内进行二次搅拌。

③ 硅胶模成型。胶料应采用二次涂刷工艺施工：首次涂刷需用毛刷、抹子将胶料均匀涂刷在阳模上，确保每条砖缝填充密实，并且在涂刷过程中用吹风机吹出胶料中的气泡；待首次涂刷完成胶料自流平后，铺贴网格布，以增强硅胶模刚度；首次涂刷初凝前进行二次涂刷，涂刷至与侧模高度平齐，并清理滴淌废料。

④ 硅胶模脱模。脱离阳模应在待胶料完全固化，硅胶模成型后进行，且从边角处开始，用手或辅助工具在阳模与胶模间撑开，使其分离，不得大面积扯拽，同时保证内侧面清洁。

⑤ 硅胶模铺设（图 3-11-6）。硅胶模应精确铺设于墙板模具内，立面胶模可使用双面胶或 502 胶水固定于侧模上，便可进行后续钢筋入模具定位、布置施工。钢筋笼不应直接接触胶模亦不应采用垫块支撑，应采用吊杠（桁架筋）结合钢丝的形式将钢筋笼吊起的形式，以防止胶模挤压变形，并控制钢筋笼变形及保护层厚度；钢筋笼绑丝应全部弯向内侧，以免扎破胶模。

3. 装配化施工

本项目从地上 2～4 层开始采用预制混凝土墙板，除部分公共区域外，地上结构的楼板均采用预制叠合楼板。

该项目的结构装饰保温一体化外墙在国内首次采用瓷板反打技术，对施工安装精度和装饰面层防护提出了高要求。预制墙板的纵向钢筋连接采用全灌浆套筒连接技术，套筒总量 94920 个，由于工期要求紧，部分先开工的楼栋使用低温灌浆料进行冬期施工，增加了施工时间，发挥了装配式建筑的工期优势。

图 3-11-6　硅胶模仿砖饰面模板

在国内率先推广应用透明塑料管灌浆饱满度监测技术（图 3-11-7），利用透明塑料管监测器很好地解决了"套筒灌浆难以饱满"这一行业难题，有助于提升装配式混凝土建筑的工程质量，有利于全国装配式建筑的健康发展：一是监测器加强了套筒灌浆施工过程中的质量控制，使这项隐蔽工程可视化，大大降低了灌浆难度，提高了灌浆质量，按规定使用基本可实现 100％灌浆饱满；二是监测器像镜子一样照见了目前套筒灌浆施工的现状，堵橡胶塞的方法存在先天的缺陷，难以做到灌浆饱满，需要改进；三是监测器缩小了我国普通工人和国外产业工人之间的技能差距，用实践证明我国普通工人也能灌好浆。

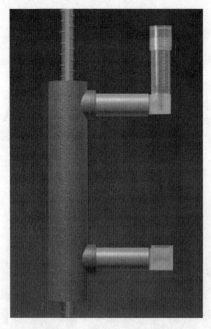

图 3-11-7　透明塑料管监测器

4. 一体化装修

整个项目采用全屋装配式装修技术，包括集成厨房、集成卫生间、管线分离、干式工法地面、墙体与管线、饰面一体化和集成管线与吊顶。秉承 SI 理念，减少设备、内装对结构主体的损害，延长房屋整体使用寿命，方便设备、内装的使用维护、更换，解决结构支撑体和填充体不同寿命的问题。

三、工程技术亮点

1. 外墙板瓷板饰面反打技术

预制外墙采用瓷板饰面反打工艺，可达到高档石材装饰效果，易清理和保养，可做到饰面与结构同寿命。

2. 硅胶模仿砖反打技术

硅胶模反打混凝土饰面属于装饰清水混凝土，既可以利用混凝土的拓印特性在混凝土表面形成各种肌理图案，还可以通过涂刷清水混凝土防护剂或彩色清水混凝土防护剂提高外立面装饰效果和耐久性。

3. 装配式装修技术

项目内装系统全面采用管线分离技术，包括墙面采用轻钢龙骨隔墙系统，墙体内部实现管线分离（图 3-11-8）；地面采用架空地面体系，采暖管线敷设在架空地板内，采暖管线与支撑体分离；卫生间厨房的排烟排气管道采用标准模数成品风道，与排水立管道集中布置；卫生间排水采用同层排水，卫生间排水管道采用 HDPE 管，电熔焊接；穿预制墙板的管道在结构专业进行预制墙板设计时进行预留，预留孔洞较管外径大 1~2 号；给排水管道与支撑体分离。项目创新使用背景墙、空气净化系统、地热系统等部品系统，使得项目的品质和系统集成度更高。

图 3-11-8　项目管线分离示意

四、工程获奖情况

1 号标获得的奖项：

2018 北京市结构长城杯金质奖

2018 年北京市建筑业绿色施工推广项目竣工示范工程

2018年度工程建设优秀质量管理小组一等奖（提高外墙瓷板外打预制构件安装合格率）

2018年第七届全国BIM大赛施工组三等奖（北京城市副中心结构与装修全产业化新型住宅的BIM技术应用与创新）

4号标获得的奖项：

2018年度北京市绿色安全样板工地

2019年度北京市结构长城杯银奖

2018年北京市建筑业绿色施工示范工程

2019年北京市工程建设BIM应用成果Ⅰ类

案例 12

北京冬季奥运村人才公租房项目

北京冬季奥运村人才公租房项目（图 3-12-1）作为 2022 年北京冬奥会的非竞赛类场馆，从设计到施工，在项目全过程践行"绿色""科技"的冬奥会理念。本项目采用装配式钢结构技术，引进技术创新的结构构件，实现室内大空间，墙体灵活布置，满足了赛时与赛后快速转换、减少拆改的功能要求，突出体现了装配式建筑可持续性发展的亮点。该项目应用的技术体系和建设经验对钢结构住宅体系的推广应用具有重要意义。北京冬奥村首次大规模采用了"健康建筑"系统，按照健康建筑 WELL 金级认证标准建造，将高品质居住需求与钢结构住宅的发展结合，成为当前住宅建筑领域的新标杆。

图 3-12-1　项目实景

一、项目基本信息

项目名称：北京冬季奥运村人才公租房项目

设计时间：2018 年 5 月—2019 年 5 月

竣工时间：2021 年赛时阶段完工

项目地点：朝阳区奥体商务文化园

建设单位：北京城市副中心投资建设集团有限公司

设计单位：北京市建筑设计研究院有限公司

施工单位：北京城建集团

　　　　　北京建工集团

预制构件生产单位：江苏沪宁钢机股份有限公司

　　　　　　　　　长江精工钢结构（集团）股份有限公司

该项目（图 3-12-2）位于北京市朝阳区国家奥林匹克体育中心南侧，奥体中路以南、北辰东路南延段以西、内部九号路以东，二号路以北。规划总用地面积 5.94 公顷，总建筑面积约 33 万 m²，由 20 栋住宅组成，地上 16 层，地下 3 层（图 3-12-3）。装配式钢结构采用钢框架-防屈曲钢板剪力墙结构，装配率 50%，裙房及地下室部分为钢筋混凝土结构。为突出中国特色，采用仿四合院落设计，楼楼有园，户户有景。

图 3-12-2　鸟瞰图

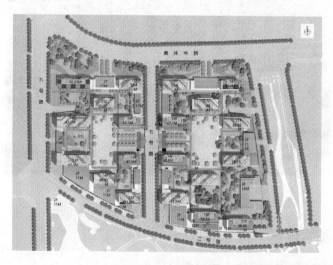

图 3-12-3　总平面图

二、装配式建筑技术应用

1. 标准化设计

本项目（图 3-12-4）采用钢框架-防屈曲钢板剪力墙结构，开间梁柱布局模数化，钢构件单元化。利用框架结构的优势，以实现户内无承重墙的灵活拓展空间，满足赛时赛后功能转换需求，适应未来各种户型布置的变化可能（图 3-12-5）。户内采用分户VRV、独立新风，钢结构梁预留穿洞，保证房间净高，在客厅、餐厅公共空间内不设钢梁，充分利用板下高度提升大空间舒适感受，打造高品质居住环境。

图 3-12-4　立面实景

　　户型单元平面规则，核心筒标准化，采用通用柱网，柱跨大，大空间无梁，减少了户内露梁露柱。

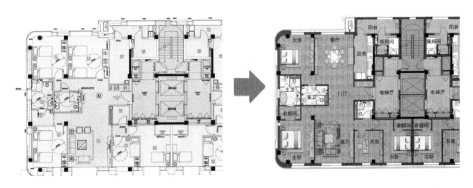

图 3-12-5　赛时及赛后平面图

　　2. 工厂化生产

　　经过多种结构方案的比选，本项目最终采用了钢框架-防屈曲钢板剪力墙结构体系，楼板采用钢筋桁架楼承板混凝土板，柱网布置结合建筑方案，适当增大柱距（最大柱距 8.6m），减少建筑内部柱设置，尽可能将框架柱布置在建筑外围及建筑竖向交通核周边。钢框架柱采用钢管混凝土柱，在增加结构刚度的同时，提高防火、隔声性能。钢框架梁采用 H 型钢，不设置结构次梁。除结构周边及建筑竖向交通核周边梁外，其他结构框架梁截面高度为 200mm，为满足框架梁强度及变形要求，适当增加梁翼缘宽度及厚度，同时考虑钢梁与混凝土楼板的组合效应，控制结构变形、满足舒适度要求。结构设计时，相似条件钢构件截面尽可能统一，以提高构件标准化率。

　　3. 装配化施工

　　本项目共采用了 1986 块预制装配式防屈曲钢板剪力墙，剪力墙构件在结构封顶后安装，装配施工难度大，工期短。施工单位成立攻关小组，研发了防屈曲钢板墙施工工法，即采用稳定型胎架将防屈曲钢板墙由平面状态调整为倾斜状态，再通过改变吊装位置将板墙调整为垂直状态，让其实现单吊机安全翻身，然后利用现有钢梁及钢梁上的加劲板设置悬挂吊具将钢板墙安装到就位位置，解决了防屈曲钢板墙从翻身、吊装、就位等过程的施工难题（图 3-12-6、图 3-12-7）。这种工法无需搭设操作平台及在原钢结构上焊接吊耳，减少了吊机数量和吊次，避免了操作平台安装对主体结构的焊接及切割，同时节约了焊工和安装工的工时，有利于主体结构成品保护。

图 3-12-6　钢板墙翻身示意

图 3-12-7　钢板墙吊装示意

4. 一体化装修

本项目采用不降板形式的同层排水系统，建筑面层厚度为 130mm。坐便、浴缸排水紧邻立管；地面排水地漏或淋浴间地漏距立管不大于 2m。坐便采用背板水箱悬挂式器具，与精装结合在坐便器后方设置 200mm 夹壁墙。排水管道一部分在夹壁墙内安装，另一部分埋地安装，若日后改造或维修无需全部刨地。各个卫生间分设管井，以减少管线埋地数量及距离（图 3-12-8、图 3-12-9）。

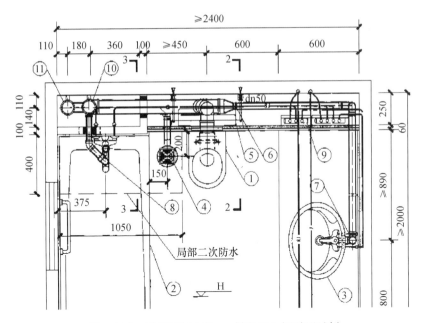

图 3-12-8 建筑面层 130mm 做法卫生间平面示例

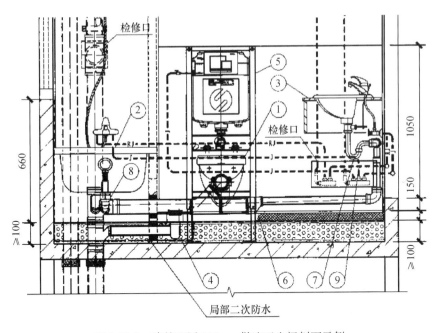

图 3-12-9 建筑面层 130mm 做法卫生间剖面示例

5. 信息化管理

本项目基于 BIM 模型实现了结构、内墙板、外围护、精装修的一体化设计，部品通过模型深化后，在工厂加工生产，体现了工业化、产业化的理念。通过"BIM＋物联网"提升项目管理水平；数据信息以 BIM 模型为载体向运维阶段传递，以 BIM 模型作为智慧冬奥运维的数据基础。本项目设计、生产、施工、运维全过程应用 BIM 技术，具有较强的示范性。

三、工程技术亮点

首次在居住建筑中大规模采用钢框架-防屈曲钢板剪力墙结构体系，并在设计中考虑了防屈曲钢板剪力墙在罕遇地震下的消能减震作用，大大提高了工程的结构抗震性能。针对常规钢结构的弱点，改善钢结构防火、隔声、减震等性能，打造了钢结构居住建筑升级完善版产品。钢框架-防屈曲钢板剪力墙体系塑造大跨度无墙建筑空间，灵活可变，满足赛时赛后功能转换需求，适应各种户型布置的变化可能。首次在居住类装配式建筑中应用层间装配式复合外墙体系，实现了装饰保温一体化和精确化快速安装。全过程 BIM 技术应用，有助于缩短建设周期。

四、工程获奖情况

2019 年 5 月通过"建设部装配式建筑科技示范项目"立项
2019 年 8 月通过"北京市 BIM 应用示范工程"立项
2020 年 6 月取得"北京市工程建设 BIM 成果"证书，综合应用成果 I 类
2020 年 7 月通过"中国建筑工程钢结构金奖"专家评审
2020 年 8 月取得"北京市结构长城杯金质奖"证书
2020 年 11 月获得"龙图杯第九届 BIM 大赛"施工组一等奖

案例 13

昌平区北七家镇 CP07-0203-0007 地块 R2 二类居住用地工程项目

昌平区北七家镇 CP07-0203-0007 地块 R2 二类居住用地工程项目（图 3-13-1）采用 EVE 装配式空心板剪力墙结构体系（以下简称 EVE 体系）。EVE 体系是由预制空心墙板、预制空心边缘构件和连梁与预制叠合楼板等，基于钢筋间接搭接连接构造，通过后浇混凝土把整个建筑部品连成一个整体，是一种新型装配式建筑结构体系。整个项目 18 栋楼仅由 10 种类型的预制空心剪力墙板及剪力墙边缘构件板组合而成，构件均采用机械化成组立模生产线进行工业化生产，占地面积小，生产效率高，产品精度高。现场钢筋间接搭接连接，降低了施工的复杂程度，操作简便，提高了施工效率，保证了施工质量，实现了标准化设计、工业化生产、高效化施工。

图 3-13-1 鸟瞰图

一、项目基本信息

项目名称：北京市昌平区北七家镇 CP07-0203-0007 地块 R2 二类居住用地工程项目

设计时间：2018 年 11 月

竣工日期：2021 年 6 月

项目地点：北京市昌平区北七家镇

建设单位：北京宸宇房地产开发有限公司

设计单位：华通设计顾问工程有限公司

施工单位：北京城建北方集团有限公司

北京建工四建工程建设有限公司

预制构件生产单位：北京珠穆朗玛绿色建筑科技有限公司

该项目规划用地位于北京市昌平区北七家镇，用地四至为：北至定泗路，南至平海路，东至东二旗南小街，西至望都东路。规划用地面积 66821.04m²，建筑面积 279406.6m²，其中地上建筑面积 167052.60m²，结构形式装配式混凝土剪力墙结构体系，预制率 41%，装配率 50%（图 3-13-2）。

图 3-13-2 装配式设计范围

二、装配式建筑技术应用

1. 标准化设计

本项目均为限价商品房住宅，共计 1744 户，共设计了 A、B、C 三种户型单元，三种单元均为对称布置。通过拼接组合，形成七种楼型，分别是：A 单元双拼、B 单元双拼、B 单元三拼、B 单元四拼、B 单元五拼、B 单元双拼＋C 单元双拼、C 单元双拼。整个项目竖向构件仅用九种构件，水平构件八种，高度重复，提高效率。

本项目采用装配式住宅技术方案的楼栋为 CP07-0203-0007 地块内的 1～18 号楼，共计 18 栋住宅楼，实施装配式建造的面积为 165861.24m²。地上住宅建筑最高 15 层，建筑高度 45m，标准层高 2.9m，共计 1744 户。住宅楼地下功能为住宅设备用房、戊类非燃品库房和自行车库。项目绿色建筑设计一星。预制率 41%，装配率 50%。

2. 工厂化生产

EVE 预制空心墙板和叠合楼板预制底板等构件的生产均采用成组立模机械化生产线的方式，生产线可根据项目预制构件尺寸的需要微调模腔即可生产不同规格预制构件，大大地节约模具的制作成本和提高工效。预制空心墙板和叠合楼板的钢筋也可实现机械化生产（图 3-13-3 至图 3-13-5）。

3. 装配化施工

本项目主体结构采用 EVE 预制空心墙板装配化施工，主要安装施工要点如下所述。

（1）墙体钢筋施工。

本工程墙体钢筋分为现浇柱钢筋和预制圆孔板圆孔内钢筋，现浇柱钢筋笼在工厂加工成型，预制圆孔板圆孔内钢筋采用机械焊接成型的梯子钢筋。将上述成型钢筋运至施工现场，吊装就位安装绑扎（图 3-13-6）。

图 3-13-3　EVE 预制空心墙板成组立模设备

图 3-13-4　钢筋网片自动化制作

图 3-13-5　预制空心墙板钢筋骨架智能化成型

图 3-13-6　墙体钢筋施工

（2）临时支撑安装。

预制墙板临时支撑体系包括铝合金横梁、固定支架和斜支撑。通过螺栓将固定支架固定于指定位置，安装斜支撑，通过调节斜支撑校正铝合金横梁位置，保证铝合金横梁的垂直与稳定（图 3-13-7）。

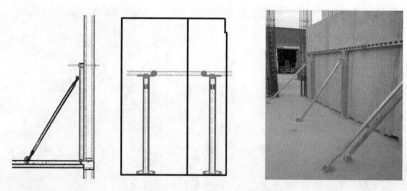

图 3-13-7　临时支撑安装

（3）预制圆孔墙板安装。

预制圆孔墙板构件安装工序是：构件准备→座浆→吊装→就位→校核调整→安装钢筋对拉螺栓。

预制圆孔墙板安装时，由门窗洞口或一端开始逐块进行，至此墙面所有墙板安装完成，调整各个预制墙板之间板面（应垂直平整），上端标高一致后就位固定（图 3-13-8）。

图 3-13-8　预制圆孔墙板安装

水平拉接钢筋应符合现行行业标准的有关规定。两块空心板之间用水平筋连接，保证锚固长度。同时，要保证定位箍筋与空心板孔的位置，使水平推拉筋能够进入孔内，一侧预制空心墙板吊装好后将水平推拉筋放入空心板水平孔内并向推拉片内穿一根钢筋，另一侧预制空心墙板吊装好后，通过钢筋将水平推拉筋向另一侧拉（图 3-13-9）。

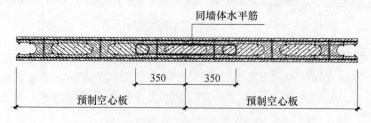

图 3-13-9　预制空心板水平接缝处示意

（4）预制圆孔墙板校正固定。

对安装完成的所有墙板进行校正验收后固定，准备安装现浇段模板（图 3-13-10）。

图 3-13-10　预制圆孔墙板校正固定

（5）模板安装固定（图 3-13-11）。

图 3-13-11　模板安装固定

（6）浇筑混凝土。

混凝土选用坍落度为 200±20mm 的商品混凝土。混凝土现浇混凝土施工作业前，需洒水润湿。现浇混凝土顺序为先浇筑预制圆孔墙板圆孔内混凝土和相邻板连接处混凝土，后浇筑定型墙模板内现浇柱混凝土，再浇筑叠合楼板上层混凝土，由一端往另一端逐渐浇筑混凝土（图 3-13-12）。

图 3-13-12　浇筑混凝土

4. 一体化装修

本项目采用"全装修交房"，机电一体化设计。通过对厨卫空间所有设备管线和吊顶的一体化集成设计，将所有管线点位预留到位，并以一体化集成设计为依据，采用干式工法将设备管线和吊顶系统在现场整体安装完成（图3-13-13）。

图 3-13-13　装配式装修

三、工程技术亮点

1. BIM 技术应用

BIM 族库的建立：针对项目与 EVE 预制墙板的特点对预制墙体、预制叠合板、预制连梁、预制窗下墙这五类预制化构件建立了定制化 BIM 族库。随着项目深入，随时更新族库。

钢筋与构件的关系：本次族库建立采用的嵌套族的形式来控制族的参数化设计。嵌套族的使用确保了每个钢筋部件与整体预制部件关系的正确性。

B＋B 户型模型拼装：完成预制化构件之后，在模型中对其进行拼接，利用 BIM 可视化来优化预制化构件。

构件拼接：完成构件拼装后针对典型或复杂节点进行进一步的构件复核与深化工作，保证构件进场施工时具备完全的可用性，并使工程顺利如期进行（图3-13-14）。

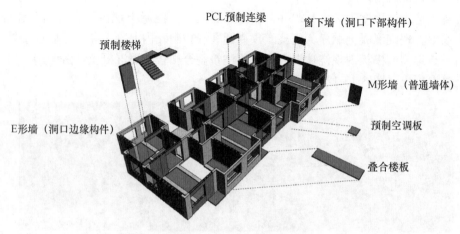

图 3-13-14　模型分析图

2.EVE 装配式混凝土剪力墙结构体系

本项目装配式住宅部分采用 EVE 装配式混凝土剪力墙结构体系。EVE 装配式混凝土剪力墙结构体系是采用工业化生产的 EVE 预制圆孔墙板、叠合楼板及其他混凝土构件经现场装配式安装施工所构成的装配式混凝土剪力墙结构体系。整个体系由工厂生产的预制混凝土圆孔板构成建筑内外承重墙体，预制圆孔墙板和预制圆孔边缘构件墙板，采用有效的竖向及水平方向节点连接设计，墙体转角、纵横墙交接处及板孔内均采用混凝土浇筑方式，使预制构件在现场连接构成整体装配式剪力墙结构。

EVE 装配式混凝土剪力墙结构体系获得国家专利 28 项，其中发明专利有《混凝土预制构件及其构成的墙体》《预制边缘构件和制备方法及构成的剪力墙结构和建造方法》《预制构件成组立模设备及利用其的立模生产方法》《一种混凝土预制构件成组立模生产装置及其工作方法》《多功能混凝土预制构件成组立模生产设备及生产线》和《混凝土预制构件的支撑体系》等（图 3-13-15、图 3-13-16）。

图 3-13-15　EVE 装配式混凝土剪力墙结构　　　图 3-13-16　EVE 预制空心剪力墙边缘构件板

四、工程获奖情况

2020 年获得"北京市绿色安全样板工地"称号

2020 年获得北京市建筑结构长城杯"金杯"奖

案例 14

丰台区成寿寺 B5 地块定向安置房项目

北京市丰台区成寿寺 B5 地块定向安置房项目（图 3-14-1）是全国装配式建筑科技示范项目、北京市首个装配式钢结构住宅项目示范工程。项目采用装配化钢结构建筑体系，建筑、结构、外围护、机电设备及室内装修采用一体化设计，户型及方案设计时充分考虑钢结构特点，柱网均采用标准柱网 6.6m×6.6m，符合装配式钢结构模数化、标准化的要求，大大缩短了钢结构加工周期。从设计、生产到施工全过程采用 BIM 信息化技术。

图 3-14-1　项目实景

本项目通过 BIM 模型应用、信息化管理和装配化施工，在保证工程质量的同时，缩短了工期，节约了综合成本。施工工法方面采用地下室桩墙一体施工技术，在施工过程中展现了钢结构建筑"节能、节地、节水、节材和保护环境"的优势。结构系统为钢管混凝土框架-组合钢板剪力墙/墙板式阻尼器；围护系统为预制混凝土/蒸压加气混凝土外墙，蒸压加气混凝土内墙；设备管线系统为综合支吊架、预制机电模块；内装系统为工业化装配式 SI 内装，是多项技术在同一个项目的不同尝试。该项目获得 2016 全国装配式建筑科技示范项目。

一、项目基本信息

项目名称：北京市丰台区成寿寺 B5 地块定向安置房项目

设计时间：2016 年 8 月

竣工时间：2018 年 11 月

项目地点：北京丰台区南苑乡成寿寺南窑村

开发单位：北京建都置地房地产开发有限公司

设计单位：北京高能筑博建筑设计有限公司

施工单位：北京建谊建筑工程有限公司

监理单位：北京市曙晨工程建设监理有限责任公司

预制构件生产单位：北京榆构有限公司、河北杭萧钢构有限公司、北京多维联合集团香河建材有限公司、北京金隅加气混凝土有限公司、北京住总万科建筑工业化科技股份有限公司

该项目位于北京市丰台区成寿寺经济适用房 B-5 地块，东、西、北侧为成寿寺二期经济适用房 B-3 地块，南至成寿寺西规划一号路。建筑类型为保障房，规划总建设用地面积 6691.2m²，总建筑面积 31658.46m²，地上建筑面积 20055.49m²（包含住宅建筑面积 18655.49m²，配套公建面积 1400.00m²），地下建筑面积 11630.00m²。地下 3 层，地上部分 1 号、2 号、3 号、4 号楼分别为 9 层、12 层、16 层、9 层。地下 2 和 3 层的层高为 3.1m，地下 1 层的层高为 5.9m，2 号、3 号楼首层层高为 4.5m，其余层层高均为 2.9m。该项目绿地率 30%，容积率 3.0（图 3-14-2）。

图 3-14-2　项目鸟瞰效果图

二、装配式建筑技术应用

1. 标准化设计

本项目采用建筑、结构、外围护、机电设备及室内装修一体化设计，在户型及方案设计时充分考虑钢结构特点，采用模块化、标准化、多样化的设计手法，通过不同模块的组合，形成多样的建筑户型。柱网均采用标准柱网 6.6m×6.6m，符合装配式钢结构模数化、标准化的要求，大大缩短了钢结构加工周期，工厂预制率达到 100%。

2. 工厂化生产

本工程采用装配式钢结构，所有钢柱、钢梁和钢筋桁架楼承板均为工厂化生产，现场装配安装，比传统现浇混凝土结构缩短工期 50% 以上。

1 号楼、4 号楼采用"钢管混凝土框架＋墙板式减震阻尼器"结构，既提高了结构的安全性，又避免了对住宅户型的影响，建筑空间可以灵活分割。2 号楼和 3 号楼采用

"钢管混凝土框架＋钢板组合剪力墙抗侧力"体系，有效地解决了结构的抗侧力问题，在提高结构延性和抗震性能的同时也降低了结构用钢量（图3-14-3）。

图 3-14-3　墙板式阻尼器

3. 装配化施工

本项目先根据标准化的模块，设计出标准化的部品，再形成标准化的预制 PC 外墙、预制蒸压砂加气条板内外墙。通过这样的标准化部品设计，大大减少了结构构件规格种类，为建筑规模量化生产提供基础，显著提高了构配件的生产效率，有效地减少了材料浪费，达到了节约资源和节能降耗的作用（图3-14-4、图3-14-5）。

图 3-14-4　预制 PC 外墙实景

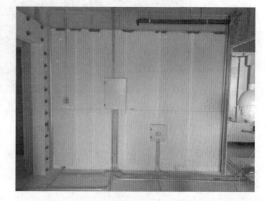

图 3-14-5　室内施工实景

4. 一体化装修

本项目采用 SI 体系装配式装修一体化设计，主要包含装配式隔墙系统、架空地面系统、集成吊顶系统、集成机电系统、整体卫浴系统、厨房集成系统六大系统。其中，地面采用架空体系实现管线分离体系施工，为电气、给排水、暖通、燃气各点位提供精准定位，不用现场剔槽、开洞，避免了错漏碰缺，保证了安装装修质量。一体化室内精装设计施工，大规模集中采购，装修材料更安全、环保，标准化的装修保证了装修质量，避免了二次装修对材料的浪费（图3-14-6～图3-14-8）。

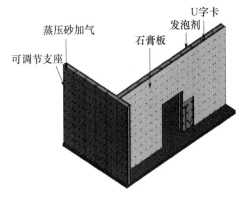

图 3-14-6　内隔墙构造模型　　　　　　　图 3-14-7　架空地面

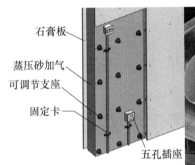
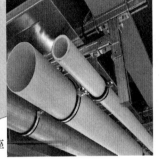

图 3-14-8　内装机电一体化展示

5. 信息化管理

本项目采用开发、设计、施工运维全生命周期管理模式。项目全面运用 BIM 技术实现设计施工一体化、精细化管理，地下机房及管线实现工厂预制加工，以工业化思维指导建筑预制部品部件生产过程。

三、工程技术亮点

钢框架＋墙板式阻尼器结构体系：1 号楼、4 号楼采用钢管混凝土框架＋墙板式减震阻尼器结构，既提高了结构的安全性，又避免了对住宅户型的影响，建筑空间可以灵活分割。

钢框架＋钢板组合剪力墙：2 号楼和 3 号楼采用钢板组合剪力墙抗侧力体系，既有效地解决了结构的抗侧力问题，提高了结构延性和抗震性能，又降低了结构用钢量（图 3-14-9、图 3-14-10）。

四、工程获奖情况

全国装配式建筑科技示范项目
北京市 BIM 应用示范工程
2016 年北京钢结构金奖
2016 年北京市结构长城杯金奖
北京市绿色安全文明工地

图 3-14-9　墙板式阻尼器模型及实景

图 3-14-10　钢板组合剪力墙模型

案例 15

朝阳区黑庄户定向安置房项目
4 号钢结构住宅楼

朝阳区黑庄户定向安置房项目 4 号钢结构住宅楼（图 3-15-1）为北京地区最高的装配式钢结构住宅楼，是北京住总集团开展钢结构住宅研究与实践的重点科研项目。项目发挥集团一体化优势，在户型设计、结构系统、外围护系统、内装系统、设备管线系统、施工组织与技术管理、安全管理等方面进行分析研究和探索创新。尤其是通过系统全面的试验，在高层装配式钢结构住宅中，外墙成功应用加气混凝土条板粘贴岩棉带薄抹灰做法。项目研究成果对于北京地区高层装配式钢结构住宅的开发、设计以及施工，具有良好的推广应用价值。

图 3-15-1　项目效果图

一、项目基本信息

项目名称：朝阳区黑庄户定向安置房项目 4 号钢结构住宅楼

设计时间：2016 年 11 月—2017 年 12 月

竣工时间：2019 年 12 月

项目地点：北京市朝阳区黑庄户乡

建设单位：北京住总房地产开发有限公司

设计单位：北京市住宅建筑设计研究院有限公司

施工单位：北京住总集团有限责任公司工程总承包部

监理单位：北京光华建设监理有限公司

构件生产单位：北京住总钢结构工程有限责任公司、北京多维联合集团、北京金隅加气混凝土有限公司

该项目（图3-15-2）位于朝阳区黑庄户乡万通路北，地下1层，地上28层，地上建筑高度79.90m，是北京地区最高的钢结构住宅楼。总建筑面积27904.88m²，每单元一梯四户，套型建筑面积60～90m²。项目采用钢管混凝土柱框架-支撑结构系统，楼板为装配可拆式钢筋桁架楼承板。外围护墙采用150～200mm厚加气混凝土条板贴80mm厚岩棉外保温层，铝板幕墙饰面或涂料饰面；室内隔墙采用100～200mm厚加气混凝土板和轻钢龙骨石膏板隔墙。楼梯采用钢楼梯，预制混凝土踏步板。装配率为65%。

图3-15-2　鸟瞰图

二、装配式建筑技术应用

1. 标准化设计

项目采用标准化、模块化、系列化的设计方法，以纯南一居和南北通透两居两种标准户型模块组合拼接成住宅楼平面；在东西两端和中间局部，使用非标准户型模块，满足户型比要求；住宅楼核心筒均采用标准模块（图3-15-3）。

框架柱间尺寸按照2M（200mm的倍数）设计，南立面开间尺寸为4600mm、6400mm，北立面开间尺寸为1800mm、4600mm、6400mm。加气混凝土填充墙，按照加气条板规格要求（标准板600mm宽），预先排板，优化墙板布置方式，减少墙板的裁切。箱型钢柱尺寸分为三种（宽度×长度）：400mm×900mm、400mm×600mm、400mm×400mm，H型钢梁主要尺寸（高度×宽度）为350mm×175mm，以利于钢结构厂家标准化生产。

项目采用钢框架-钢支撑结构体系，柱网连续，平面形状规整，结构受力合理，减少用钢量。按框架柱网划分单元户型，分户墙设在框架梁处，外墙框架钢柱外凸，避免

框架梁柱在室内露明，提高空间使用效率；框架单元内不设次梁，便于空间灵活划分，满足建筑全寿命周期的空间适应性。钢支撑均布置在住宅公共部分或分户墙上，避免影响住宅使用，外墙不设钢支撑，增强外墙的保温、防水性能（图 3-15-4）。

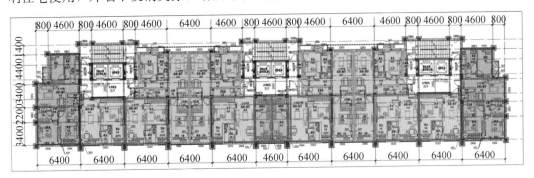

图 3-15-3　钢结构住宅标准层平面

图 3-15-4　外立面实景

2. 工厂化生产

项目采用钢框架-钢支撑结构体系，其技术成熟，受力明确，施工安装便捷，能够有效地保证结构安全；钢结构构件的标准化设计，有利于工厂生产的标准化。

项目首次在北京地区大批量（2.6 万 m²）应用可拆式钢筋桁架楼承板（竹胶板底模），楼板跨度分为 1.8m、4.6m 及 6.4m 三种，便于规模生产，提高生产效率，真正实现了工厂自动化生产，大幅降低了生产成本。

3. 装配化施工

本项目钢构件加工厂制作、现场拼接，钢结构施工按竖向流水组织施工，3 层一节柱作为一施工段，楼承板与钢构件同进度施工。为避免窝工，项目部结合现场实际情况，按单元将楼层水平划分 3 个施工段，如图 3-15-5 所示。

经分析，将结构施工分为四大关键工序：钢柱安装焊接、钢梁和斜撑安装焊接、楼承板安装和混凝土浇筑、钢柱内混凝土浇筑。施工流程：钢柱安装→钢梁、斜撑安装→校正→钢柱焊接→钢梁、斜撑焊接→探伤检测→楼承板 1～3 层施工→柱内混凝土浇筑（图 3-15-6、图 3-15-7）。

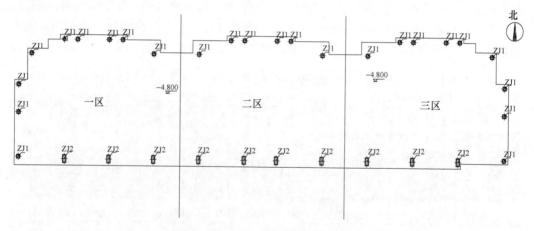

图 3-15-5　施工区域划分平面布置图

图 3-15-6　楼承板独立支撑体系

图 3-15-7　楼承板钢筋绑扎及管线敷设

竖向流水和水平流水同步进行的装配化施工模式，增加了管理难度，项目组在实施过程中收集数据、总结经验，控制主要工序穿插时间及调整劳动力投入量，不断纠偏。在实施过程中，按每 3 层一个水平施工段正常流水作业，测算得出各工序最优平均工期为 4d，最终总结出一套科学合理的装配化施工管理流程。

4. 信息化管理

项目在钢结构深化设计阶段，应用 BIM 技术在 TEKLA 三维视角下进行节点设计，多角度查看节点处各构件的空间位置关系、连接方式、连接件数量，探讨施工工艺要求。

在钢构件生产加工过程中，根据现场需求，通过调用 BIM 模型中的构件信息，生成现场构件需求清单和下一步排产计划，保证现场施工有序进行。

将 RFID 技术与 BIM 技术相结合，提取在深化设计阶段建立的 BIM 整合模型数据信息，准确加工部品构件，通过在构件中植入 RFID 标签，在 BIM 模型数据库中调取相关信息，可以保证整个项目施工建造过程的准确性。

BIM 技术在项目施工阶段的应用主要包括场地布局、施工模拟、工程量统计和安全质量管理。尤其是在施工过程中的复杂节点，在施工前运用 BIM 技术对该节点进行建模，并对模型进行拆分，通过可视化的施工交底，避免了施工过程中出现错误，如外墙钢柱钢梁包封节点做法，墙板安装施工工艺等。

项目采用驾驶舱系统，用以提升智能管理目标。驾驶舱系统对比不同施工方案的工期、质量效果，为施工方案的优化提供数据支持。项目将相互独立的智能管理系统进行了整合，形成了一站式决策及管理信息系统。随着项目数据积累的不断丰富，驾驶舱系统积累了更丰富的大数据、开拓未来大发展，必将成为新的战略优势资源。

三、工程技术亮点

1. 工程技术创新与新技术应用

本项目作为北京地区首例 80m 高层装配式钢结构住宅，通过对高层钢结构住宅存在的难点开展关键技术研究与应用，获得了一系列工程创新成果。

（1）结构系统采用大开间无次梁钢框架-支撑体系，实现套内空间可变；创新性应用可拆式钢筋桁架楼承板，并改进了相关技术措施；

（2）经过试验研究，应用"加气混凝土条板＋粘锚岩棉带薄抹灰""加气混凝土条板＋岩棉板保温＋铝板幕墙"两种外围护系统，满足了使用功能和安全性要求；

（3）使用钢管柱内自密实混凝土导管法高抛免振施工技术；通过研发整体钢制倒料平台技术，将传统的悬挑式卸料平台改为简支式卸料平台；

（4）应用"涂料防火＋构造防火"相结合的方式，解决了钢结构住宅的防火难题；

（5）施工中同时采用竖向和水平流水，实现不同工种无间歇连续施工，达到了施工组织最优化；

（6）应用了 BIM 技术，实现了设计、生产、施工全过程协同。

2. 经济效益

通过本项目的实施，分析影响钢结构住宅成本的几个主要因素：

（1）结构用钢量。

本项目主体结构的用钢量约 $104 \mathrm{kg/m^2}$，与装配式混凝土剪力墙结构相比，主体结构材料成本有一定程度的增加。

（2）装修成本。

在外墙分项工程中，为避免钢柱影响室内使用功能，外墙钢柱均向外凸出，采用幕墙包封，成本增加；外围护墙采用铝板幕墙和加气混凝土条板，相比轻集料混凝土砌块，成本增加。

室内装饰工程采用装配式装修，轻钢龙骨石膏板隔墙相比轻质隔墙板，成本增加较多；室内钢结构构件需要包覆，增加了石膏板贴面墙的成本。

（3）劳动力成本。

钢结构高层住宅楼施工期间劳动力峰值为 85 人左右，普通混凝土高层住宅楼施工期间劳动力峰值为 50 人左右，钢结构住宅劳动力投入增量较大。

（4）工期成本。

由于钢结构住宅施工速度较快，工期较短，建设贷款可提前偿还，房产可提前使用出租，由此带来可观的经济效益。

四、工程获奖情况

2018 年获得北京市结构长城杯工程金质奖

2020 年通过"高层装配式钢结构住宅关键技术研究与应用"北京市科学技术成果鉴定

案例 16

丰台区首钢二通厂南区棚改定向安置房项目

首钢二通厂南区棚改定向安置房项目（图 3-16-1）是首钢探索钢结构住宅的重要实践。在总结铸造村设计、施工等经验的基础上，采用建筑、结构、外围护、机电设备及室内装修一体化设计，户型及方案设计时充分考虑钢结构特点，通过各专业协同设计，调整结构布置，外柱外偏，增强建筑外立面造型效果，中柱偏向次要空间，室内不露梁、柱，增加室内空间利用率，得房率提升 10％～12％。

图 3-16-1　效果图

本项目采用"钢框架＋防屈曲钢板剪力墙"结构体系，具有更优的耗能能力，更高的初始抗侧刚度，兼具平面布置灵活、施工方便等优点。柱网横平竖直，简洁合理，减少了构件数量种类，预制构件规格统一，提高了标准化水平，降低了用钢量，同时减少了加工成本和安装成本。模型重复使用，使装配率达到 90％以上。项目展现了钢结构建筑"节能、节地、节水、节材和保护环境"的优势。

一、项目基本信息

项目名称：首钢二通厂南区棚改定向安置房项目

设计时间：2017 年 8 月

竣工时间：在建项目

项目地点：北京市丰台区吴家村路原首钢二通厂区内

开发单位：北京首钢二通建设投资有限公司

设计单位：北京首钢国际工程技术有限公司

施工单位：北京建谊建筑工程有限公司

监理单位：北京诚信工程监理有限公司

勘查单位：北京爱地地质勘察基础工程公司

预制构件生产单位：北京君诚轻钢彩板有限公司、北京宝丰钢结构工程有限公司、北京多维联合集团香河建材有限公司、北京金隅加气混凝土有限公司、北京住总万科建筑工业化科技股份有限公司

该项目（图3-16-2）位于梅市口路与张仪村东五路交会处东北侧，规划用地面积30000m²，建筑面积83091.33m²。结构形式采用"钢管混凝土框架＋防屈曲钢板剪力墙"体系，装配率95%，其中3-1号楼地下2层，地上24层，3-2号楼地下4层，地上24层，3-3号楼地下2层，地上21层，3-4号楼地下2层，地上22层，车库地下3层（含人防），配套为幼儿园、小学、养老院等。项目采用全装修交付。

图3-16-2　鸟瞰图

二、装配式建筑技术应用

1. 标准化设计

本项目采用建筑、结构、外围护、机电设备及室内装修一体化设计，户型及方案设计时充分考虑钢结构特点，采用模块化、标准化、多样化的设计手法，通过不同模块的组合，形成多样的建筑户型。

通过各专业协同设计，调整结构布置，外柱外偏，增强建筑外立面造型效果，中柱偏向次要空间，室内不露梁、柱，增加室内空间利用率，得房率提升10%～12%。柱网横平竖直，简洁合理，减少了构件数量种类，预制构件规格统一，提高了标准化水平，降低了用钢量，同时减少了加工成本和安装成本。模型重复使用，使装配率达到90%以上，打造安全、环保、舒适、经济适用的装配式钢结构建筑产品（图3-16-3）。

本工程为地下2层、地上22层的钢结构住宅楼。除地下室外墙为现浇混凝土墙体外，其余主体结构均为"矩形钢管混凝土柱-防屈曲钢板剪力墙"结构体系，钢管混凝土柱、H型钢梁有利于推广标准化设计、工厂化生产、装配化施工。

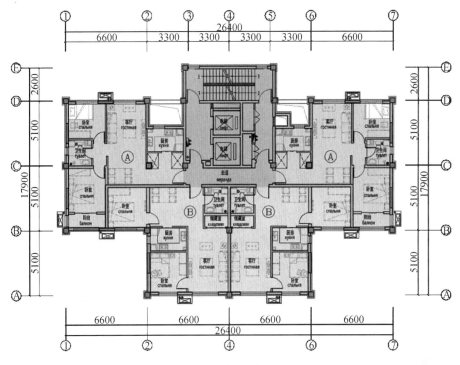

图 3-16-3　标准层平面图

2. 装配化施工

本项目抗侧力构件为防屈曲钢板剪力墙，防屈曲钢板剪力墙两侧为混凝土预制盖板，中间为钢板，用对拉螺栓将 3 块板材拼接固定，钢板剪力墙上下采用双夹板与钢梁焊接固定，防屈曲钢板剪力墙增强了结构抗震性能，布置灵活，现场安装便捷、高效（图 3-16-4）。

图 3-16-4　防屈曲钢板剪力墙现场安装

本项目楼板均采用钢筋桁架楼承板，无底模、免支撑，比传统脚手架支模现浇楼板节省40％以上的工期，大大提高了楼屋面板的施工效率（图3-16-5）。

图3-16-5　钢筋桁架楼承板

本项目框架梁柱连接节点采用高强螺栓和焊接结合的复合形式，既照顾了装配化施工的要求，相比全螺栓连接也降低了造价。

本项目外墙板和内墙的分户墙、电梯井周围墙体、楼梯隔墙均为轻质蒸压砂加气混凝土条板（简称ALC板），其密度为B05，较一般水泥材质小，具有良好的耐火、防火、隔声、隔热、保温等性能，ALC板做墙体，可满足非砌筑条件，外墙保温可做保温装饰一体板，也可做传统抹灰（图3-16-6）。

图3-16-6　蒸压轻质砂加气混凝土条板外墙

本项目卧室隔墙和厨房内墙采用厚度100mm轻集料轻质混凝土板，俗称圆孔板。分户墙、电梯井周围墙体、楼梯隔墙采用蒸压轻质加气混凝土条板，在安装进户箱或管线穿插等位置采用厚度大于200mm陶粒复合板（浮石板），解决了进户电箱安装、管线穿插、墙面抗裂等一系列问题（图3-16-7、图3-16-8）。

本项目设备管线体系采用预制机电系统，运用BIM技术进行虚拟建造，充分考虑土建、机电、装修各个专业情况，进行综合碰撞检测与管线优化调整，优化机电管线排布方案，对建筑物最终的竖向设计空间进行检测分析，并给出最优的净空高度，按照模型数据在工厂进行标准化预制件生产，然后运到施工现场直接组装，通过综合支吊架技术，进行整体安装，施工精准度高，效果整洁美观。

3. 信息化管理

该项目是装配式钢结构住宅项目，采用全信息模型虚拟建造指导施工，除了基本的管线综合、碰撞检测外，全信息BIM模型涵盖了施工工序、成本管理等数据，严格践行建筑信息化、装配式建筑产业化目标战略，各协同方通过信息化平台建立有效沟通。

图 3-16-7　轻集料轻质混凝土板内墙　　　　图 3-16-8　陶粒复合板（浮石板）内墙

依托 BIM 信息化技术，利用 BIMCloud 云平台，打通标准化设计、工业化生产、装配化施工的数据链。

（1）设计阶段：各专业基于同一个 BIM 模型实时在线协同工作，并通过前期对部品部件的研究，将建筑产业化工作前置到设计端，直接输出工厂部品部件模型，对接生产。施工时，各方根据平台上模型进行工序安排、生产规划、工序安排等工作，做到先虚拟后施工。建筑师、结构工程师、生产厂、安装工程师从方案阶直到实施的全过程密切配合和共同创作，实现设计生产施工的一体化。

（2）生产阶段：依托 BIM 信息化技术，利用 BIMCloud 云平台，可视化的管理技术，协同构件厂共同制定生产工艺流程、品质管控流程，实现设计生产的无缝对接。在项目中广泛应用二维码，使用二维码跟踪机电材料进场、安装等状态，发起问题、挂接资料等，使用二维码进行一系列的项目管理工作。

（3）施工阶段：通过虚拟施工，完成施工模型搭建、安装工艺流程、品质管控流程，施工组织设计、技术交底、质量验收等，由产业化工人完成现场装配作业。项目现场通过移动设备即时获取 BIM 模型信息，构件信息与现场实际施工进行比对，解决图纸疑难问题，降低各参建方的沟通成本。

三、工程技术亮点

1. 工程技术创新与新技术应用

（1）防屈曲钢板剪力墙。

防屈曲钢板剪力墙与框架的连接由鱼尾板过渡，即预先将鱼尾板在工厂与钢梁腹板采用全熔透等强焊接，然后鱼尾板与防屈曲钢板剪力墙钢板采用全熔透等强焊接。在钢板剪力墙的下缘设有双夹板，双夹板焊在下层梁上翼缘，防屈曲钢板剪力墙施工安装时，防屈曲钢板剪力墙上部与相应钢梁等强焊接吊装，待主体结构封顶后，按楼层从上到下的顺序，对防屈曲钢板剪力墙下部施焊，焊到双夹板上。

"钢框架＋防屈曲钢板剪力墙"结构体系具有更优的耗能能力，更高的初始抗侧刚度，兼具平面布置灵活、施工方便等优点。

（2）桩墙一体。

地下室混凝土外墙采用"桩墙一体"施工技术。该技术施工速度快，工程结构整体性好，混凝土表面平整光洁，缩短工期，机械化程度高，大大降低了工人劳动强度，具有较好的经济效益和社会效益，适合在模板租赁和建筑施工等行业推广应用（图3-16-9）。

图 3-16-9　桩墙一体

（3）"王"字形钢梁与楼板节点。

为解决钢结构建筑"窗上口受钢梁制约，窗下口受安全高度制约"问题，住宅外圈设计"王"字形梁，有效增大外窗高度。以层高 2.9m 为例，无"王"字形梁，外窗最高做到 1280mm；有"王"字形梁，外窗高度可以做到 1500mm。通过轧制"王"字形钢梁截面，可达到降低梁板组合高度、节约净空的目的，一般可节约 90～120mm（图 3-16-10）。

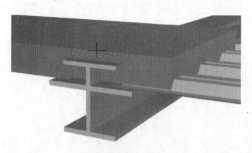

图 3-16-10　"王"字形梁 BIM 模型与现场照片

（4）点云扫描技术。

建模前利用点云三维扫描土建现场完成部分，根据点云模型校核建筑结构的 revit 或 TEKLA 模型，着重校核预留孔洞位置、层高。对于没有建筑或结构 IFC 格式模型的部位，也可以直接链接点云数据或者通过逆向建模工具做成 revit 模型后，链接到机电专业模型中作为参照模型。现场运用点云扫描仪生成三维模型，与 BIM 设计模型进行比对,查找它们之间的差异,快速进行质量检验。现场照片上传至信息化管理平台,挂接模型及数据,实时沟通、快速处理;标准预置,远程验收,数据公开,高效透明。

2. 经济效益

(1)成本分析。

针对区域相同、规模基本相当、不同结构类型的住宅项目实际建安成本比较如下:本工程地上钢结构住宅成本为 2891.26 元/m²(不含地下室与精装修);装配式钢筋混凝土结构住宅工程 2760.74 元/m²(装配率 30%),现浇钢筋混凝土剪力墙结构住宅工程 2301.55 元/m²;相比之下,钢结构住宅工程与装配式混凝土结构工程相比每 m² 建安成本增加 130.52/m² 左右,比传统现浇钢筋混凝土剪力墙结构增加 589.71 元/m²。

(2)用工分析。

施工现场劳动力用量。钢筋混凝土结构住宅、毛坯交房的工程,不包含室外工程,通过已施工工程和已计算完毕工程统计,实际用工量为 4.88～5.5 定额工日/m²。而钢结构住宅项目实际用工量为 2.91～3.4 定额工日/m²[首钢二通厂南区棚改定向安置房(1615-681)地块项目实际测算],平均 1m² 减少用工量 2.0 定额工日/m²(未考虑精装用工量的减少)。

(3)用时分析。

定额工期比较。根据《北京市建设工程工期定额(2018)》,以地下 2 层地上 24 层,建筑面积 9390.6m² 的住宅项目地上工程(地上建筑面积 8603.76m²)为例,定额工期计算:

传统钢筋混凝土结构工程地上定额工期为 410d,其中结构工期 330d;钢结构工程地上定额工期 380d,其中结构工期 300d。

以上对比,钢结构工期缩短工期 30d,再加上传统钢筋混凝土结构受冬、风、雨、高温季等天气影响非常大,而工业化钢结构工程受其影响相对小得多。

主体结构施工工期约为传统混凝土工期的 60% 左右。

四、工程获奖情况

结构长城杯

绿色安全工地

案例 17

亚洲金融大厦暨亚洲基础设施投资银行总部永久办公场所

亚洲金融大厦暨亚洲基础设施投资银行总部永久办公场所（图 3-17-1）是一个高标准的国际金融机构总部办公场所，庄重、简约、绿色、包容，是实现了国际一流生态、节能技术水准的绿色建筑。建筑整体格局严整有序、方正内敛，内部空间穿插交融、开放共享。建筑以营造高品质办公场所和室内外交流空间为目标，通过在室内空间引入系列化开放的共享交流空间，赋予建筑全新的公共交流体验，营造融合绿色、交往、共享的内外空间环境。建筑在室内环境、空气品质、生态智能及绿色节能等方面创新集成运用先进的设计、建造、运维技术，在高品质建筑、先进建造、智能运维等多层面进行了创新性、探索性实践。建筑设计全程采用建筑信息模型 BIM 技术，从设计到施工，同步对接后期运维管理，建构建筑全寿命周期的完整数字化三维信息系统，结合数字网络平台，以严苛有序的技术标准保障本项目高效率、高集成、高速度地精细化建造，实现了数字化、装配化建设全过程的高效管控。项目获得中国绿建三星、美国 LEED 铂金认证，并参考德国 DGNB 标准，实现了最高标准的绿色建筑品质。

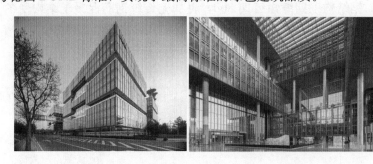

图 3-17-1　项目实景

一、项目基本信息

项目业主：北京城市副中心投资建设集团有限公司

项目名称：亚洲金融大厦暨亚洲基础设施投资银行总部永久办公场所

设计时间：2016 年 7 月—2017 年 6 月

竣工时间：2019 年 9 月

项目地点：朝阳区奥林匹克公园 B27-2 地块

建设单位：北京城市副中心投资建设集团有限公司

设计单位：gmp International GmbH（德国 gmp 国际建筑设计有限公司）

清华大学建筑设计研究院有限公司

室内精装设计：北京市建筑装饰设计院有限公司

施工单位：北京建工集团有限责任公司

北京城建集团有限责任公司

中国建筑第八工程局有限公司

预制钢构件生产单位：中建钢构有限公司、杭萧钢构（河北）建设有限公司、天津东南钢结构有限公司、江苏沪宁钢机股份有限公司、浙江精工钢结构集团有限公司

该项目位于北京市朝阳区奥林匹克公园区 B27-2 地块。项目总用地面积 6.12 公顷，项目总建筑面积 389972m²，其中地上建筑面积 256872m²，地下建筑面积 133100m²。建筑地上 16 层，地下 3 层，总高度 82.98m。项目主体功能为金融办公，配以会议、交流、图书、健身、餐饮、服务等功能。主体结构采用钢结构和带边框的钢板剪力墙筒体排架体系；楼屋面采用钢梁，楼板采用钢筋桁架楼承板。装配率达 86%；若按《装配式建筑评价标准》计算，装配率为 94%。

二、装配式建筑技术应用

1. 装配式建筑设计

项目整体设计理念融合了中国传承千年的古典文化——九宫格的外形和鲁班锁的结构形态，同时大厦内部运用榫卯结构发展出来的叠梁理念将结构彼此穿插、纵横交错。地上最大柱跨 27m 以及高达 26m 的跃层挑高结构柱，形成了大体量空间形态，满足了灵活适用的大空间建筑功能需求。

本项目结构体系大体由五个"口"字形单元在角部叠接而成。五个"口"字形单元分别为四个角部单元和一个中央单元。其中，每一个角部单元由四个核心筒筒体及其之间的两榀框架组成。核心筒作为结构主要抗侧力构件，必须加强其抗震措施，提高核心筒的抗震延性。从结构整体竖向来看，全楼的竖向支撑核心为 16 个核心筒，每两个核心筒之间仅设有 4 个柱子，最大柱跨达到 27m，最大穿层柱高度约 26m，每 3 层办公空间作为一个立体单元，在核心筒之间穿插围合（图 3-17-2）。

图 3-17-2　装配式建筑设计

根据本项目特殊的建筑平面布置、使用功能以及抗震计算需求，大体量、大跨度的建筑空间需求以及建筑控制性指标，如果采用常规的钢筋混凝土结构，不可避免地带来宽梁、肥柱的建筑形态，难以满足需求。因此，主体结构采用了钢板剪力墙核心筒、钢管混凝土柱、钢梁框架的钢结构体系，楼板采用钢筋桁架楼承板（图 3-17-3）。

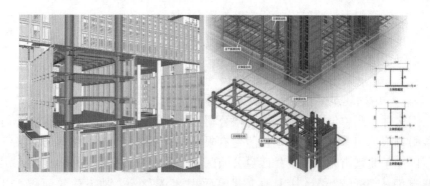

图 3-17-3　主体结构设计

项目外围护结构采用了玻璃幕墙系统，该幕墙系统采用集成智能化监测与控制系统、保温、隔热、装饰一体化设计，实现共享空间的自然通风感应控制，满足风雨雪气象下的智能化监测及控制要求。幕墙集成了智能电动遮阳系统和被动式通风换气系统，大幅降低了空调负荷。利用 BIM 技术计算出电动可开启的消防排烟窗位置及数量，解决了大空间自然排烟问题。

外围护玻璃幕墙系统主要包含三部分：标准办公空间面向室外立面的单元式幕墙采用竖明横隐单元式幕墙系统；内部共享空间立面幕墙采用竖明横隐框架式幕墙系统；采光天窗部位幕墙采用半明框幕墙系统。

尤其是标准办公空间面向室外立面的单元式幕墙，设置高效节能的双层内呼吸式幕墙加电动遮阳系统，在外侧玻璃与内侧可开启的玻璃门之间留有一定宽度的空气间层，层间设置中式窗花造型的电动折叠百叶，能够根据光照自动调节。通过夹层空腔与室内的通风换气以及电动折叠百叶的开合，极大地增加了室内空间热舒适度。其围护结构体系的能耗远低于现行公共建筑节能标准，从而有效地实现了建筑被动节能的要求。

2. 工厂化生产

近 39 万 m^2 的建筑，建设周期从设计开始到投入使用只有 3 年时间，工厂化生产是本项目 4 个基本实施策略——数字化设计、工厂化生产、装配化施工、智能化运维中的重要策略之一。

建筑主体结构采用钢结构体系，全装配式的钢结构带来了加工制造效率的极大提升。设计 BIM 直接对应钢构件、内外围护的幕墙体系等加工厂家的 BIM 体系，设计图纸直接传递到加工厂家。加工过程全数字化控制，到现场后直接进行干作业装配式安装。在此过程中全部做到了数据对数据这样直接的信息传达，因此实施过程几乎是零错漏的，为提高建造效率、保障建筑品质提供了技术支撑。

3. 装配化施工

（1）主体钢结构施工。

项目施工现场有三家总包单位，且现场施工场地较狭小，三家总包单位之间存在相互交叉作业。因此，在装配化施工的次序中，提出从下至上依次推进构件的安装定位，外框结构跟进核心筒安装的进度进行安装的施工方案，具体次序如下：①核心筒钢柱安装；②核心筒钢板剪力墙、核心筒钢梁结构的安装；③地上首节钢柱吊装；④与钢柱连接的主梁吊装；⑤安装主梁间次梁构件；⑥按照上述流程完成上一层钢柱、主次钢梁，然后依次以安装核心筒、外框结构的顺序，直至地上结构安装完毕。

（2）幕墙系统装配化施工。

对标准办公空间面向室外部分幕墙系统，根据屋面形式，在屋顶铺设环形轨道，利用悬臂吊机提升到安装位置后，转换到轨道系统轨道，利用轨道电动葫芦进行安装（图 3-17-4）。

图 3-17-4 幕墙系统装配化施工

对内部共享空间立面幕墙，立柱工厂加工后，在施工现场拼装平台上拼接为实际需求的立柱高度，而后进行钢立柱的吊装，最后进行幕墙单元板块的吊装、外侧扣盖的安装和打胶作业（图 3-17-5）。

图 3-17-5 幕墙系统装配化施工

采光天窗幕墙系统技术要求非常高：采光顶位置温度敏感性强，夏季早晚温差高差变形 20mm；玻璃安装后在荷载作用下有发生明显变形的可能；张弦梁顶部设计有排水沟；上弦结构梁通过计算要求在工厂加工及施工中起拱 130mm，待恒载施加后下降至设计标高。针对上述情况，施工采用创新的采光顶吊挂式综合施工平台设计及应用技术，具体如下：采用钢管扣件式脚手架搭设挂架悬挂在屋顶张弦梁次梁上，在其基础上满铺木板形成操作层，在单元玻璃板块安装时，随安装随拆除（图 3-17-6）。

图 3-17-6 幕墙系统装配化施工

（3）管线安装。

依托 BIM 技术，利用三维可视化模型，提前进行管线综合精细化设计，确定设备管道的走向、位置和标高，精准对接建筑构件工厂，钢结构构件预留设备管线洞。此外，通风风管、水管、电缆桥架、槽盒、支吊架等主要部品部件均在工厂加工，现场装配式安装。

4. 一体化装修

项目外围护结构采用了玻璃幕墙系统，该幕墙系统采用集成智能化监测与控制体系、保温、隔热、装饰一体化设计，设置集成智能电动遮阳系统和被动式通风换气系统，大幅降低空调负荷。内隔墙采用玻璃幕墙系统与集成成品隔断系统。地面采用架空地板，同步灵活对接管线及室内家具布置。

5. 信息化应用

本项目在项目全生命周期采用 BIM 技术，设计阶段通过 BIM 技术构建项目完整的数字化三维信息系统，施工阶段实现高集成、高难度、高速度条件下的精细化建造，最终实现项目智能化 BIM 运维。

三、工程技术亮点

1. 前瞻性的生态融合设计理念

亚投行总部采用了具有前瞻性的生态融合设计理念，在人与环境和谐共生的可持续发展理念下，对于建筑设计和技术运用进行重新的定义。设计以人与环境的和谐共生关系作为出发点，创造性地将生态理念和环境技术运用到建筑空间和环境设计中，实现创新的空间模式，提供前所未有的绿色交往空间和高效率的智能化办公空间。

2. 先进建造技术集成

项目功能复杂、体量巨大，融合了复杂的先进技术集成。建筑采用钢结构体系，实现了全装配化建造，对于目前建筑行业存在的高能耗、高污染等一系列环境问题，起到了标志性的示范引领作用。建筑集合了钢结构数字化加工技术、生态绿色节能技术、BIM 技术等一系列先进建造技术。采用 BIM 技术作为建筑设计、施工、运维的基础性工具，实现了建设全过程高效管控。通过对 BIM 技术的创新应用，打通了数字化设计、数字建造和智能运维等环节，形成了基于 BIM 的智慧建筑系统，实现了现场智能建造与后期智能运维形成联动的体系化建设系统。

在施工中采用了复杂基坑环境下模块化临时钢栈道施工技术、基础筏板大体积混凝土溜槽施工技术、"地下室防屈曲钢板＋混凝土组合剪力墙核心筒"施工技术、大方量混凝土浇筑溜筒施工技术、膨胀加强带取代部分后浇带技术、430t 大跨度钢桁架及下挂结构整体提升与应力释放施工技术、采光顶轨道式吊篮施工技术等。

3. 严苛的绿色建筑及环境控制标准

本项目执行严苛的绿色建筑及环境控制标准，贯彻美国 LEED 铂金及中国绿建三星标准，并参考德国 DGNB 标准。采用智能化监测技术对全楼的温度、湿度、照度、噪声、$PM_{2.5}$ 等指标进行实时监测，数字化管控全楼物理环境。空气净化系统采用三道过滤预处理，可有效去除室 $PM_{2.5}$ 颗粒，净化率高达 90%。

四、项目获奖情况

2018 年 8 月获 2017—2018 年度建筑结构长城杯金质奖

2019 年 5 月获第十三届第二批中国钢结构金奖

2018 年 5 月获首届 WBIM 国际数字化大奖

2019 年 1 月获三星级绿色建筑设计标识

2019 年 10 月获美国 LEED 铂金级认证

2020 年 10 月获《装配式建筑评价标准》范例项目 AAA 级装配式建筑

案例 18

大兴区旧宫镇 DX07-0201-0006、
0007 地块项目

大兴区旧宫镇项目（图 3-18-1）是土地招拍挂环节高标准建设方案的尝试，本项目集合了多项高标准建设要求：

（1）绿色建筑方面：按照《绿色建筑评价标准》（DB11/T 825—2015）标准，住宅和公建 100％取得绿建三星设计标识、运行标识。获得绿色建材评价标识的建材用量≥70％。

（2）装配式建筑方面：商品住宅地上部分实施装配式建筑比例 100％。装配式建筑除应符合国家和北京市相关标准要求外，还应符合以下要求：预制率不低于 60％；住宅全装修比例 100％；应用 BIM 技术。

（3）其他节能环保技术方面：住宅采用新风（含净化除霾）系统，其中在超低能耗建筑中应用新风热回收系统；住宅建筑单体和幼儿园为超低能耗建筑采用家居智能化技术。本项目商品住宅企业自持运营比例 70％。

图 3-18-1　鸟瞰图

一、项目基本信息

项目名称：大兴区旧宫镇 DX07-0201-0006、0007 地块项目

设计时间：2017—2018 年

竣工时间：2021 年

项目地点：北京市大兴区旧宫镇

开发单位：北京和信金泰房地产开发有限公司

设计单位：筑博设计股份有限公司

设计咨询单位：北京市建筑设计研究院有限公司

施工单位：中天建设集团有限公司

北京城建二建设工程有限公司

预制构件生产单位：北京榆构有限公司

进展情况：竣工项目

该项目规划用地位于大兴区旧宫镇，用地四至为：北至规划横一路，南至规划横三路，东至规划纵十二路，西至规划横一路。项目分为0006及0007两个地块，项目由20栋住宅楼、地下车库、社区服务、养老用房组成。规划用地面积6.64万 m^2，建筑面积22.97万 m^2，其中地上面积14.60万 m^2，地上4～18层。小区住宅容积率为2.2，建筑密度为30%。项目满足高标准住宅要求，装配式混凝土剪力墙结构，装配式建筑比例100%，预制率60%。住宅全装修比例100%（图3-18-2）。

图 3-18-2　总平面图

二、装配式建筑技术应用

1. 标准化设计

（1）套型标准化：根据《建筑模数协调标准》（GB/T 50002—2013）和《住宅建筑模数协调标准》（GB/T 50100—2016）的要求，本项目按使用空间需求主要分为高层、多层、公寓三个系列套型。多层套型由一种楼栋单元组成，公寓套型由两种楼栋单元组成（"一"字形和U字形），高层套型分为T2、T4、T6、AB四种楼栋单元，并共用若干开间进深模数。三个系列套型面积大小不同，以适应不同需求。

（2）功能模块标准化：项目厨房及卫生间采用标准化功能模块，在满足功能要求的基础上减少类型，制定若干标准化模块。

（3）结构体系标准化：装配整体式剪力墙结构，依据《北京市高标准商品住宅建设监管协议》中"高标准商品住宅建设约定内容"：本工程住宅部分±0.00以上采用装配整体剪力墙结构，且预制率不低于60%。

（4）外立面设计标准化：本项目以米黄色涂料、霞红色涂料、咖啡色涂料为主。采用色彩、体块进行设计，建筑立面简化线脚，利于构件的统一加工、安装，契合装配式建筑原则。

2. 工厂化生产

本项目住宅楼（1～20 号楼）采用装配整体式混凝土结构，结构外墙、内墙、楼板、楼梯、阳台、空调板及女儿墙均采用预制构件，工厂预制、现场拼装。

（1）预制混凝土夹心保温外墙板。

预制外墙板采用承重、保温、装饰于一体的预制混凝土夹心保温外墙板，从内到外由 200mm 厚钢筋混凝土内叶墙板、100 厚保温层、60mm 厚钢筋混凝土外叶墙板组成。外叶墙板通过拉结件与承重内叶墙板可靠连接，内叶墙板作为结构受力构件，外叶墙板挂在内叶墙板上，在各种荷载作用下保持相对独立变形。

（2）预制叠合梁，叠合楼板。

本工程除公共区域外，其他楼板均采用预制混凝土叠合楼板，由下部预制混凝土底板和上部现浇层组成。叠合楼板厚度规格为 130mm。130mm 厚叠合楼板的预制部分当采用的厚度为 60mm，现浇层厚度为 70mm。预制板表面做成凹凸差不小于 4mm 的粗糙面、在预制板内设置桁架钢筋，可以增加预制板的整体刚度和水平界面抗剪性能。

本工程从首层至屋顶层预制情况：

① 外墙：全装配，均采用三明治预制外墙（预制夹心保温外墙板＋现浇段＋PCF 板）。

② 内墙：部分装配，采用蒸压轻质砂加气混凝土条板；部分现浇（楼电梯）。

③ 叠合楼板（居住功能区和阳台）＋夹心混凝土挂板＋现浇板（公共区）＋叠合梁。

④ 标准层混凝土楼梯段预制（梯段板＋部分休息平台）。

⑤ 预制空调板＋预制混凝土挂板。

⑥ 预制屋面构件（女儿墙＋ 设备基座＋ 排风道＋ 保温层等 ）。

3. 装配化施工

通过标准化设计，尽量减少预制构件的类型，合理控制造价。同时，合理划分板块，适当控制最大吊重在 6t 以下，减少吊次，加快施工进度，降低施工费用。

装配式施工组织设计全面分析现场情况，针对装配式施工的重难点进行了有效的分析及出具处理方案，为项目施工起到了关键性作用。

现场根据装配式单个构件重量，现场采用 75 系列塔吊（比原招标塔吊更大的塔），使得项目成本增加，但是保证了现场施工的安全及施工进度。

为保证现场施工工期要求，针对装配式结构的生产及安装需投入更多的精力去管理，避免构件在生产、运输、安装等各个方面出现意外问题，防止对现场施工工期造成影响。

同时，现场根据每栋楼的构件数量实测每次吊装的时间，结合塔吊吊次计算出每层的吊装时间。同样，实测每道工序的时间后，测出每层的实际施工时间，以此作为依据排出每个楼的进度计划。排除其他制约因素，所在项目 T2 户型基本保证在 7d 一层，叠拼户型保证在 20d 一层。

4. 一体化装修

（1）公共区域集成管线和吊顶。

本项目采用装修产业化技术，应用于住宅的公共区域，采用集成管线和吊顶技术。整体标准是一体化设计，有标准，有图纸，有要求，有管理。

关于集成管线和吊顶，需要满足以下要求：预先设计、管线定位；避免现场剔凿；干法作业。

（2）全装修。

本项目采用全装修设计，在房屋交付前，所有功能空间的固定面全部铺装或粉刷完成，厨房和卫生间的基本设备全部安装完毕。管线全部作业完成，套内水、电、卫生间等日常基本配套设备部品完备，满足入住条件（图 3-18-3、图 3-18-4）。

图 3-18-3　客厅方案效果图（自持）

图 3-18-4　厨卫方案效果图

5. 信息化管理

本项目住宅地上部分设计阶段应用 BIM 技术，以更好地进行设计阶段碰撞检查、数据整合（图 3-18-5）。

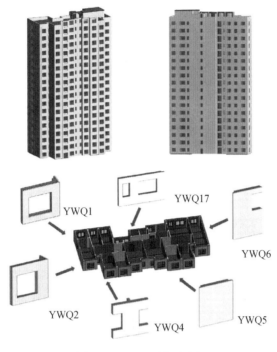

图 3-18-5　BIM 模型示意

三、工程技术亮点

1. 绿色建筑三星级及绿色建材使用

本项目按照北京市《绿色建筑评价标准》（DB11/T 825—2015）要求，住宅和公建 100％取得绿色建筑三星级运行标识。预拌混凝土、预拌砂浆和保温材料等建材产品的 70％以上使用全国绿色建筑评价标识认证的产品。

2. 超低能耗建筑

本项目超低能耗建筑位于 0007 地块 8 号住宅楼，建筑面积 3709m²，地上 6 层，地下 2 层。

被动式围护系统节能设计：

（1）外墙采用结构保温装饰一体化技术，保温层构造为 30mm 挤塑聚苯板＋40mmVIP 真空绝热板＋30mm 厚挤塑聚苯板，外墙传热系数≤0.15 W/（m²·K）。

（2）屋面保温层为 300mm 厚挤塑聚苯板，传热系数≤0.15 W/（m²·K），屋面保温层延伸到女儿墙内侧墙顶。

（3）外窗三玻两腔，双面 Low-E，内充氩气，铝包木窗，传热系数≤1.0W/（m²·K）。外窗气密性 8 级，水密性 6 级。外窗紧贴结构墙外侧安装，室外窗台安装窗台板。南向外窗采用可调节铝合金卷帘遮阳，便于夏季隔热，冬季利用外窗得热。

（4）地下室顶板采用 250mm EPS 保温板保温。采暖空调房间和非采暖空调房间隔墙采用 50mm 厚真空绝热板保温。

（5）分户墙两侧设置各采用 50mm 厚保温浆料；分户楼板采用 20mm 厚 VIP 真空绝热板。

3. 施工技术创新

本项目在施过程中综合工期、成本等多方因素，摒弃了传统楼板支撑及模板支设工艺，创新建立了装配式结构叠合板现浇板带自稳模板支撑体系施工工法。针对本工程叠合板之间的 300mm 现浇板带的体量小、现场分布分散特点，利用叠合楼板的 60mm 厚预制底板为自稳支撑体系基础，在现场以 400mm 宽的 12mm 厚木模板沿长边配置两道 50mm×100mm 木方为次龙骨拼装现浇板带定型模板，以 50mm×50mm×3mm 方钢管和 φ48×3mm 短钢管焊接成自稳支撑架，定型模板安装时自稳支撑架从叠合楼板边 300mm 开始间距 1000mm 布置，用 M14 通丝对拉螺杆进行连接加固，以保证叠合板现浇板带的成形质量，提高模板支设施工速度，降低模板损耗，降低施工成本，创造了较好的经济效益（图 3-18-6）。

图 3-18-6　自稳模板支撑体系安装效果图

四、工程获奖情况

2019 年度北京市绿色安全样板工地

2019 年度北京市结构长城杯

2019 年 8 月 23 日获取三星级绿色建筑设计标识证书

北京市高标准商品住宅建设项目试点

案例 19

海淀区永丰产业基地（新）HD00-0401-0062、0166、0158 地块二类居住用地建设项目

永丰产业基地（新）HD00-0401-0062、0166、0158 地块二类居住用地项目（图 3-19-1）集装配式建筑、被动式住宅、绿色三星、151 项住宅性能和 BIM 应用等技术于一体，力图打造北京市乃至全国绿色建筑新标杆。项目采用装配整体式剪力墙结构体系，预制率 65%，装配率满足北京市现行标准不低于 50% 的要求，个别楼栋竖向构件采用"单排大直径套筒＋水平连接锚环"的连接方式。住宅楼均设置连梁阻尼器。该项目是"十三五"国家重点研发计划"绿色建筑及建筑工业化重点专项"的示范工程。

图 3-19-1　项目效果图

一、项目基本信息

项目名称：海淀区永丰产业基地（新）HD00-0401-0062、0166、0158 地块二类居住用地建设项目

设计时间：2017 年 1 月

竣工时间：2020 年 12 月

项目地点：海淀区西北旺永丰产业基地

建设单位：北京万永房地产开发有限公司

设计单位：中国建筑标准设计研究院有限公司

施工单位：中天建设集团

预制构件生产单位：天津工业化建筑有限公司等

该项目规划用地位于北京市海淀区永丰产业基地，用地四至为：北至大牛坊一街，南至永丰北环路，西至永丰西滨河路北延，东至大牛坊三路。规划用地面积 83549.617m²，建筑面积 267974.99m²，结构形式为钢筋混凝土剪力墙结构，预制率 65%，装配率 50%（图 3-19-2）。

图 3-19-2　鸟瞰图

二、装配式建筑技术应用

1. 标准化设计

本项目 3 号楼地上 5 层，从正负零以上开始预制。针对现有装配整体式混凝土剪力墙体系进行了优化和创新应用。其主要特点如下：

（1）预制墙板采用后浇带连接：相邻预制墙板之间设置后浇带，后浇段长度统一取为 200mm。预制墙板通过水平外伸钢筋锚环在后浇段中搭接，实现相邻墙板之间的水平连接。

（2）水平钢筋连接：后浇段两侧墙板外伸钢筋锚环，竖向间距为 600mm，连接钢筋面积少于预制墙板水平钢筋面积；锚环内根据具体构造要求设置竖向后插钢筋，用于提高锚环连接的承载力和延性。预制墙板水平外伸钢筋均采用弯折锚固的形式锚固在墙板端部的边缘构件内（图 3-19-3、图 3-19-4）。

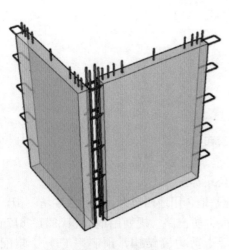

图 3-19-3　竖缝连接构造

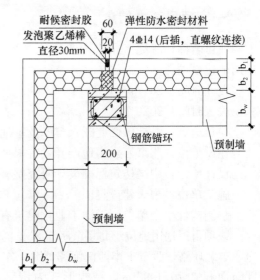

图 3-19-4　连接构造示意

（3）预制墙板竖向连接：当边缘构件配筋较小时，上、下预制墙板之间采用单排大直径钢筋连接，单排连接钢筋与墙板纵向钢筋之间采用间接搭接连接。

（4）边缘构件设置在预制墙板内，无边缘构件位置采用构造暗柱，保证墙肢变形能力。

2. 装配化施工

本项目采用装配整体式剪力墙结构体系，设置底商楼栋的底部两层采用现浇混凝土剪力墙结构，无底商楼栋从首层开始装配施工。预制混凝土墙板采用套筒灌浆连接技术。叠合楼板由预制混凝土底板和上部现浇层组成，在预制板内设置桁架钢筋，增加整体刚度及水平界面抗剪性能。楼梯间采用标准化设计，采用预制楼梯。阳台板和空调板采用预制外挂墙板湿式连接与主体结构相连。住宅楼均设置连梁阻尼器。

3. 信息化管理

该项目从扩初及施工图设计阶段到施工阶段创新采用 BIM 技术，具体情况见表 3-19-1。

表 3-19-1　项目采用 BIM 技术情况

阶段		服务项目	主要内容	交付成果
扩初及施工图设计阶段	数据创建	地下部分 BIM 模型创建	建立建筑、结构、水、暖、电、小市政等各专业 BIM 施工图阶段模型。其中，不影响到管线综合和净高分析的部分简略建模	符合应用要求的 BIM 模型
		典型 7 栋楼体土建模型创建	建立建筑、结构专业 BIM 施工图阶段模型，体现预制构件的拆分情况	
		典型 7 栋楼体机电模型创建	建立水、暖、电专业 BIM 施工图阶段模型，体现地暖、电管、接线盒等	
		典型 7 栋楼体外立面模型创建	建立典型楼体整体外立面模型（包括首层幕墙典型节点），并核对外立面与建筑结构的交圈矛盾	
	数据应用	结构预留预埋检查	对结构（尤其是混凝土预制构件）中的预留预埋的大小和位置进行全面核查	结构预留预埋检查报告
		问题报告整理汇报	辅助设计校核图纸质量，检查建筑、结构、机电各专业内部及专业间的碰撞	问题整理报告
		管线综合分析	从设计到建造，满足设计功能的同时，以施工合理性为原则考虑管线的可建性	管线综合模型
		有效净高分析	对地下车库及标准户型的净高进行分析及优化，提高空间使用率	净高分析报告
		小市政校核分析	考虑景观布置和功能要求的前提下，对小市政的位置进行校核分析	小市政分析报告
施工阶段		可视化施工交底	组织施工交底会议，用三维模型现场进行技术交底	汇总模型和交底技术资料

三、工程技术亮点

工程技术创新与新技术应用介绍如下。

目前中小城市及小城镇新建住房中低多层住宅占比较高，市场需求及百姓关注度较高。现有多层装配式墙板结构体系适用高度有限，难以满足市场需求，配套施工工艺也不够成熟。本项目3号楼对现有体系进行了创新应用，通过设计方法及加强措施保证结构整体抗震性能。主要优势体现在：

（1）预制构件模具标准化程度明显提高。由于墙板侧面不出筋，侧模不需开孔，可明显提高侧模的使用效率，侧模组装难度和拆除难度大大下降；墙板顶部采用大直径大间距配筋，顶模通用性也有所提高。

（2）后浇混凝土量减少。后浇段长度统一取为200mm，比传统体系的后浇段面积大为减少。

（3）现场钢筋绑扎量明显减少。由于墙侧水平外伸钢筋数量减少，且后浇段内不再额外设置箍筋，后浇段内的钢筋绑扎量大大减少，方便了现场施工。

（4）大直径钢筋套筒灌浆精度易于保证。

（5）施工工序减少并简化，吊装次数减少。该项目取消了PCF板安装，减少了套筒灌浆数量，减少了节点区钢筋绑扎，减少了节点区模板支护，减少了吊装次数，方便了现场施工。

该项目在现有多层装配式墙板结构的基础上，进行了一些改进，与现行国家标准《装配式混凝土建筑技术标准》（GB/T 51231—2016）中第5.8节的多层装配式墙板结构相比，水平分布钢筋间距增大至600mm，采用了水平钢筋锚环连接，缩短了竖向后浇段尺寸，竖向采用了大直径大间距钢筋连接，将墙体边缘构件设置在预制构件内。

针对以上超出规范内容，进行了研究、计算和设计。首先，研究了预制剪力墙水平接缝受剪、竖向接缝受剪、钢筋单排连接、间接搭接等技术问题；其次，针对本体系的水平灌浆锚环连接节点进行了锚固性能试验，对水平锚环的搭接长度、搭接宽度、后插钢筋直径、锚环搭接间距、锚环直径等参数进行了对比分析，研究了各参数对受拉承载力和延性的影响，然后对本项目的墙体进行了低轴压比的低周往复试验，通过改变截面形式、竖向钢筋连接形式、边缘构件配筋和高宽比等参数，观察墙体的破坏形态等，分析墙体的正截面受弯承载力、斜截面受剪承载力和极限位移等（图3-19-5）。

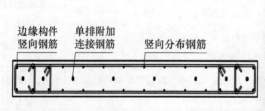

图 3-19-5　预制墙边缘构件优化图

四、工程获奖情况

2017 年北京市高标准商品住宅建设项目试点

2018 年北京市第一批超低能耗建筑示范项目

2019 年"十三五"国家重点研发计划绿色建筑及建筑工业化重点专项示范工程

案例 20

顺义区新城第 18 街区 SY00-0018-6015~6017 地块公租房项目

　　顺义新城第 18 街区 SY00-0018-6015~6017 地块公租房项目（图 3-20-1）为北京市第一个采用工程总承包模式的装配式保障性住房项目，实现了"纵肋叠合混凝土剪力墙结构体系"在北京市的落地实施。该结构体系的关键技术是竖向结构采用具有新型空腔结构的"纵肋空心墙板"和"夹心保温纵肋空心墙板"的专利产品，将竖向结构与传统的水平预制构件（叠合板、阳台板、空调板、楼梯等）通过现场装配、现浇混凝土有效结合形成可靠连接的装配式整体式混凝土剪力墙结构，目前已形成了涵盖设计、生产、施工的成套技术体系和相关标准。

图 3-20-1　典型平面立面图

一、项目基本信息

项目名称：顺义区新城第 18 街区 SY00-0018-6015~6017 地块公租房项目

设计时间：2019 年 10 月—2020 年 11 月

竣工时间：在建项目

项目地点：北京市顺义区顺义新城第 18 街区

建设单位：北京市燕顺保障性住房投资有限公司

方案设计单位：北京市建筑设计研究院有限公司

EPC 工程总承包单位：北京市住宅产业化集团股份有限公司

监理单位：北京市潞运建设工程监理服务中心

该项目用地位于顺义新城第 18 街区 SY00-0018-6015~6017 地块，用地东侧为规划裕翔路（现为天北路），南侧为安富街，西侧为规划支路及商业用地，北侧为规划安泰路。用地主要出入口设在西侧和北侧。规划建设用地面积 98422.09m²，限高 45m，容积率 2.5，总建筑面积 37.23 万 m²，其中地上建筑面积 24.61 万 m²，地下建筑面积 12.63 万 m²。纵肋叠合混凝土剪力墙结构体系，预制率 42%，装配率为 91.5%（图 3-20-2）。

图 3-20-2　鸟瞰图

二、装配式建筑技术应用

1. 标准化设计

项目将住宅区内部场地上抬 1.5m，提供立体"绿毯"景观，使住宅可配置范围加大，提高生活品质，并借由这样的立体划分降低城市公共性与住宅私密性之间的交叉与干扰。用景观手法处理场地四边与相邻环境的关系，城市绿地侧设置逐渐降低的草坡使场地与公共绿地融合，商业一侧设置逐渐抬起的草坡与商业内侧一层标高融合。

项目从规划层面着手确定住宅层数均为 15F，并经过核心筒及管井尺寸的优化，最终实现除 12 号楼外，其他住宅楼，核心筒公共区域尺寸及做法统一模数和做法，标准化程度高。

通过对原标准户型的梳理优化，最终形成 30m² 户型 300 户、40m² 户型 780 户、60m² 户型 1930 户，30+60 拼成的 90m² 户型 209 户。开间模数为 3000mm、3300mm、4800mm、6900mm 四种，基本模数以 3M 为主、2M 为补充，结合统一的阳台空调板模块，形成标准化的户型设计单元。

根据户型特点，住宅采用统一模数化厨房单元及卫生间单元，其中卫生间单元 92% 采用 A 单元，仅改善型 90m² 户型增加卫生间 B 单元，标准化程度非常高（图 3-20-3 至图 3-20-5）。

项目中所有楼梯楼梯间的开间均为 2700mm，满足基本模数整倍数要求。楼梯间梯段为预制构件，并将层间梯段平台与楼梯梯段一起预制，减少现场支模，加快施工进度。

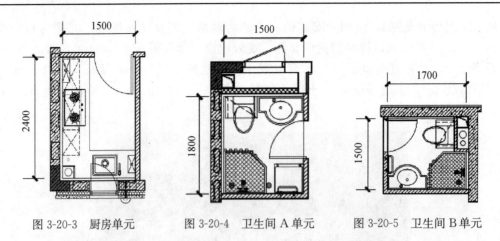

图 3-20-3　厨房单元　　　图 3-20-4　卫生间 A 单元　　　图 3-20-5　卫生间 B 单元

通过对纵肋叠合混凝土剪力墙住宅的预制墙板尺寸、空腔构造、连接节点做法、配筋及预埋配件进行系统研究，形成了基于 BIM 技术的标准化设计方法、设计标准和标准图集，研发了专用 BIM 设计软件。

2. 工厂化生产

项目采用装配式纵肋叠合剪力墙结构体系，从首层至屋面的水平构件（楼板、空调板、阳台板、楼梯），以及从 4 层至顶层的竖向构件（墙体）采用装配式预制构件。与套筒灌浆装配式混凝土剪力墙结构比，纵肋墙板具有质量轻、尺寸大的优势，通过标准化设计减少预制墙板数量约 2000 块，可减少现场安装吊次 2000 次，并大幅减少外墙接缝数量，提高工效、降低造价。标准化设计大幅度提高了预制构件模具使用次数，外墙板最高使用 728 次，内墙板最高使用 2436 次，叠合板预制底板最高使用 3328 次，可有效降低模具摊销费用。

项目开展了纵肋叠合混凝土剪力墙结构用预制构件的自动化生产关键技术研究：一是开展了预制墙板空腔成孔技术研究，包括空腔专用模板设计与制造技术、标准化纵筋连接槽模板技术研究；二是开展了关键材料和配件性能研究，主要包括薄壁空腔高性能混凝土配制及浇筑成型工艺、纵肋叠合剪力墙专用吊装埋件等技术；三是开展了墙板生产工艺及质量控制技术研究，形成了产品标准或生产质量控制标准。

研发了预制墙板空腔内环形竖向钢筋外露成型专用模具及脱模设备（图 3-20-6）。

图 3-20-6　预制墙板空腔成型专用模具

研发了预制墙板结合面（包括空腔内部）水洗粗糙面成型专用缓凝剂（图 3-20-7）。

图 3-20-7　预制墙板水洗粗糙面

3. 装配化施工

项目研发了纵肋空心墙板安全吊运、快速精确安装的专用机具，研究了空腔混凝土浇筑成型施工工艺和密实性检测方法，研究了冬期施工技术，编制了施工工法和施工验收标准，形成了纵肋叠合剪力墙结构高效施工关键技术（图 3-20-8、图 3-20-9）。

图 3-20-8　预制墙板安装

图 3-20-9　预制叠合板安装

4. 一体化装修

除居室吊顶外，本项目采用全屋装配式装修体系（包含集成隔墙与墙面系统、干法楼地面系统、集成式厨卫系统）。在装配式装修技术体系上实现了进一步突破，从两个方面升级了用户体验：一是视觉效果方面，秉持与传统装修无差异的原则选择装修面层，例如居室动区地面采用瓷砖与干法架空体系结合做法；二是用户感受方面，针对公租房住宅采用架空体系给用户带来的敲击空洞感进行了技术体系升级，做到了踩踏更加踏实及无敲击空洞感。

5. 信息化管理

项目采用 BIM 技术实施了正向设计。在设计之初，考虑到标准化是装配式 EPC 项目的核心，本项目将 14 栋住宅楼统一成 $90m^2$、$60m^2$、$40m^2$、$30m^2$ 四种基础户型，拼合成 5 种单元标准层。建筑专业将模型按照设计逻辑拆分成户型模型、单元模型、单体模型、总图整体模型四种。选择 Revit 软件作为主要建模软件，通过 Revit 软件将户型模型链接成单元模型，单元模型连接成为单体模型，再由楼座模型连接成为总图整体模型。通过链接的方式，模拟传统二维 CAD 的参照搭建工作模式，实现模型联动，即更改户型、单元等标准化模块即可达到全模型联动更改的效果。以建筑模型作为中心模型，各专业建立自己的专业模型。

项目基于 EPC 管理模式，建立了"一模多图"的正向设计流程，制定统一的 BIM 模型标准和 BIM 模型手册，从方案设计阶段就采用三维建模，实现各专业之间设计过程中的高度协调，降低专业协调次数，提高专业间设计会签效率，高效地把控项目设计的进度和质量。图模进入施工阶段，用于施工深化、成本算量、后期运维等，满足项目各参与方在 BIM 技术应用过程中对 BIM 信息的沟通和协调，提高项目信息传递的有效性和准确性，减少重复建模工作。通过三维模型直接出图，保证了图纸和模型的一致性，减少了施工图的错漏碰缺，提高了施工质量。

三、工程技术亮点

1. 一体化集成技术

充分发挥 EPC 项目优势，通过 BIM 正向设计和 AI 智能设计，实现建筑、结构、机电、内装各专业的设计集成，提高了设计效率及准确度；通过信息化管理，实现了设计、生产、安装施工一体化管控，更好地控制了工期进度和项目成本。

2. 纵肋叠合剪力墙结构

纵肋叠合剪力墙结构采用的水平预制构件与套筒灌浆装配式剪力墙结构相同，墙板为纵肋空心墙板和夹心保温纵肋空心墙板专利产品，预制墙板空腔可以是贯通空腔，也可以是底部空腔。施工时，下层墙板预留的环形竖向钢筋插入上层墙板空腔底部，与空腔内外露的直段或环形竖向钢筋进行"直接搭接连接"，满足 8 度地区 80m 以下高层建筑抗震要求，还可避免套筒灌浆连接施工和质量检测困难问题。空心墙板便于整开间大板型设计，可有效减少墙板数量和外墙接缝数量，工厂投资少、转产快，墙板安装和连接施工便捷高效，主体结构综合施工成本明显降低（图 3-20-10、图 3-20-11）。

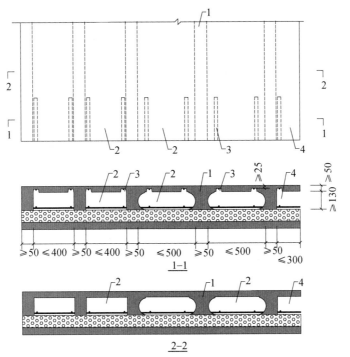

1—预制墙板；2—贯通空腔；3—钢筋露筋槽；4—端部开口空腔

图 3-20-10　夹心保温纵肋空心墙板构造示意

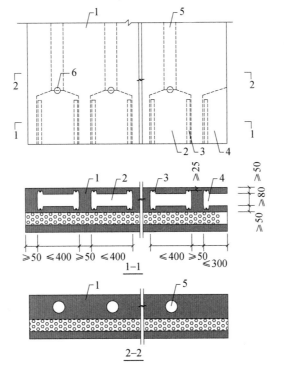

1—预制墙板；2—底部空腔；3—钢筋露筋槽；4—端部开口空腔；5—浇筑孔；6—排气孔

图 3-20-11　夹心保温纵肋空心墙板底部空腔构造示意

3. 基于 Revit 平台的纵肋叠合剪力墙结构深化设计软件研发

对预制构件设计方式、图纸表达、钢筋和埋件进行标准化研究，建立标准化、参数化 BIM 模型库，研发了纵肋叠合剪力墙结构 BIM 设计软件，对现有装配式构件信息管理系统（PCIS3.0）进行功能扩展，开发了预制构件安装施工管理系统，实现了装配式建筑 EPC 项目设计、生产、施工的一体化管控和信息化集成（图 3-20-12）。

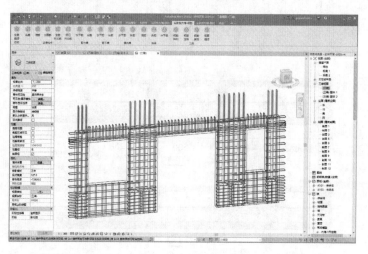

图 3-20-12　纵肋叠合剪力墙结构 BIM 深化设计软件示例

4. 标准编制

北京市保障性住房建设投资中心产品标准《装配式纵肋叠合剪力墙结构技术标准》（QBC1902—2019）；

中国工程建设标准化协会标准《纵肋叠合混凝土剪力墙结构技术规程》（T/CECS 793—2020）。

四、工程获奖情况

2020 年北京市 BIM 示范工程